清华大学机械工程系列教材

机械创新设计
（第2版）

Innovative Design for Machinery
Second Edition

刘　莹　高　志　李永健　李津津　编著
Liu Ying　Gao Zhi　Li Yongjian　Li Jinjin

清华大学出版社
北京

内 容 简 介

本书是根据作者多年来为本科生开设"机械创新设计"课程的教学内容编写的一本基于教案设计的教材,独具特色,利于师生教学使用。本书第1版自2009年出版以来一直受到广大读者的好评。

本书旨在通过向读者介绍机械创新设计方法和成功的机械创新设计实例,提高读者对参与机械创新设计实践的兴趣和自信。

本书第1～2章介绍创新设计的一般概念与常用技法;第3～7章以典型机电产品设计过程为线索,介绍机械创新设计的基本知识与方法,包括机械创新设计的选题方法、表达方法,功能原理创新设计方法,机构创新设计方法,结构创新设计方法等;第8～9章介绍创造力开发的方法,分析引起创新失误的原因;第10章以若干日常生活用品中具有创新理念或精巧结构设计的优秀产品为例,引导、分析其精妙之处,进而综合分析出设计者的创新思路与技法。每章最后均提供一些开放性思考题,供读者进行创新思维的训练。

本书可以作为高等学校的教材,也可以供有关教师、工程技术人员及其他科技人员参考。

版权所有,侵权必究。举报: 010-62782989, beiqinquan@tup.tsinghua.edu.cn。

图书在版编目(CIP)数据

机械创新设计 / 刘莹等编著. -- 2版. -- 北京: 清华大学出版社, 2024.10.
(清华大学机械工程系列教材). -- ISBN 978-7-302-67570-9

Ⅰ. TH122

中国国家版本馆CIP数据核字第2024H9Y224号

责任编辑: 苗庆波
封面设计: 常雪影
责任校对: 欧 洋
责任印制: 曹婉颖

出版发行: 清华大学出版社
网　址: https://www.tup.com.cn, https://www.wqxuetang.com
地　址: 北京清华大学学研大厦A座　邮　编: 100084
社总机: 010-83470000　邮　购: 010-62786544
投稿与读者服务: 010-62776969, c-service@tup.tsinghua.edu.cn
质量反馈: 010-62772015, zhiliang@tup.tsinghua.edu.cn
印装者: 三河市少明印务有限公司
经　销: 全国新华书店
开　本: 185mm×260mm　印　张: 14　字　数: 339千字
版　次: 2009年6月第1版　2024年10月第2版　印　次: 2024年10月第1次印刷
定　价: 42.00元

产品编号: 089537-01

第 2 版前言

本书于 2009 年 7 月发行第 1 版,作为普通高等教育"十一五"国家级规划教材使用已经 10 余年。其间,世界科技发展速度持续加快,新技术不断涌现和发展,如可控核聚变、生命科学、量子科学、人工智能、无人驾驶、超高速列车等已经走进了我们的生活,使我们体验到科技对经济社会发展的支撑作用日益明显,感受到科技进步与创新为人类生存质量的提高带来的效益。科技与创新成为国家寻求未来竞争新优势的战略核心。在全球化、国际化发展大趋势下,创新人才也成为国家的战略资源,其竞争愈演愈烈。高等学校的教育是培养创新人才的重要途径,在科学技术持续高速发展的同时,我国高等教育中的创新教育在教学理念、教学模式和教学内容上更需要与时俱进,不断创新。将多学科知识,如科学、技术、工程、艺术和数学(STEAM)等交叉、融合、贯通,将校内课程与现实世界环境整合,使学生从一个全局视角开始,通过自己的调研探索和知识分享,寻求问题的答案,创造性地提出解决问题方法的教育理念和模式是未来教育的一个重要发展趋势。《机械创新设计》是一本基于教案的教材设计,独具特色,利于师生教学使用。因此,本次修订在保持这个特色的基础上,在以下几个方面进行了改进:

(1) 适应新时代创新设计教育理念的变革,激发学生自主创新兴趣、热情,鼓励自主学习和探究,在每章最后增加启迪思维、拓展思路的开放式思考题。

(2) 适应启发式、互动式教学模式改革的需求,增加第 10 章:创新产品设计实例分析。以若干日常生活用品中具有创新理念或精巧结构设计的优秀产品为例,分析其精妙之处,进而综合分析出设计者的创新思路与技法,为教师课堂实例教学提供教学案例讲解示范,启迪学生的创新意识。

(3) 结合新技术(信息技术、人工智能技术等)、新材料(微纳米材料、新型功能材料等)、新原理(人因工程、绿色设计等)、新工艺(3D 打印、激光切割等)发展,增加新的设计原理和结构设计方案举例。

(4) 根据教学过程的实际需求,适当调整部分章节顺序及内容。

(5) 更新参考文献。

(6) 提高插图的质量。

(7) 拓展学习空间,适当增加网络资源信息,扩展学生视野。

通过多年的教学实践与教材的编写与修订,我们深刻体会到,一门优秀的课程和一本优秀教材的建设与成长，需要长期的甚至几代人的共同努力、密切配合与无私奉献。在本次修订中，我们吸收了两位年轻教师参与修订工作，一方面传承本课程与教材的优良传统，期待不断延续和发展；另一方面，也期待年轻教师的参与，能够使本次的修订显现出更多的新时代气息、新视角和新面貌。

本书第 3 章、第 6 章、第 10 章中的 10.5 节和 10.6 节由李永健编写，第 4 章、第 7 章、第 10 章中的 10.3 节和 10.4 节由李津津编写，其余各章节由刘莹、高志编写。全书由刘莹统稿。

由于编者水平有限，书中难免有错误和遗漏之处，恳请各位读者批评指正。

编　者

2024 年 9 月于清华园

第1版前言

创新是人类文明进化、发展的动力,是科学技术进步、发展的动力,也是人类经济社会发展的动力。当今世界各国在政治、经济、军事、科学技术等方面的竞争实质上是发展能力的竞争、创新能力的竞争,是具有创新能力的人才的竞争。

高等学校教育是培养创新人才的重要途径。为提高综合国力和国民的科技创新能力,需要高等学校为社会培养大批具有创新能力的人才。

在高等学校教育中,要提高受教育者的创新能力,首先需要教育者转变教育观念,更新教学内容与方法,探索新的教育模式,将提高学生的整体素质和创新能力作为教育教学的基本目的。

在这种思想的指导下,清华大学从20世纪80年代起,首先开设了有关创新设计内容的课程。在课程教学中,通过不断的探索和实践,建立了一套适合机械设计专业学生学习的"机械创新设计"课程的内容体系和与之相适应的教学方法。本书就是根据清华大学"机械创新设计"课程的教学要求编写的。

"机械创新设计"课程从创造学理论出发,重点分析在机械设计中有效的创新方法。为了对这些有效的创新设计方法进行详细的介绍,本书将机械创新设计方法按照机械设计问题的求解过程划分为功能原理创新设计方法、机构创新设计方法和结构创新设计方法。为了便于学生理解这些创新设计方法的内容,针对每一种创新设计方法都引入了一些通过使用这种方法成功地进行创新设计的实例。为了使学生对创新方法有更全面的了解,本书对常应用于科学研究及其他创新领域的创新方法也做了介绍。

为了便于学生应用这些创新设计方法从事机械创新设计实践,本书还对机械创新设计中常用的表达方法,以及正确选择创新设计选题的方法做了介绍,并分析了关于创造力开发的理论与方法。

此外,本书还专门分析了与创新设计失误有关的问题,分析了正确认识失误的重要性,重点分析了经常引起创新失误的原因,以及设计者的思维方式与创新设计失误之间的关系。

希望通过本书的学习,能够使学生建立对创新设计的正确认识,消除对创新设计的神秘感,初步了解机械创新设计的基本方法以及创新方法在机械设计实践中的应用,从而激发学生对从事机械创新设计实践的兴趣,培养他们的自信心。通过对经常造成创新设计失误原因的了解,提高从事创新设计实践的成功率。

本书除了可以作为"机械创新设计"课程的教材外,还可以作为机械设计、机械设计学及其他相关课程的教学材料。

本书的第 7 章和第 8 章由刘莹编写,其余各章由高志编写。

本书承蒙吴宗泽教授审阅,他对本书的内容及本课程的教学思想提出了宝贵的意见,在此表示衷心的感谢。

由于编者水平有限,书中难免有错误和遗漏之处,恳请各位读者批评指正。

编　者

2009 年 3 月于清华园

目录

1 绪论 1
1.1 创新的含义 1
1.2 创新的意义 2
1.3 创新与设计 3
1.4 创造学与创新教育 3
1.5 设计理论与设计教育 4
1.6 本课程的教学内容和方法 6
思考题 6

2 一般创新设计技法 7
2.1 头脑风暴法 7
 2.1.1 头脑风暴法的4项基本原则 7
 2.1.2 头脑风暴法的实施过程 9
2.2 变异创新法 10
2.3 组合创新法 11
 2.3.1 同类组合 12
 2.3.2 异类组合 12
 2.3.3 技术组合 12
 2.3.4 信息组合 14
2.4 机遇利用法 15
2.5 技术移植法 17
 2.5.1 技术移植法的应用条件 17
 2.5.2 移植法的选择 18
 2.5.3 技术移植法的主要类型 18
2.6 逆向构思法 20
 2.6.1 反向探求 21
 2.6.2 顺序、位置颠倒 22

  2.6.3 巧用缺点 …………………………………………………………………… 22
 2.7 发明问题解决理论 …………………………………………………………………… 23
 思考题 ……………………………………………………………………………………… 40

3 机械创新设计的选题 …………………………………………………………………… 41
 3.1 提出问题比解决问题更重要 ……………………………………………………… 41
 3.2 社会需求是创新的基本动力 ……………………………………………………… 42
 3.3 科技进步对创新设计的作用 ……………………………………………………… 44
 3.4 生产发展对创新设计的作用 ……………………………………………………… 45
 3.5 根据遇到的"不方便"确定选题 …………………………………………………… 46
 3.6 根据遇到的"意外"确定选题 ……………………………………………………… 47
 3.7 根据事物的关键弱点确定选题 …………………………………………………… 48
 3.8 机械创新设计选题的一般过程 …………………………………………………… 48
 思考题 ……………………………………………………………………………………… 52

4 机械创新设计的表达方法 ……………………………………………………………… 53
 4.1 表达在设计中的作用 ……………………………………………………………… 53
 4.2 黑箱表示法 ………………………………………………………………………… 54
 4.3 功能草图表示法 …………………………………………………………………… 55
 4.4 机械创新设计表达实例(一)——家用缝纫机 …………………………………… 57
  4.4.1 缝纫机的主要功能 ………………………………………………………… 57
  4.4.2 缝纫机的辅助功能 ………………………………………………………… 60
 4.5 机械创新设计表达实例(二)——针式打印机 …………………………………… 61
  4.5.1 打印机的主要功能 ………………………………………………………… 62
  4.5.2 打印机的辅助功能 ………………………………………………………… 64
 4.6 机械创新设计表达实例(三)——硬币计数包卷机 ……………………………… 64
  4.6.1 硬币计数包卷机的总功能 ………………………………………………… 64
  4.6.2 硬币计数包卷机的主要功能 ……………………………………………… 65
  4.6.3 硬币计数包卷机的辅助功能 ……………………………………………… 67
 思考题 ……………………………………………………………………………………… 67

5 功能原理创新设计 ……………………………………………………………………… 68
 5.1 功能原理设计的意义与方法 ……………………………………………………… 68
 5.2 工艺功能设计方法 ………………………………………………………………… 72
 5.3 综合技术功能设计方法 …………………………………………………………… 76
 5.4 功能组合设计方法 ………………………………………………………………… 80
 5.5 设计目录方法 ……………………………………………………………………… 82
 思考题 ……………………………………………………………………………………… 87

6 机构创新设计 ··· 88
6.1 简单动作功能机构设计 ··· 88
6.1.1 简单动作功能机构的特点和应用 ·················· 88
6.1.2 机械构件自由度分析 ·· 89
6.2 机构组合创新设计方法 ··· 91
6.2.1 机构串联组合方法 ·· 91
6.2.2 机构并联组合方法 ·· 93
6.2.3 机构叠加组合方法 ·· 98
6.2.4 机构反馈组合方法 ·· 99
6.3 机构变异设计 ··· 100
6.3.1 机架变异 ·· 101
6.3.2 运动副尺寸变异 ·· 104
6.4 机构再生运动链方法 ··· 106
6.4.1 概述 ·· 106
6.4.2 确定原始机构及找出一般化运动链 ·············· 106
6.4.3 运动链连杆类配 ·· 108
6.4.4 组合运动链和优化运动链 ································ 109
6.4.5 实例分析 ·· 110
思考题 ·· 111

7 结构创新设计 ··· 113
7.1 结构设计的意义 ·· 113
7.2 结构变异创新设计方法 ··· 113
7.2.1 工作表面的变异 ·· 114
7.2.2 轴毂连接结构的变异 ·· 116
7.2.3 联轴器连接方式的变异 ···································· 118
7.3 结构组合创新设计方法 ··· 120
7.3.1 同类组合 ·· 120
7.3.2 异类组合 ·· 121
7.3.3 功能附加组合 ·· 122
7.3.4 材料组合 ·· 123
7.4 引入新的结构要素 ··· 124
7.4.1 弹性(柔性)结构 ·· 124
7.4.2 快速连接结构 ·· 126
7.4.3 组合结构 ·· 127
7.4.4 智能结构 ·· 128
7.5 引入新的逻辑方法 ··· 129
7.5.1 自加强 ·· 129
7.5.2 自稳定 ·· 130

  7.5.3 自补偿 ·· 130
  7.5.4 自平衡 ·· 131
  7.5.5 自适应 ·· 132
  7.5.6 载荷分担 ··· 134
  7.5.7 阿贝原则 ··· 134
  7.5.8 合理配置精度 ·· 135
  7.5.9 利用误差传递规律 ··· 136
  7.5.10 误差均化 ··· 136
  7.5.11 零件分割 ··· 137
 7.6 引入新的设计理念 ·· 138
  7.6.1 宜人化设计 ·· 139
  7.6.2 绿色设计 ··· 143
  7.6.3 方便装配的设计 ··· 145
  7.6.4 3D 打印设计 ·· 147
 思考题 ··· 151

8 创造力开发 · **152**

 8.1 创造力的含义和特征 ·· 152
 8.2 创造力的基本属性 ·· 153
  8.2.1 创造力的普遍性 ··· 153
  8.2.2 创造力的可开发性 ·· 154
 8.3 创造力开发的内容、途径和一般方法 ·· 154
 8.4 影响创造力开发的基本因素 ·· 161
  8.4.1 知识因素 ··· 161
  8.4.2 能力因素 ··· 163
  8.4.3 素质因素 ··· 167
  8.4.4 社会因素 ··· 168
 思考题 ··· 169

9 创新失误分析 · **171**

 9.1 失误的经验是宝贵的财富 ·· 171
 9.2 脱离社会需求导致创新失误 ·· 173
 9.3 违背科学原理导致创新失误 ·· 174
 9.4 "过期发明"导致创新失误 ·· 178
 9.5 "不合时宜"导致创新失误 ·· 179
 9.6 思维方式与创新失误的关系 ·· 181
  9.6.1 思维定式 ··· 181
  9.6.2 发散思维与收敛思维 ·· 183
  9.6.3 类比推理与创新思维 ·· 186

思考题 …………………………………………………………………… 188
10　创新产品设计实例分析 …………………………………………… 190
　10.1　弹子锁功能原理分析 ………………………………………… 190
　10.2　咖啡机功能原理分析 ………………………………………… 191
　10.3　全自动铅笔功能原理分析 …………………………………… 192
　10.4　汽车安全带功能原理分析 …………………………………… 194
　10.5　电动剃须刀功能原理分析 …………………………………… 196
　10.6　圆珠笔双动功能原理分析 …………………………………… 197
　　思考题 …………………………………………………………………… 198

参考文献 …………………………………………………………………… 200
附录　冲突问题解决矩阵 ………………………………………………… 202

1 绪 论

1.1 创新的含义

创新是人类运用已有的知识、经验和技能,研究新事物,解决新问题,产生新的思想及物质成果,用以满足人类物质及精神生活需求的社会实践活动。

创新实践活动是人类各种实践活动中最复杂、最高级的一种,是人类智力水平高度发展的表现。其结果具有两个最显著的特征:一个是新颖性;另一个是实用性。

新颖性是创新实践活动最本质的特征,创新实践的结果必须是此前不存在的。

例如,大发明家爱迪生试验了 1600 多种耐热材料和近 6000 种纤维材料,终于在 1879 年发明了有实用价值的电灯。在爱迪生发明电灯之前,在全世界范围内都没有电灯,所以,爱迪生所发明电灯的新颖性是不容置疑的。

著名科学家牛顿在前人工作的基础上,于 1684 年发现了万有引力定律,完成了一项伟大的科学发现。万有引力是客观存在的,无论人类是否认识,它都在支配着物质的运动,由于牛顿及其他科学家的天才发现,使人类认识了这一客观规律的存在。科学发现也是一种创新活动。

有些实践活动的结果只在一定范围内具有新颖性。例如,20 世纪 60 年代,个别大国利用手中掌握的核武器对无核国家进行核威胁、核讹诈。为了打破个别大国的核垄断,保卫国家安全,中国迫切需要掌握核武器技术。在国家经济极其困难的情况下,经过多年的努力,我国独立成功地研制了"两弹一星"。

这种创新活动的结果只在一定范围内具有新颖性,因为在中国研制"两弹一星"成功以前,已经有多个国家掌握了这方面的技术。由于这些技术关系国家安全,所以不可能通过技术引进的途径取得。这种只在一定范围内具有新颖性的创新活动在相当长的时间内对国家都会有重要意义。虽然现在全球范围内的商品流通很发达,但是并不是我们所需要的所有技术和服务都可以在市场上买到,例如尖端武器、大型计算机、全球定位技术等,关系到国家安全的重要技术都是不可能在市场上买到的,只能通过自主创新的方法取得。

实用性是创新活动的另一个重要特征,特别是对于技术领域的创新,只有在创新成果能够满足人类某种需求的条件下,实践活动才能得到社会的承认,才能从社会得到支持,也只有这样的实践活动才能持续进行。

实用性是以能够满足人类的某种需求为标准的。人类的需求与人类社会实践的范围有关,与人类对自然界、对社会、对自身认识的深度有关。随着人类社会实践范围的拓展和科学技术的发展,实用性的标准会不断地发生变化,昨天具有实用性的内容在今天就可能不再具有实用性,到了明天又可能重新具有了实用性。

老北京的有轨电车曾经因为票价低、准时等优点受到老北京人的欢迎,但是由于速度慢和对轨道的要求而难以发展,最终退出北京的公交行列,但现在又由于它的环保特性和观赏性重新受到重视。

1844年,美国发明家莫尔斯发明了有线电报和莫尔斯电码,实现了以电信号为载体的远距离通信,在此后的很长时间里,电报成为远距离通信的最便捷手段。近年来,随着移动通信及互联网技术的普及,电报通信已经逐渐淡出了我们的生活。

俄罗斯著名数学家罗巴切夫斯基在研究欧氏几何学的平行线公理问题的过程中,创造性地创立了一套全新的几何学理论:非欧几何学。非欧几何学是一种全新的理论,在提出后的相当长的一段时间里完全不能被多数数学家理解,大多数科学家认为这种理论的结论是明显违反常识的。直到他去世多年以后,学术界才逐渐认识到非欧几何学理论的意义。非欧几何学对现代物理学、天文学以及人类时空观的变革都产生了深刻的影响。

1.2 创新的意义

创新是人类社会文明发展的原动力。人类通过不断创新,创造了劳动工具,创造了语言,也创造了人类自身。人类为了提高生活质量,为了在自然界的束缚下获得更大的自由,不断地进行着各种创新实践,也正是由于这些创新实践活动,使得人类对自然界的认识不断深化,使人类与自然和谐发展的能力不断提高。

人类通过不断创新,建立了现代科学的理论体系,使人类深化了对世界本质及其规律的认识;创立了现代的生产方式,极大地提高了社会生产力,提高了人类按照自然规律适应自然、改造自然的能力;建设了现代社会制度,为人类社会的可持续发展提供了更广阔的空间。

创新不但为社会带来了巨大财富,也改变了社会经济的运行方式。20世纪初,科技创新对社会经济发展的贡献率只有5%,现在在发达国家这一比例已上升到80%。大量新技术、新材料、新工艺的不断出现在不断改变着人们的生活方式,创造着大量新的就业机会,推动着社会体制的转型,促进着社会的可持续发展。

创新能力对一个国家的现代化建设,对一个民族的存在和进步具有极其重要的意义。进入新时代,面对新一轮科技革命和产业变革加速演进的新态势,习近平总书记提出"创新是引领发展的第一动力""必须把创新摆在国家发展全局的核心位置,不断推进理论创新、制度创新、科技创新、文化创新等各方面创新"。

一个民族如果没有足够的创新能力,就无法为民族的进步提供动力,在世界历史进步的潮流中就会落伍。科学技术的发展使得交通和通信越来越发达,世界各民族的交往越来越密切,信息和商品的流通越来越便利,在这种情况下,人们可以很方便地得到其他民族创造的物质和精神产品。在这种创新浪潮中,一个民族如果不能通过创新使自身不断发展、进步,就不可避免地会被淘汰。

党的十八大以来,我国科技进步贡献率已增至57.5%,2020年已超过60%,达到预期目标。2017年10月18日,习近平总书记在党的十九大报告中指出,加快建设创新型国家。

创新是引领发展的第一动力，是建设现代化经济体系的战略支撑。要瞄准世界科技前沿，强化基础研究，实现前瞻性基础研究、引领性原创成果重大突破。

建设创新型国家的核心是把增强自主创新能力作为发展科学技术的战略基点，走中国特色的自主创新道路，推动科学技术的跨越式发展；激发全民族创新精神，培养高水平创新人才，形成有利于自主创新的体制机制，大力推进理论创新、制度创新、科技创新，不断巩固和发展中国特色社会主义事业。

1.3　创新与设计

创新是设计的本质属性，一个不包含任何新技术要素的技术方案称不上是设计。生产者只有通过设计创新才能赋予产品新的功能，也只有通过设计创新才能使产品具有超越其他同类产品的性能和低于其他同类产品的成本，从而使产品具有更强的市场竞争能力。

在知识经济高度发展的今天，新技术、新产品的寿命周期越来越短，建立产品的市场竞争优势靠创新，保持和扩大市场竞争优势也要靠不断地创新。产品设计不可能一次完成，优秀的产品设计要通过市场检验，不断地修改完善，才能最终完成。产品逐步完善的过程有其自身的进化规律，如果设计者能够顺应产品的进化规律，通过设计创新，不断改进产品设计，扩展产品的功能，提高产品的性能，就能使产品保持市场活力。

实现技术进步通常有两种途径：一种是技术引进；另一种是自主开发。

通过技术引进可以使企业在较短的时间内获得先进技术，但是要使先进技术在生产中真正发挥作用，需要引进者对所引进的新技术进行消化、吸收，使之与相关技术顺利衔接。这些环节都需要大量的人力、财力和时间的投入。如果这些后续工作不能顺利进行，可能会使有些新技术还没有来得及被消化、吸收、在生产中充分发挥作用，就已经过时了，失去了先进性，需要继续引进。

在技术引进的过程中，输出技术的一方为了避免输入技术的一方通过技术引进成为自己的市场竞争对手，通常不会将最先进的技术转让给别人。为确保自己在技术竞争中的领先地位，输出技术的一方通常是在自己不断研究新技术、开发新产品的同时，把即将过时的技术转让给他人。特别是关于一项产品的核心技术是绝不可能通过技术引进的方式得到的。

真正的核心技术是买不到的，只能依靠自主开发，而自主开发能力的核心是具有创新能力的技术人员，一切技术竞争归根到底是人才的竞争。事实证明，人才优势是各种技术优势的基础。

1.4　创造学与创新教育

人类的发展历史就是不断创新的历史，人类发展的过程中一直在进行各种各样的创新实践活动。但是在人类历史发展中的很长时间里，人类对"创新"这种实践活动缺乏正确的认识，认为只有那些"伟人"、具有超常能力的人才有可能从事创新活动，"凡人"是不具备创新能力的。对创新的这种认识使得人类的创新实践一直是由少数个人从事的，而且是偶然性地、断断续续地进行的。

19世纪末,美国大发明家爱迪生首先开创了以群体方式参与,以工业化生产方式进行的技术创新模式,打破了人们对于创新活动的神秘感,极大地加快了人类创新活动的步伐,推动了人类历史的大踏步前进。

在商品经济发展的过程中,商品经营者发现,在商品设计领域的创新可以给他们带来巨大的经济利益。为提高商品设计中的创新能力,加快创新速度,人们开始研究创新活动的规律,总结创新的方法,以及提高人的创新能力的方法。

20世纪初,开始有人以科学的方式研究创新的规律及其影响因素。工业界也开始进行通过训练的方法提高员工创造能力的尝试。1936年,美国通用电气公司在员工中开设"创新工程"训练课程,取得了良好的效果。

1941年,美国人奥斯本提出"智爆法"(头脑风暴法),并创立了关于创新活动规律和方法的新学科——创造学。

根据创造学的理论,1948年美国麻省理工学院首先为大学生开设了有关创造学的课程。

"创造学"作为一门新兴学科日益受到人们的重视,并对设计工作的发展产生重要的影响。创新实践、创新理论和创新教育三者的互相促进,正在推动着人类历史以更快的步伐前进。

20世纪80年代,伴随着中国的改革开放,创造学理论被引入中国。

随着创造学及相关创新理论的发展,世界各国纷纷在学校、企业、大众传播媒介中开展形式多样的有关创新理论、创新方法的教育。在其他教育教学活动中,也普遍吸收创新教育的原则,将培养受教育者的创新意识、提高创新能力作为重要的教学目的。这些教育措施对于提高全民的创新意识、提高全社会的创新能力起到了积极作用。

1.5　设计理论与设计教育

设计是一种创造性的实践活动,创新性是对设计的基本要求,是设计的本质属性,人类社会中的一切物质文明成果都是设计的产物。在世界经济高速发展的今天,设计水平更是成为国家核心竞争力的重要标志。

机械设计过程经过设计规划、方案设计、细节设计与施工设计等阶段,通过选择机构、结构及其组合,实现所要求的功能。

人类进行机械设计具有非常悠久的历史。在人类文明发展的早期,先人们根据所要实现的特定的机械功能,凭借自己的聪明才智,逐个地创造出了各种精巧的基本机构、基本结构和基本零件,如轮轴、杠杆、螺纹、齿轮等。

随着历史的不断进步,人类积累了越来越多的机械设计成果,除了各种机构、结构、零部件以外,还有各种可供后人借鉴的成熟的设计方案,以及关于机械设计的各种分析、计算和设计方法。

在工业革命的推动下,由于社会生产力的发展,对机械设计理论的发展产生了迫切的需求,数学、物理学和其他相关学科的发展,为机械设计理论的建立提供了良好的科学理论基础。随着机械设计实践的发展,人类逐渐积累了大量关于基本机构和基本结构的分析和设计知识。

19世纪中叶,德国人劳莱克斯(F. Reuleaux)在归纳和总结前人关于机械设计相关知识的基础上,编著了《机械制造中的机械原理》一书,他将有关机械设计的知识从数学、力学学科中分离出来,建立了独立的机械学的学科体系。他所建立的学科体系内容主要包括机构运动学与机构动力学(机械原理)、机械零部件及机械结构设计(机械设计)。

机械学体系的建立使得从事机械设计的人员可以在这个体系内探求机械功能的解。随着机械学研究的深入和机械设计实践的拓展,机械学理论体系为设计人员提供了越来越大的求解空间。对于一般的机械功能,通常都存在数量众多的可以实现功能的设计方案,机械设计追求的目标不再是可以实现给定功能的某个可行解,而是在众多可行解中尽可能地追求较好的解。

如果已知的所有可行解分布在一个连通域中,并且在这个连通域中对于所追求的目标函数只存在一个极值点,设计者可以从其中任何一个可行解出发,通过逐步搜索的方法找到极值点,得到最优解。如果可行解的数量较少,设计者可以将这些可行解逐个列举出来,通过对比、分析、评价,找到其中的最优解。除了以上两种情况以外,现在还没有一种完善的方法可以使设计者从众多的可行解中找到最优解或较好的解,而且通常的机械设计问题的可行解分布均不属于以上两种情况。

为了能够在众多可行解中寻求较好的解,人们发展了多种设计理论与方法。其中一类是基于精确分析的方法,如有限元分析方法、优化设计计算方法、计算机仿真方法等,通过这类方法可以从一个可行解出发,找到在给定结构模型范围内的局部最优解。

另一类设计理论是基于某种逻辑的方法,从一种可行的结构模型解出发,通过某种逻辑方法,找到与之相关的其他结构模型解,这些新的结构模型解为通过进一步优化设计寻求最优解提供了线索。

在我国高等学校中,传统的设计教育一直非常强调学生对所学知识体系掌握的完整和理解的深入性,强调对基本理论、基本方法和基本技能的熟练掌握。课程内容多偏重于分析方法的介绍,而对建立新的结构模型的方法介绍较少,对掌握这些方法的要求程度也较低。

用这种方式培养的设计人员,能够应用正确的方法对给定的结构模型进行精确的分析,做出在给定模型条件下的正确设计,但是在提出新的结构模型、应用新的设计方法方面能力却不足。

改革开放使中国的企业家在自家门口见识了外资企业的商品开发模式。长期生存在计划经济体制下的我国企业更关注如何生产更多的物质资料;而外资企业却总是能够不断地以花样翻新的产品满足消费者不断变化的消费需求,不断扩大对市场的占有,它们不但关注现有产品的生产,而且更注意消费者最新的需求变化信息。

随着大批留学人员的学成归来,中国留学生从国外带回了各种新的、先进的设计方法,如CAD、CAPP、CAM、CIMS、计算机仿真、有限元、优化设计等。国家也曾多次向企业推广各种单项设计技术,例如推广CAD技术,提出几年以后要甩掉图板,推广设计方法学,推广可靠性设计技术等,力图通过这些措施,推动设计方法的进步。

以上这些因素都没有从根本上改变我国企业存在的新产品开发能力不足的状况,开发新的、适合市场需要的产品不但需要开发热情和分析能力,更需要发现新的社会需求,提出实现社会需求的新的功能原理,提出不同于现有产品的新的结构模型的能力。

在我国的设计教育中迫切需要引入关于创新思想和创新方法的教育，改变现行设计教育中偏"分析"、轻"综合"的现状，提高学生的创新意识和创新设计能力。

1.6 本课程的教学内容和方法

创新设计要求设计者能够用与众不同的优秀方法实现给定的功能。要能够构思出与众不同的设计方案，就要求设计者具有与众不同的思考问题的方法。

"机械创新设计"课程的主要教学内容是介绍机械创新设计的典型方法。这些方法是通过对大量成功的创新设计实践结果的归纳和总结得到的，通过对这些典型方法的学习，可以有效地提高设计者进行设计创新的成功率。

本书主要通过对大量成功的机械创新设计实例的分析来介绍机械创新设计方法，因为这些方法正是通过这些成功的创新设计实例表现出来的，通过对这些具体、生动实例的分析，读者能够更容易理解和掌握这些创新方法，也更容易激发大家参与创新实践活动的兴趣和自信心。此外，本书还将介绍一些与机械创新设计有关的新的设计理论。

创新设计的主体是设计者，设计者个人的哪些特征会影响创新能力的发挥？如何开发设计者个人的创新能力？这也是从事创新设计的人们所关心的问题。本书将对影响人的创新能力的主要因素以及提高创新能力的方法进行分析。

创新意味着需要在没有路的地方找到路，创新实践并不是总能得到成功的结果，创新实践的探索性决定了这种实践活动取得成功的可能性远低于失败的可能性。为了提高从事创新实践活动的成功率，本书将分析经常会引起设计者创新失误的原因以及避免创新失误的方法。意识到发生创新失误的可能性，了解经常引起创新失误的原因，有助于避免失误，提高成功率。

在课程教学过程中，还应该进行一些与创新设计有关的思维训练，通过设计构思训练和发散性思维训练使大家边学习、边实践，逐渐熟悉创新设计的基本方法，养成良好的创造性思维习惯，提高思维品质。

实践是最好的老师，积极参与创新设计实践比熟记各种创新设计理论更重要。"机械创新设计"课程的主要教学目的是通过课程教学，消除对创新实践的神秘感，提高参与创新实践活动的兴趣和自信心，鼓励大家积极参与各种形式的创新实践活动。

思 考 题

1. 创新实践活动的本质特征有哪些？
2. 举例说明哪些事物是创新实践的成果，哪些事物不属于创新实践成果。
3. 举例说明创新成果的实用性会随人类需求、技术变化而改变。
4. 简述创新和设计之间的关系。
5. 调研综述创新教育在我国的发展现状，分析存在的问题并尝试提出解决方案。

一般创新设计技法

创新设计实践表明,每一项创新成果的出现,除了有技术进步的推动和创新才能的保证之外,还与创新设计技法密不可分。创新设计技法,是创新设计的一个重要因素。正如法国生理学家贝尔纳所说:"良好的方法能使我们更好地发挥运用天赋的能力,而拙劣的方法则可能阻挡才能的发挥。"本章将结合机械创新设计向读者介绍一些常用的发明创造技法。

2.1 头脑风暴法

头脑风暴法也称为智力激励法,1939 年由美国纽约 BBDO 广告公司负责人 A. F. 奥斯本创立。1953 年总结成书后,成为世界上最早付诸应用的创造技法。该创造技法借用精神病学术语 brainstorm,形象地说明了该创造技法的基本特征,即通过群体人员之间智力的互激和思维的共振,以获取量多、面广、质优的发明创造设想。

头脑风暴法应用的基本形式是召开专题会议(智力激励会议),通过贯彻若干基本原则和特别的规定,激励与会者提出个人设想,然后相互激励,产生共鸣。

2.1.1 头脑风暴法的 4 项基本原则

1. 自由畅想原则

这一原则的核心是求新、求异、求奇。鼓励与会者解放思想,不要受传统思想或逻辑等的限制与制约,克服心理上的思维惯性,使思想尽可能地处于自由驰骋的状态。另外,遵守这个原则就是要求每个人充分发挥想象力和主动性,通过多向、侧向、逆向和联想等思维形式,广泛地搜寻新颖、富有创意的想法。任由自由畅想可能会由于一味追求新奇,产生一些荒诞不经的想法,但是正是这些超乎寻常的想法,可能会包含着较大的创造性和启发性,如果将这些想法进行变化、改善,也许会得到极有价值的创新设想。例如,曾有人提出在汽车的方向盘上设计一根长针,针尖指向驾驶员,以提醒司机保持警惕。后来有人受此想法启发,提出一个可行的创新设想:在驾驶员与转向盘之间设置一个保护气囊,发生冲撞时,气囊会自动充气起到缓冲和保护作用。

2. 延迟评判原则

延迟评判原则的要点是限制在畅想和讨论问题阶段过早地进行批评和评判,更不能嘲笑,以便创造一个良好的激励氛围。一个创新性设想的提出,一般要经过从诱发、深化到发展完善的过程。当一个新奇想法最初提出时,常常会杂乱无章,不合逻辑,甚至听起来会很好笑,但是,这些想法却能够引发出许多有价值的设想。过早地加以批评或评判,不仅会降低提出更多设想的积极性,也会将一些有创意的想法扼杀在摇篮中。

评判包括自我评判和相互评判。自我评判会使自己的思想受到头脑中已有知识、逻辑、伦理、感情等方面准则的约束,提不出或不敢提出创造性的设想。例如,"我这个想法太幼稚了吧"或"我这个想法一定行"等都是要避免的。对他人想法的评判会导致大家去追求认可、趋同和造成紧张气氛,不仅会抑制他人的积极性,而且会助长个人评判的滋生。

评判还包括否定和肯定评判、语言和肢体语言的评判等。发言者的自谦和相互间的吹捧或者讽刺挖苦都会破坏会议活泼、自由和热烈的气氛。有些人虽然没有用话语表达对他人想法的意见,但是用表情或动作姿势表现出来,同样会破坏会议的激励气氛。有专家总结出 68 条扼杀句,如"这根本行不通""我们根本没有时间和经费按照你的说法去做""这真是妙极了"等,在会议进行中,都应被禁止。

延迟评判原则与人们日常生活处理事物的判断习惯不同,在智力激励会议上往往不能被自觉遵守,因此,需要不断地训练和反复提醒。会议主持人在会议当中需要委婉地劝阻大家,转移大家的注意力,以保证会议的正常进行,获得大量的设想。

3. 以量求质原则

事物的发展总是由量变到质变。奥斯本提出,获得理想答案往往是一个逐渐逼近的过程,前期提出的想法往往不理想,而在后期提出的想法中,具有实用价值的比例较高。这就是所谓的**质量递进效应**。因此,智力激励会议制定了以量求质的原则,旨在以数量来保证质量。

有人曾经向一组儿童提出这样一个问题:"怎样才能上到很高的橡树上去?"起初孩子们提出的都是一些常用方法,如"用梯子爬""踩别人的肩膀""用绳子套在树杈上,然后爬上去"等。由于没有达到一定的数量,组织者要求孩子们继续想办法,后来产生了许多奇思妙想,如"坐直升机,然后跳伞到树上""坐到炮筒中,用大炮将自己发送到树上"等。其中一位小朋友提出了这样一个想法:"小树没有长大之前,我就坐到树上,我只要不下来,随着小树一起长,就可以坐到高树上了。"这个想法看起来很荒唐,但是却给一个水果商很大的启发。在第二年苹果基本长成,但还发青的时候,他用深色的剪纸刻上"祝你幸福""祝你长寿"等字样贴在苹果的表面,苹果长红后,由于日照的不同,在苹果的表面就留下上述吉祥的字迹。这位老板将带字的苹果拿到市场上出售,赚了很多钱。

4. 综合完善原则

本原则要求与会者在他人提出的设想基础上加以改进、发展,或者进行广泛的联想,从而形成新的设想。它与奥斯本头脑风暴法的初衷相吻合,即让与会者通过互相启发、互相激励,产生思想火花的撞击、共鸣,并及时抓住那些看似荒唐但却极具创造性的思想加以完善或改进,得到有价值的设想。

例如,用什么办法又多、又快、又好地剥开核桃。常规的方法是用手掰、用门掩、用榔头砸、用钳子夹等。但是这些方法适用于剥十几个核桃,太多的核桃就不适宜了。对此有人提出了诸如分类后用压力机,或者在外部加一个集中力撞击核桃皮,将核桃放在高空再摔下使之破裂等,这些方法都是按照正常思维的逻辑,即从外部剥离核桃皮。那么采用逆向思维会得到什么想法呢？于是有人提出把核桃钻个小孔，并往里面打气，从里面将核桃皮破开。这个想法看似有些不可行，但是有新意。后来被人进一步发展和完善，采用把核桃放入空气室，而后往里面充气增压，然后再使空气室内的压力锐减。由于核桃内部压力的作用，致使核桃皮破裂，而且保持了核桃仁的完好。这种方法是经过 10 分钟的讨论，在得到的 40 条方案中经过筛选和综合出来的，并且获得了发明专利。

以上 4 项原则相辅相成，各有侧重，在智力激励会上缺一不可。第 1 项原则侧重创新，这是智力激励会议的宗旨；第 2 项原则追求会议自由、活跃的气氛，是充分发挥与会者创造力的保证；第 3 项原则强调数量是获得高质量设想的条件；第 4 项原则强调启发性和相互完善，它是头脑风暴法成功的保证。

2.1.2 头脑风暴法的实施过程

头脑风暴法具有较强的可操作性和完备的运行程序，一般可分为准备、热身、明确问题、畅谈、评价与筛选方案 5 个阶段。

1. 准备阶段

（1）选择小组成员。参加会议的人数以 6~10 人为宜，可以根据待解决的问题性质确定人员组成，最好组成相对稳定的创新小组。人员遴选的原则是：①专业组成合理，多数为熟悉专业和有经验的内行，少数是来自其他专业的"外行"；②成员之间的知识水平和职务不应相差太悬殊；③成员之间年龄差异不宜过大；④注意选择平时相互关系融洽者；⑤与会者应具有适当的表达能力并对问题感兴趣。

（2）推选或指定会议主持人。会议主持人除要求有一定的组织能力外，重要的是要谙熟头脑风暴法会议的基本原则、程序和操作机制，最好具有组织创新活动的经验，具备民主作风。在会议进程中，由主持人或指派一人做会议记录。

（3）提前下达会议通知。将会议要讨论的问题、会议时间和地点提前通知与会者，使大家有充分的酝酿时间。通知中一般要附上需讨论问题的背景资料和解决问题的一些设想。

另外，会议地点最好为相对僻静、能避开干扰、光线柔和、座位舒适的会议室并配有黑板，可供大家记录或表达设想时使用。

2. 热身阶段

在智力激励会议的开始阶段，人们的注意力往往还没有集中，所以需要一个"热身"的过程。通过一些与会者直接参与或间接参与的体力活动、智力游戏或感情方面的引导与暗示等活动，使头脑进入创新思维的状态。热身活动的时间长短可根据内容灵活掌握。

热身活动的具体做法是：由主持人宣布和说明会议必须遵守的原则，而后做一些小练习。练习题目应该是一些与会议内容无关，但又需要发挥想象力的问题。例如，"当你出差在外，忘记带钱怎么办？"在黑板上画一个圆，请大家来说出这个圆代表什么。另外，也可以放一段有关创新的录像或者讲一个创造性技法应用的实例等，都可以起到热身的作用。

为了克服与会者的拘谨，还常采用一种情感游戏的热身方式。例如，想象自己是某种动物，模仿动物的神态和叫声；或者讲述一段自己经历的令人发笑、犯傻气的事情等，利用自嘲的方式打破怕犯错误的心理，从而全身心地投入到一种非常规的思维状态中，以求获得更多有新意的设想。

3. 明确问题阶段

当与会者通过热身活动后，由主持人介绍问题，使大家对要讨论的问题有明确的认识。主持人介绍问题需要掌握以下两点：简明扼要和注重启发性。即由主持人扼要介绍问题，应不带任何限制条件，也不要过多介绍背景资料，避免形成束缚思想的条条框框。注重启发性是要求主持人在介绍问题时应该对问题进行多角度、多侧面的分析，然后从多个方面提出问题。提问时也可以采用提问转换的方式，如用"为什么"和"应采用什么方式"等，通过不断地提问、回答，引导大家逐渐深入到问题的本质和要害，最终明确要解决的问题。

4. 畅谈阶段

畅谈阶段是奥斯本智力激励法的核心，要求与会者畅所欲言，借助成员之间的知识互补、信息刺激和情绪激励，通过联想、想象等思维方法，提出有创造性的设想。

在畅谈阶段，与会者除要严格遵守智力激励的 4 项原则外，还应该注意：

(1) 避免私下交谈，始终围绕一个会议主题，以避免分散注意力；

(2) 设想表述要简明扼要，每次只表述一个设想，以便使设想获得充分扩散和激发的机会；

(3) 所提的设想不分好坏，一律记录下来。

当智力激励可能会出现冷场时，会议主持人可以酌情提问，启发引导或者采用强制联想法。畅谈阶段的时间控制在 1 小时左右为宜，一般经过畅谈取得 30 条以上的设想后，可以结束会议，转入下一步骤。

5. 评价与筛选方案阶段

通过智力激励会得到的设想没有经过仔细斟酌，也没有作任何评价，会后要安排专门的时间进行评价、筛选，最终形成解决问题的方案。在评价与筛选方案阶段需要完成的主要任务包括增加设想、评价筛选、形成最佳方案。

增加设想最好在智力激励会后，由会议主持人或秘书通过电话、电子邮件或拜访等形式收集与会者在智力激励会后的新设想，这一步是必不可少的。因为通过休息后，与会者的思路往往有新的转变或发展，会产生更有价值的新设想。奥斯本举例说，曾经在一个激励会上提出了近百条建议，第二天又补充了 20 多条，而补充设想中的 4 条比前一天提出的所有设想都更有价值。

在评价筛选时，首先要确定评价的标准，然后将设想分为 3 类：①明显可行的；②明显不可行，摒弃；③经过讨论才能决定取舍的。最后依照评价标准选出 3～6 种较好的方案，以备进一步完善。

对初步筛选的几种较好的方案逐一仔细推敲，取长补短，发展完善，择优选取，最终形成最佳方案。如果在此阶段没有获得满意的解决方案，则可以组织下一次的智力激励会。

以上智力激励法的运行程序不是一成不变的，可以根据问题的性质和实际情况适当加以改变。

2.2 变异创新法

变异是指在原来的事物上做质的改变，但是又不完全摒弃原来的事物。这种方法常常用于对原有事物进行改良。这种变异可以是小动态的，也可以是大跨度的，这主要取决于对原来事物的改变程度。

产品设计中的变异创新法是指对老产品的性能、结构、功能加以改进,使其与老产品有比较显著的差别。例如,电熨斗加上蒸汽喷雾,电风扇改成遥控开关。改进产品受技术限制较小,而且成本相对较低,便于推广。改进产品就是同中求异。

同,即事物的本质,事物的本来面目;异,即同一本质事物的个性、外形差异、色彩差异、功能差异、结构差异、经营手法差异等。最初的钢笔书写并不流畅,美国的沃特曼只对钢笔尖进行了一点改革,即在笔尖上开了个小沟和小孔,就开创了钢笔书写流畅的新纪元。打遍天下无敌手的派克钢笔,只不过将棒形笔杆改成流线型,于是以时代的新形象促成了世界大流行。这两项改革,一项是结构上的改革,一项是造型上的改革,都没有改变钢笔作为书写工具这一本质,但是改进了功能,增强了美感及时代感。

变异创新法在机械产品的开发中,以原有老产品的基本功能为基础,随着社会发展和根据顾客需求,寻找潜在的新产品市场,从而取得巨大商业成就的实例很多。以我国著名起重业企业徐工集团为例,从它的发展过程可以看出变异繁衍的过程。

以 2022 年"全球第一吊"徐工 2600 吨级起重机为例。近年来风生水起的风电行业,风机吊装高度、重量都不断提升。洞悉这一市场需求和潜力,徐工起重机械率先建立"科技智能、绿色节能、品质效能、超高性能"的全新 G 一代技术平台,逐一突破智能化、节能技术、人性化、轻量化等关键技术,以原创技术来推动产业进步,在此基础上开发的 8-2600 吨系列产品整体达到国际先进水平,从 1200t、1600t 到 2000t、2600t,徐工让"世界第一吊"的纪录不断刷新,持续引领产业发展。徐工"超级移动起重机"创新工程一举获得国家工业领域最高奖——中国工业大奖;两次摘得中国专利领域最高荣誉——中国专利金奖。作为全球第一款 10 轴底盘的设备,XCA2600 的车身比市场上类似级别的产品足足低了 500mm,最小离地间隙则比其高了 200mm。"一高一低"的极致表现,是徐工自主创新成果的展现,在应用领域最大限度地保障了车辆在风电场内的驰骋,既能与"粗砂砾石"博弈,又能与"沟壑坑沟"抗衡,通过性能地表最强。2600t 全地面起重机能够实现 160m 高度,吊重 173t 的极限工况,可覆盖我国各省市 90% 以上的陆上风机安装,将超大型陆上风机安装的效率提高了30%～50%,为"十四五"期间风电装机目标的实现,持续输出大国重器之力。

变异创新法在机械设计的原理方案设计、机构和结构设计中都有广泛的应用,将在相关章节中加以详述。

2.3 组合创新法

组合创新法是一种通过将不同原理、不同技术、不同方法、不同产品、不同材料和不同现象进行有机组合,以产生发明创造成果的技法。晶体管发明者之一的美国发明家肖克莱曾说过:"所谓创造,就是把以前独立的发明组合起来。"日本科学家菊池诚也指出:"我认为发明有两条路:一是全新的发明,二是把已知其原理的事实进行组合。"

组合创新法的有效性基于两个基本因素。一是技术本身的综合性。任何技术都包含了材料、能量和信息三大要素,同时还包含若干大小不等、功能各异的子系统。在大多数情况下,人们可以通过多种途径来物化这些要素和子系统。因此,就决定了人们可以将不同的技术系统或其中的某些部分按照固有的联系组合起来,形成新的技术系统。二是技术系统的相关性。一般来说,满足一种技术需要,往往会有几种相互关联的技术要求。于是,人们可以根据同一技术需求所包含的不同技术要求,将能满足这些技术要求的事物加以组合,就可以形成某种新的技术创造。例如,在设计某种水下设备时需要满足较小驱动动力的技术需要,可能涉及质量小、材料的摩擦阻力小、结构形式使运动阻力减小等技术要求。那么,将与这些技术要求相关的技术组合起来就有可能实现一个新的组合创新的产品。

组合创新法具有创造性、普遍性和时代性3个鲜明特征。创造性易于理解;普遍性表现在应用范围广、易于普及、形式多样和方法灵活;时代性表现在,尽管组合技法的思想可追溯到我国先秦时期的"孙子兵法",但至今在现代设计方法中仍然是处理技术问题的一种基本方式之一。例如,在机械工程领域中盛行的模块化设计,就是把产品看成若干模块(标准零件和装配部件)的有机结合。人们只要按照一定的工作原理和功能要求,选择不同的功能模块或不同的组合方式进行组合创新,就可以获得多种有价值的设计方案,并制造出能满足人们具体需求的设备。这里为读者介绍组合创新法中的一些基本方法。

2.3.1 同类组合

同类组合是将同一个技术要素在同一种产品上作简单重复组合,以满足人们的特殊需求。这种组合创新的目的,一是获得结构上的对称性;二是获得性质上的创新性;三是获得功能上的增强,如可供双胞胎婴儿使用的双人童车、机械上的双万向联轴节等。

2.3.2 异类组合

异类组合是将两种或两种以上的不同事物进行组合,达到增强功能、改善性能的创新目的。

例如,人们在使用螺丝刀时因被拧的螺钉头部形状、尺寸的不同,常需要同时准备多种不同形状、尺寸的螺丝刀。根据这种需求,有人发明了多头螺丝刀,即为一把螺丝刀配备多个可方便更换的头部,使用者可根据所需要的形状和尺寸很方便地随时更换合适的螺丝刀头。加工中心上的组合刀具库,也是基于这种组合方式建成的。现在的智能手机上除了具备基本的通信功能外,已经组合了互联网、定位、音视频、游戏机、电子图书等越来越多的功能,使得智能手机具备了类似移动计算机的功能。

2.3.3 技术组合

技术组合是将现有的不同技术、工艺、设备等技术要素加以组合,形成解决新问题的新技术手段的发明方法。在组合时应研究不同技术的技术特性、功能特点以及应用条件,还应注意它们之间的相容性、互补性和共促性。

随着人类实践活动的发展,在生产、生活领域里的需求也越来越复杂,很多需求都远不是通过一种现有的技术手段就能够满足的,通常需要使用多种不同的技术手段的组合来实现一种新的复杂技术功能。技术组合方法可以分为聚焦组合方法和辐射组合方法。

1. 聚焦组合方法

聚焦组合方法是指以待解决的问题为中心,在已有的技术手段中广泛地寻求与待解决问题相关的各种技术手段,最终形成一套或多套解决这一问题的综合方案,如图2-1所示。应用这种方法的过程中特别重要的问题是寻求技术手段的广泛性,要尽量将所有可能与所求解问题有关的技术手段包括在考察的范围内,只有通过广泛的考察,不漏掉每一种可能的选择,才可能组合出最佳的技术功能。

例如,西班牙要修建新的太阳能发电站,需要解决的最重要的技术问题是如何提高太阳能的利用效率。针对这一要求,他们广泛寻求与之有关的所有技术手段,经过对温室技术、风力发电技术、排烟技术、建筑技术等的认真分析,最后形成了一种富于创造性的新的综合技术——太阳能气流发电技术。

这种太阳能气流发电厂如图 2-2 所示,它的结构非常简单,发电厂的下部是一个宽大的太阳能温室,温室中间耸立着一个高大的风筒,风筒下安装风力发电机,这里应用的各个单项技术本身都是很成熟的技术,经过组合就形成了世界上最先进的太阳能发电技术。

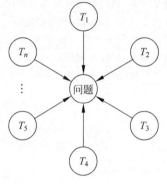

图 2-1 聚焦组合

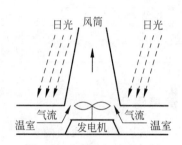

图 2-2 太阳能气流发电厂

2. 辐射组合方法

辐射组合方法是指从某种新技术、新工艺、新的自然效应出发,广泛地寻求各种可能的应用领域,将新的技术手段与这些领域内的现有技术相组合,形成很多新的应用技术。应用这种方法可以在一种新技术出现以后迅速地扩大它的应用范围。世界发明历史上有很多重大的技术发明都经历过这样的组合过程。例如,以强磁材料为技术核心,应用辐射组合形成多种应用,如图 2-3 所示。

超声波作为一种新技术出现以后,将其辐射到切割加工领域就形成了超声波切割技术,将其辐射到钎焊领域就形成了超声波钎焊技术,类似的技术还有超声波溶解技术、超声波研磨技术、超声波无损探伤技术、超声波厚度测量技术、超声波焊接技术、超声波烧结技术、超声波切削技术、超声波清洗技术等,见表 2-1。

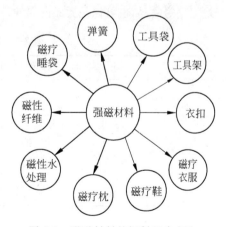

图 2-3 强磁材料的辐射组合方法

现代的激光技术、计算机技术、人造卫星遥感技术、计算机仿真技术等新技术出现以后,都通过与其他技术的组合,发展成为一系列新的应用技术门类,不但迅速扩大了这些新技术的应用范围,而且也促进了这些技术自身的进一步发展。

表 2-1　超声波开发应用一览表

与超声波原理相结合的技术	发明成果	应用
洗涤	超声波洗涤器	洗涤精密零件,洁净度高
探测	超声波鱼探仪	探测深海鱼群,提高捕鱼量
溶解	超声波溶解术	可溶解铅-铝合金
焊接	超声波焊接机	可焊接轻金属薄板,变形量小
钎焊	超声波钎接机	可钎接铝、钛等金属,工艺性好
切割	超声波切割机	代替传统切割方式,振动小,精度高
探伤	超声波探伤仪	可探测材料内部缺陷,不损伤被探测材料
诊断	超声波诊断仪	可诊断某些疾病,提高诊断的准确性
钻孔	超声波钻孔器	可在牙齿、钻石等坚硬材料上钻孔
测量	超声波测量仪	可用于深海测量,测距深,精度高
检验	超声波检验法	可检测材料的弹性模量,准确性高
烧结	超声波烧结术	烧结粉末金属,时间短,效率高
显像	超声波显像法	显示颅内图像,帮助诊断病情
雾化	超声波雾化法	将药液雾化,喷于患处,提高治愈率

2.3.4　信息组合

应用组合法从事创新活动的关键问题是合理地选择被组合的元素。为了解决这个问题,提高组合创新的效率,有人提出了一种非常有效的组合方法——信息组合法。

首先,将待分析的对象分解为可以被组合的信息元素。信息元素可以是产品的不同组成部分,可以是产品的分功能,也可以是产品的属性;然后将待组合的信息元素制成表格,表格的交叉点即为可供选择的组合方案。例如,将现有的家具及家用电器进行组合,可以制成表 2-2 所示的表格,通过组合可对新产品开发提供线索。列在表格中参与组合的元素不但可以是完整的商品,也可以是商品的属性;参与组合的元素可以是二维的,也可以是多维的。

表 2-2　家具与家用电器的组合

组合元素	床	沙发	桌子	衣柜	镜子	电视
床						
沙发	沙发床					
桌子	床头桌	沙发桌				
衣柜	床头柜	沙发柜	组合柜			
镜子	床头镜	沙发镜	镜桌	穿衣镜		
电视	电视床	电视沙发	电视桌	电视柜	反画面电视	
灯	床头灯	沙发灯	台灯	带灯衣柜	镜灯	电视灯

有人用信息组合法分析公园游船的设计问题,从设计问题中分解出 3 个独立的设计要素:船体的外形、船的推进动力、船体材料,并列举出船体外形可以选择的方案:龙、鱼、鹅、鸳鸯、画舫、飞碟等;船的推进动力可以选择的方案有手划桨、脚踏桨、喷水、明轮、电动螺旋桨等;船体材料可以选择的方案有木材、钢、水泥、塑料、玻璃钢、铝合金等。用信息组合图表示如图 2-4 所示。将船的外形、动力、材料各选取一种方案即组合成一种游船设计方案。

信息组合法能够迅速提供大量的原始组合方案,作为进一步分析的基础。

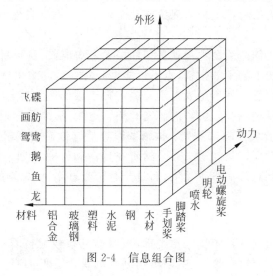

图 2-4　信息组合图

组合创新法是一种开阔视野、促进思维创新的有效方法,它要求创新者掌握比较全面的科学原理知识和广泛的技术手段,并且善于了解和主动接触新鲜事物。

2.4　机遇利用法

机遇:有机会或偶然相遇之意。在科学认识领域,机遇常常是意外发现和偶然发现的代名词。而在人类的创造性活动中,由于机遇启发获得的技术创造成果数不胜数。在创造性活动中,机遇并不能直接使创造者获得技术成果,其作用主要是为创造者开启思路。因此,对于创造者来讲,要时刻保持有准备的头脑,时刻留意"意外之事",一旦机遇出现,就能够认出它、抓住它、探究它、利用它,沿着机遇启示的思路提出技术创造方案。

机遇不同于人们所进行的认识和分析、实验和研究、归纳和演绎等科学方法,但是它常常会引发或导致不朽的科学发现或重大技术发明。

例如,1900 年美国化学家贝克兰的实验室老鼠成灾,他安装了捕鼠器,一天早上他发现捕鼠器没有捉到老鼠,而且作为诱饵的奶酪也被老鼠打翻的酚醛树脂污染。他决定更换诱饵,但是意外发现掺有酚醛树脂的奶酪变得很硬,通过测试发现这种材料坚硬,光滑,耐酸碱,耐火,防水,绝缘性好。贝克兰意外地发明了"电木"。又如,1903 年法国化学家爱德华·别涅狄克在整理仪器时不小心将一个瓶子掉落在地上,捡起后发现瓶子上布满裂纹,但并没有碎。经检查发现,这个瓶子以前曾放过一种硝酸纤维溶液,这使瓶子内表面附有一层透明薄膜。利用这一发现,他发明了制造镀膜玻璃的技术。另外,像 X 射线的发现、维生素的发现、青霉素的发明、干洗技术、防复印纸技术等都是发明者在偶然中得到的重大发现和发明。

在学习机遇创造法时,特别需要注意机遇的两个共同的性质:意外性和异常性。

1. 意外性

X 射线的发现、维生素的发现、青霉素的发明、干洗技术、防复印纸技术等事例表明,机遇具有意外性,它既不是人们设想的目标,也不是人们计划的产物,完全是一种偶然得之、无意得之的产物。从理论上,机遇的意外性主要是因为事物的内在本质只能在一定的条件下才会显现出来,而人们对事物本质的认识往往是一个由表及里、由浅入深的过程。当人们用科学理论和技术方法无法解释某种新现象或某个问题时,就会自然感到意外,因此,意外性是机遇的伴生现象。

人们的发现或发明创造活动本身就是一种探索未知现象、发明崭新事物的活动,人们不可能在事先就对未知的事物了如指掌,也不可能事先对探索的结果做出周详的计划。因此,在发明创造过程中遇到意外就不足为奇了。关键在于人们是否能够认识和利用意外,使意外现象或问题转化为一种"意料之内"的研究对象。比如,柏琴原想利用化学方法合成奎宁,却意外发现了第一种合成染料苯胺紫;拉姆塞原想从钇铀矿中找氩,却意外地发现了惰性气体氦……虽然这些发现产物相对于原来的研究目标和研究计划来说都是意外,但是这些科学家们都没有因感到意外而束手无策,而是及时转变思路,使思维的方向调整到可以利用这些意外的路径上来。

2. 异常性

机遇的异常性指机遇往往不同于传统理论、习惯见解或流行看法。因为所谓机遇带给人们的是突破旧观念、旧传统、旧方法、旧事物制约的机会。但旧有的事物和观念在人的头脑中是根深蒂固的,很难轻易动摇和彻底破除。于是,就会在人的头脑中产生冲突。异常性也是机遇的伴生现象。

根据辩证唯物主义的认识观和方法观可知,意外和异常都是可以转化的。意外可以向"意内"转化,异常可以向"正常"转化。例如,电和磁都是人类在2000多年前就发现的自然现象,但是直到19世纪,人们还认为二者是不相干的。丹麦物理学家奥斯特经过长期探索,在1819年发现了电流的磁效应,即当磁针平行放置在通电导线附近时,磁针发生了偏转,这在当时实在是一个非常意外的现象。1822年,法国物理学家安培进一步发现了安培定律和安培力公式。直到1831年,法拉第在前人工作基础上,发现了电磁感应现象,揭示了电和磁之间的内在关系。至此,电可以转化成磁,磁可以转化为电,才成为人们普遍认同的正常概念。

实际上,任何一种机遇的出现都具有其深刻的内部根据。机遇的意外性反映了事物发展的偶然性与必然性的关系,机遇的异常性则反映了事物存在的现象与本质之间的关系。从某种意义上说,机遇的产生是主客观相互作用的结果。因为,只有主观追求而无客观实践,根本无从产生机遇;只有客观实践而无主观准备,即使碰到机遇也会白白放过。

无数的发明实践证明,及时准确地捕捉机遇是取得辉煌发明创造成果的关键。要做到这一点,需要注意以下几个方面:

(1) 应努力培养强烈的发明创造意识。这是取得发明创造成果的必要条件。只有头脑时刻准备着,才不会使稍纵即逝的"机会"从眼前溜走。

(2) 应积极创造条件,努力把握机遇。人们要想得到发明创造机遇,就要努力扩大自己的活动范围和实践区域,而不能"守株待兔"。机遇特别垂青有志者,它只眷顾那些孜孜以求、敢于攀登、勇于思索的人。

(3) 应养成勤于思索、乐于分析、善于观察的习惯。捕捉机遇主要靠各种感觉和知觉,特别是视觉。良好的工作态度有助于人们发现机遇并牢牢把握机遇。固特异在无意中触摸了一下碰巧被硫化了的橡胶,若不是他具有高度的敏感性,觉察到橡胶已发生奇妙的变化,他是捕捉不到这千载难逢的机遇的。同样,发现X射线的伦琴,若不是他具有突出的思维能力,善于观察并勤于思考,从而把现象与机理联系起来分析,也不会把握住良机。

(4) 应保持对新事物、新问题的敏感性和好奇心。这是希望有所发现、有所发明的人们必须具备的重要心理素质。敏感和好奇的人,发明的欲望和探索的欲望常常也会很强烈,这就给他们在处理新鲜事、特殊事、意外事方面带来驱动力。

(5) 应密切注意那些意外发生的事情。人们习惯于有计划、有组织、有目的地去工作、去实验、去观察,因此往往关注那些预料中的现象、结论和成果,而对那些意外的事情则会显得漫不经心或重视不足。其实,捕捉机遇所需要的思想方法与推理求证所需要的思想方法是完全不同的。它的主导思想是通过对一些意外线索的注意、观察和分析,辅以科学的手段和措施,做出新的发明。在此过程中,特别要讲究方式方法。在观察事物时,思想要解放,包袱要清除,绝不能形成思维定式和意识固化。对各种现象都要认真思考和反复推敲,以创造性的态度看待意外之事。

(6) 应善于透过现象看本质,洞察事物的本来面目。机遇带给人们的信息和线索,有时很明显,有时很隐蔽,只有感受力强、洞察力好的人才能从错综复杂的现象中将有用的线索突出并强化起来,为发明创造提供依据。

(7) 应经常在头脑中储备发明创造的课题,使人们捕捉发明创造机遇的意识更强烈、更具体。这样一旦遇到机遇,就可以迅速反应,及时捕捉,为后期的工作提供根本条件。养成良好的思维习惯,从司空见惯的事物中发现新的社会需求,从生活中遇到的不方便中发现社会需求,从萌发的新欲望中发现社会需求,从社会心理的变化中发现新的社会需求,这些新发现的社会需求就是从事发明创造活动的课题。

因为机遇是在动态的社会环境和外部条件中产生的,所以只有积极投身到社会动态环境中从事发明创造活动,才可能有遇到发明创造的机会。

2.5 技术移植法

所谓技术移植法是把一个技术领域的原理、方法或成果引入不同技术领域或相同技术领域的其他研究对象上,用以创造新的技术产物或改进原有技术产物的发明创造技法。它的应用以不同技术领域之间在技术原理上的相关性以及在技术功能上的相通性为根据。例如,将桃枝嫁接在杏树根基上,生长出的新桃树就会像杏树那样长寿;将梨树的枝条嫁接在沙棘的根上,同样会使沙棘变成梨树。植物的嫁接就是利用植物生长中的共性和相关性进行技术移植的成功事例之一。

2.5.1 技术移植法的应用条件

运用技术移植法首先要解决移植什么,为什么要移植。这就是移植法的应用条件问题。理论和实践经验表明,要有效应用移植法,必须注意以下 3 个必要条件:

(1) 用传统方法难以找到理想的设计方案或解题设想,或者利用本专业领域的技术知识根本就无法找到出路。

(2) 其他技术领域存在解决相似或相近问题的方式方法。

(3) 对移植结果能否保证系统整体的新颖性、先进性和实用性有一个基本的估计或肯定性判断。

以上 3 条是实施技术移植法的基本条件。在创造活动中,只有同时具备这 3 个条件,才有采取移植法的必要性和可能性。

例如,电磁装卸机的设计。在料场、码头、车站等的装运生产中,对于规则的货物装卸都比较容易。但遇到细小的物品,特别是钢球、铁块之类,装卸起来就比较费时、费工了。使用通常的装卸机械,如抓斗之类,虽然能够解决问题,但速度慢、效率低,不能适应现代化生产的节奏。为更好地满足工作要求,需要寻求设计专用的装卸机的新思路。这就具备了移植法应用的第 1 条。

移植什么?到机械领域之外去找,人们想到了电磁铁的作用。电磁铁通电后磁力增强,能吸起铁块;断电时磁力减弱或消失,铁块会自动从磁铁上落下。这是装卸碎块的理想方式。找到了解决类似问题的有效方法,就具备了实施移植法的第 2 个必要条件。

第 3 个必要条件是用电磁吸引方式装卸碎块,既节省劳动力又速度快、效率高、新颖、先进并实用,有移植的必要。

正是这 3 个必要条件同时具备了,人们才成功地发明了电磁装卸机。

2.5.2 移植法的选择

移植什么?往哪儿移植?这是运用移植法创造的关键,是在创造过程的分析问题阶段所应解决的。例如,在技术改进中,发现影响系统整体性能的部分,可以移植其他技术要素取而代之;对象系统的某一部分用传统方法设计不能满足整体目标要求时,可移植其他领域的设计方法、技术原理、结构形式、运动方式、做功机理等进行设计。诚然,在实践中移植法的选择并不是那么直观和显而易见的,还需要创造者发挥丰富的想象力。

例如,机械式调光台灯的设计。在品种繁多的台灯中有一种可调光的台灯深受消费者喜爱,但是几乎所有的调光台灯都只能单向地由光亮向光暗调节,而不能由灯泡的额定功率向光亮度更强的方向调节。如果能围绕额定功率实现亮度的双向(强弱)调节,必然能满足人们更多的使用需求。这就提出了一个设计新型调光台灯的创新问题。

针对这个创新问题,设计者通过深入分析认识到,采用电学方式实现正反向调光极为困难,只能寻求其他调光方式。通过联想,设计者想到了抛物面的聚光特性。于是,他们移植抛物面的聚光原理用于调光台灯的设计中,设计出能将光线聚集成斑的抛物面灯罩,以及可以使灯泡沿抛物面轴线方便移位的机械装置,同时保持原有的调光台灯负向调光结构不变,最终成功设计出了具有双向调光功能的新型机械式调光台灯。这种新型机械式调光台灯成功地将光学原理应用到电灯设计中,在不改变原来电灯额定功率的条件下,通过机械调节将光斑缩小,提高了亮度和照射距离,又具有了节能的效果。

移植选择得恰当与否、优劣与否,直接影响到创造活动的成败。因此,在选择移植项的过程中,类比和联想方法的运用非常重要。联想相当于思想的雷达,它能使我们在全方位的搜索中找到恰当的移植项。类比法可以帮助我们实现巧妙的移植。

2.5.3 技术移植法的主要类型

技术移植法可以分为技术原理式移植、技术手段式移植、技术结构式移植和技术功能式移植。

1. 技术原理式移植

技术原理式移植是指将某种行之有效的技术原理,由它最初运用的技术领域移植到其他技术对象上,以创造新的技术产物。众所周知,技术原理本身都带有一定的普遍性和通用性,若能对其进行深入研究和合理移植,就可能产生发明创造成果。

例如,含稀土元素的钢铁构件比一般钢铁构件具有更高的抗冲击性和更好的耐磨性,其原因在于稀土元素与钢铁材料的分子或原子发生相互作用,改变了晶体的结构,因而使钢铁材料的性质发生了重大变化。根据稀土元素的这种"助它效应",人们又将稀土元素移植到农业生产上,凡是经过稀土元素改造的农作物,其生长速度大为增加。

2. 技术手段式移植

技术手段式移植是指将某种行之有效的技术手段,由它最初运用的技术领域移植到其他技术对象上,以创造新的技术产物。人们为了达到某一目的,必须具备相应的手段。手段是一种条件,也是一种基础。在科学研究和技术发明中,设备、仪器和装置通常是硬手段,而程序、步骤和方法则是软手段。它们可以从一个领域移植到其他缺乏这些手段的领域,成为别的领域解决问题的新手段。

例如,中国古代造纸技术的发明中就已经运用了移植创造的思想方法。当时,加工丝的工艺是比较成熟的技术,古人就采取不改变加工技术,只改变加工对象,即将加工丝改成加工植物纤维的方法,形成了最初的造纸技术。造纸术既方便了人们书写,又促进了文化传播。造纸术的广泛传播,对人类文化事业的发展起到重大作用。

3. 技术结构式移植

技术结构式移植是指将某种行之有效的技术结构,由它最初运用的技术领域移植到其他技术对象上,以创造新的技术产物。结构是事物存在和实现功能的重要载体。结构是人们设计和制造出来的,体现了人们的设计理念和功能需求。因而每种结构都有自己的特点和长处,从而成为其他领域开展发明创造活动的参照物和借鉴物。

例如,生物中的一些结构被人们移植到工程领域中,产生出许多发明创造。一位法国园艺师家中经常有人来参观花园,使得他家的花坛常被踩坏,他希望能将花坛修建得更坚固。他发现花盆里的花死后,从花盆里倒出的土很结实,不容易碎。观察发现是由于植物根须的作用。他模仿这种结构,用铁丝做骨架,用水泥砌花坛,效果非常好。这位对建筑技术一窍不通的法国园艺师发明了钢筋混凝土。

又如,常见的机床导轨是滑动摩擦导轨,其摩擦阻力较大。如果在导轨摩擦面间加装滚动体,可使导轨之间的滑动摩擦转化成滚动摩擦(见图2-5(a))。与普通的滑动导轨相比,滚动导轨具有运动灵敏度高、定位准确性好、摩擦力低、润滑系统简单、维修保养方便等优点,其发明思路就是借鉴了普通的推力轴承的结构形式(见图2-5(b)),成为技术结构移植的新产物。

图2-5 滚动摩擦导轨的结构

4. 技术功能式移植

技术功能式移植是指将某种行之有效的技术功能,由它最初运用的技术领域移植到其他技术对象上,以创造新的技术产物。功能是事物的效能或工作目的。人们设计了各种装置和事物,其目的就是让它们发挥出预定功能,以满足使用者的需求。

比如,电影放映原理发明后,很多人从事电影放映设备的结构设计工作。到1894年,电影放映机的结构中只有一个难题没有解决,即如何使胶片走一步,停一步,实现间歇运动。一对法国兄弟对这个问题进行了长时间的研究,始终没有结果。一次,兄弟俩工作到深夜,休息时无意中摆弄了身边的缝纫机,注意到缝纫机工作中布料在送布牙的驱动下走一步,停一步。他们立即对缝纫机送布牙的运动进行分析,受到启发,解决了电影放映机设计中的最后一个难题。

再如,激光技术是20世纪50年代的一项重大发明成果,一诞生就因其特殊功能被应用到医疗卫生领域,用以治疗眼科疾病、实施外科手术和治疗癌症。在机械加工方面,微小孔的加工一直都是难题,通过激光技术的移植,目前激光加工设备已经可以在玻璃瓶、西林瓶、安瓿瓶、输液袋等表面进行激光打孔,用于制备药物包装容器密封完整性CCIT测试的阳极性样品,最小孔直径可达$1 \sim 2\mu m$,精度$\pm 1\mu m$以内。

技术移植法对科学技术的发展,促进发明创造具有重大意义。贝弗里奇曾说:"使用移植法有可能促进科学发展,这也许就是科研人员要对自己狭窄的研究范围之外的发展,至少是重大的发展有所了解的主要原因。"现在,各学科之间的科学原理和技术方法之间的交融和渗透越来越强烈,对于创造者来说,要正确理解这种趋势的意义,抓住机会。同时,也应该认识到,进行广泛的科学技术移植既不可避免,也是非常必要的。在创造发明活动中,不能局限于一个很小的科学技术领域,要拓展知识面,彻底摒弃那种画地为牢、坐井观天的不求进取的做法。做到解放思想、开阔思路、广采博纳、兼收并蓄,为有效运用技术移植法进行创造性设想和创新性方案奠定基础。

2.6 逆向构思法

逆向构思法是一种从现有事物原理机制的反面、构成要素的反面或功能结构的反面去思考、去求索,以发明创造的方法。美国精神病学家A.卢森堡通过对大量已取得创造性成果的科学家的调查和分析发现,这些人都非常善于根据研究问题的需要,从事物的相反方向进行思考,从而促进矛盾的对立面之间的相互转化和相互连接。

在自然界和人类社会中充满着各种矛盾,而矛盾也在时刻向对立面转化。人们对自然规律的认识和深化,必然促成辩证法、认识论和方法学的统一。从根本上讲,逆向思维体现了创造者对自然规律的深入领悟、对思维方法的高度提炼以及对创造意识的有力凝聚。逆向构思法的创造性主要通过3个方面体现:逆向思考、相反相成、相辅相成。所谓逆向思考,是指人们有意识地寻找事物的对立面,创造新概念;或者有目的地暴露事物的另一面,寻找事物的度;或者有计划地反其道而行之,探索新的技术方案。所谓相反相成,是指人们有意识地将两个或多个对立面联系在一起,由于对立的性质不仅不起破坏的作用,反而起建设的作用,因而打破了单方面性质的限制。在它们相互补充和相互改善的作用下,可以发现事物新的功能和作用。所谓相辅相成,是指对立面处于一个统一体中,保持着一种必要的张力和平衡,而且能适时地相互转化,使事物同时具有两种对立的性质,能在两种极限条件和状态下相继发挥作用。按照这种思路进行科学研究,可以创造出理想的设计方案、创意构思新的产品或事物。

逆向构思法遵循原型—反向思考—创造发明的模式。

例如,在钨丝灯泡发明初期,为避免钨丝在高温下氧化,需将灯泡抽真空,但是使用后发现,灯丝通电后仍会变脆。多数人认为应进一步提高灯泡内的真空度,美国科学家兰米尔却提出向灯泡内充气的方法,因为充气比抽真空在工艺上要容易得多。他分别试验了将氢气、氧气、氮气、二氧化碳、水蒸气等充入灯泡,试验证明,氩气有明显减少钨蒸发的作用,可使钨丝在其中长期工作。于是他发明了充气灯泡。

另外,在一般情况下,人们总是千方百计地抑制并排除外界干扰,使工作得以顺利进行。但在某些情况下,通过逆向思维,人们可以有目的地利用外界干扰以产生新的用途。在激光陀螺仪中,噪声一直被认为是一种干扰信号,人们总是想办法抑制它,但效果一直不好。后来经过研究发现,噪声场和地磁场有密切的关系,于是科学家们转换思路,不但不去抑制噪声,而是进一步放大噪声信号,并将其应用于测量大地磁场,由此开创了激光陀螺仪应用的新领域。

为了进行合理的逆向构思法进行创新活动,可以采用反向探求,顺序、位置颠倒和巧用缺点等方法。

2.6.1 反向探求

反向探求是指从现有事物的反面进行思考,使思维的功能和作用发生转化,激励并启发人们的创造性思维,以达到发明创造的目的。在问题求解的过程中,由于某种原因使人们习惯向某一个方向努力,但实际上问题的解却可能位于相反的方向上,意识到这种可能性,在求解问题时及时变换求解方向,有时可以使很困难的问题得到解决。

反向探求可以从功能性反转、结构性反转和因果性反转3个主要途径进行探索。例如,拖拉机开始发明时,其主要用途就是用作拖拉货物或犁田耙地的工具。但是,后来人们从"拖拉"这个动作的反向动作考虑,做相反功能探索,在拖拉机前面加上一把大铁铲,再配备上机械式或液压式控制系统就制造出了推土机。又如,有一种转动墙板在市场上非常走俏,但这种转动墙板在使用一段时间后,转动灵活性下降。技术人员通过深入调查和研究后发现,造成这一现象的原因是这种墙板的轴承座圈开口向上,时间久了很容易积累灰尘或杂物,导致阻尼增大,转动不便。找到问题所在,技术人员利用结构反转设计,将轴承座圈的开口由向上改为向下,这样不仅灰尘和杂物无法藏身,而且转轴每转动一次就相当于清理一次轴承座圈,使用结果令消费者十分满意。

在自然界中,很多自然现象之间是有联系的。在某个自然过程中,一种自然现象可以是另一种自然现象发生的原因;而在另一个自然过程中,这种因果关系可能会颠倒。探索这些自然现象之间的联系及其规律是自然科学研究的任务。因果性反转就是利用了这种因果关系可以互相转变的原理来进行的创造性活动。例如,1820年,丹麦物理学家奥斯特通过多组试验,证明了电流的磁效应。随后,法拉第认为电现象与磁现象之间的关系是辩证的关系,既然电能够产生磁,那么磁也应能产生电。他从1822年开始寻找磁的电效应。开始时他一直用静止电流产生的磁场进行试验,但屡遭失败。经过长达10年的试验,法拉第终于在1831年8月29日发现了变化的磁场所引起的电磁感应现象。他将两个紧挨着的线圈用绝缘层隔开,其中一个线圈与电流表相连接,构成一个回路,同时为另一个线圈通较强电流。

他在试验中发现,当电流被接通时电流表指针有轻微的摆动;当电流被断开时电流表指针也同样有轻微的摆动。他又设计了一系列的电磁感应试验,结果表明,无论用何种方法使通过闭合回路的磁通量发生变化,都会使回路中产生感生电流,这就是电磁感应定律。这个发现奠定了发电机的基本工作原理。

2.6.2 顺序、位置颠倒

人们在长期从事某些活动的过程中,对解决某类问题的过程及过程中各种因素的顺序及事物中各要素之间的相对位置关系形成了固定的认识。将某些已被人们普遍接受的事物顺序或事物中各要素之间的相对位置关系颠倒,有时可以收到意想不到的效果。在适当的条件下,这种新方法可能解决常规方法不能解决的问题。

例如,几千年来人类的计时都是1,2,…,10,这似乎已经成为一种习惯。但是在火箭发射等一些关键或重要的时刻计时中,人们却采用了倒计时10,9,…,2,1,0。这是因为采用倒计时的发射程序简单明了、清楚准确,突出表现了火箭发射时间逐渐减少,使人们产生发射就要开始的节奏感和紧迫感,是一种科学的计时法。

又如,在电动机中有定子和转子,在通常的设计中,都是将转子安排在中心,便于动力输出,将定子安排在电动机的外部,这样可以很容易地安排电动机的支承。但是在吊扇的设计中,根据安装和使用性能的要求,却需要将电动机定子固定于中心,而将转子安装在电机外部,直接带动扇叶转动。

2.6.3 巧用缺点

认识事物时,将事物中通常带来好结果的属性称为优点,将通常带来坏结果的属性称为缺点。我们一般较多地注意事物的优点,但是当应用条件发生变化时,可能我们需要的正是事物中原来被认为是缺点的某些属性。正确地认识事物的属性与应用条件的关系,善于利用通常被认为是缺点的属性,有时可以使我们做出创造性的成果。

金属材料的氢脆性是影响材料性能的缺陷,在使用中会造成很大的危害,在冶炼中应尽力避免氢脆性。但是在某些情况下,金属材料的氢脆性也可以成为被利用的特性。例如,在制造铜粉的工艺中就可以利用铜的氢脆性,将废铜丝和铜屑放在氢气环境中,加热到500～600℃并保温数小时,再放到球磨机中经过一段时间的研磨,就可制成质量很高的铜粉。

生活中我们使用普通水壶烧开水时,水开了溢出会把火扑灭,容易引发事故,如煤气中毒等。针对这一缺点,有人想出了在壶盖边上开一个小口,水开时,蒸汽通过这个小口就会发出尖叫声,以提醒人们的注意,避免了危险的发生。

巧用缺点进行发明创造的具体工作步骤可以归纳如下:

(1) 深入研究缺点。即通过深入研究和仔细分析,发现事物存在的缺点,特别是那些可以转化、可以利用的缺点。

(2) 透过现象看本质。即认识事物缺点的实质所在,从复杂的表象中抽象出缺点背后所隐藏的基本原理、行为特性和运作过程。

(3) 逆用缺点求创新。即根据缺点现象背后的基本原理和行为属性,寻求加以利用的途径和方法。在这个步骤中必须综合其他创造性思维形式和方法,这样才能依据缺点背后所隐藏的原理和特性实现"化弊为利、化害为益"的发明创造。

逆向构思法对于创造者来说有利于开阔思路,转换角度,提高思维质量。

2.7 发明问题解决理论

发明问题解决(TRIZ)理论是苏联的一批科学家提出的一种创新设计理论。

苏联学者阿利特舒列尔(G.S. Altshuler)及其领导的一批研究人员,从1946年开始,花费了1500人·年的工作量,在分析、研究世界各国250余万件专利文献的基础上,提出了用于解决创新设计问题的发明问题解决理论。在该理论被提出后的很长时间里一直对其他国家保密,直到苏联解体以后,随着一大批科学家移居国外,发明问题解决理论才被完整地介绍到其他国家。这一理论的提出与传播对全世界的创新设计领域产生了重要的影响。

产品设计问题分为新产品设计问题和已有产品的改进设计问题。作为一种方法学,发明问题解决理论在新产品设计与产品改进设计的概念设计阶段为设计者提供了过程模型、工具与方法。

发明问题解决理论认为所有的产品从诞生到退出市场都遵循一定的规律,可分为四个阶段:婴儿期、成长期、成熟期和退出期(见图2-6)。产品在不同的进化阶段,其相关专利申请数量与级别、产品性能、所获得的利润会发生相应的变化(见图2-7)。处于前两个阶段的产品,由于处于初创阶段,虽然产品提供了一些新的功能,但是系统还可能存在性能缺陷,因此需要加大投入,尽快进行产品性能优化设计,使其尽快市场化,进入成熟期,以便使企业获得更大的收益。处于成熟期的产品,其技术系统日臻完善,且性能达到最优。这时,企业应加快其替代品的研究,取得新技术以应对未来市场的竞争。处于退出期的产品,其性能发展已经达到某一极限,很难突破,使企业利润急剧下降,应尽快淘汰。

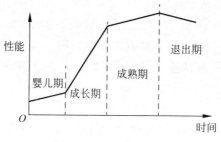

图2-6 产品进化曲线

旧产品的淘汰意味着需要新的产品技术系统开始研究。TRIZ理论指出,技术系统进化遵循以下基本法则。

1) 完备性法则

一个完备的技术系统应包括以下四个基本的组成部分:动力源、动力传输装置、执行装置、控制装置。

2) 能量传递法则

系统必须保证将能量从动力源传递给系统中的所有元件。技术系统进化应该沿着使能量流动路线缩短的方向进行,以减少能量在传输过程中的损耗。

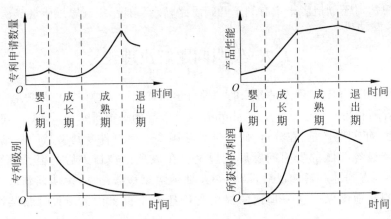

图 2-7 产品进化过程中相关专利、产品性能、利润变化曲线

3）动态性进化法则

技术系统进化应沿着提高结构柔性、可移动性、可控性的方向发展。

4）提高理想程度法则

理想的技术系统体积为零，不消耗能量，不需要资金，无任何有害作用，但是能够实现所有必要的功能。

虽然理想系统不可能存在，但是好的技术系统应向理想化程度提高的方向进化，使系统的体积、耗能、成本不断减少，功能不断增加。

5）子系统不均衡进化法则

任何技术系统所包含的各个子系统的进化都是不均衡的。这种不均衡的进化，导致子系统之间的矛盾。整个系统进化的速度取决于进化最慢的子系统的进化速度。应及时发现和改进最不理想的子系统。

6）向超系统进化法则

技术系统沿着单系统—双系统—多系统方向发展。当技术系统的进化达到某种极限时，其中实现某项功能的子系统会从系统剥离转移到超系统，作为更大的系统中的一部分。

7）向微观级进化法则

技术系统进化朝着不断减小元件尺寸的方向发展，尺寸不断缩小，功能不断加强。

8）协调性法则

技术系统进化正朝着各个子系统相互之间更加协调的方向发展。

技术系统进化的动力是不断地解决出现在系统中的冲突。发明问题解决理论的重点内容在于如何确定出现在技术系统中的冲突种类、如何表达冲突，以及如何确定解决冲突的方法。它的基本方法是建立在对已有技术系统中所存在的工程冲突的分析基础之上的。在设计中解决冲突的最一般的方法是折中（互相妥协）。发明问题解决理论提出了消除冲突的发明原理，建立了消除冲突的基于知识的逻辑方法。

发明问题解决理论将工程中遇到的冲突分为两大类：一类称为技术冲突；另一类称为物理冲突。

技术冲突是指在技术系统的一个子系统中引入有益功能的同时会在另一个子系统中

引入有害功能。例如,波音公司改进737设计时,希望增加发动机的功率,这就需要吸入更多的空气,发动机机罩直径就要增加,但会造成机罩离地面距离减小,而距离减小是不允许的。

物理冲突是指对同一个子系统提出相反的要求。例如,为了容易起飞,飞机的机翼应有较大的面积,但是为了高速飞行,机翼又应具有较小的面积。这种"大面积"对应"小面积"的需求就是机翼设计的物理冲突,解决该冲突就是机翼设计的关键。

发明问题解决理论是解决进化设计问题的一般性方法,不专门针对某个具体的应用领域。应用该理论解决具体应用领域的设计问题时,需要首先将待解决的设计问题表达(翻译)为发明问题解决理论所能接受的标准问题,然后利用该理论所提供的求解方法,求得针对标准问题的标准解,最后将标准解表达(翻译)为具体应用领域的解答,得到领域解。

1. 技术冲突

技术冲突是指技术系统中两个参数之间存在着相互制约,是在提高技术系统的某一个参数时导致了另一个参数的恶化而产生的矛盾。为了表达技术冲突,发明问题解决理论抽象出表达技术冲突常用的39个工程参数,见表2-3。

表2-3 通用工程参数名称

序号	名 称	序号	名 称
1	运动物体的质量	21	功率
2	静止物体的质量	22	能量损失
3	运动物体的长度	23	物质损失
4	静止物体的长度	24	信息损失
5	运动物体的面积	25	时间损失
6	静止物体的面积	26	物质或事物的数量
7	运动物体的体积	27	可靠性
8	静止物体的体积	28	测试精度
9	速度	29	制造精度
10	力	30	物体外部有害因素作用的敏感性
11	应力或压力	31	物体产生的有害因素
12	形状	32	可制造性
13	结构的稳定性	33	可操作性
14	强度	34	可维修性
15	运动物体作用时间	35	适应性或多用性
16	静止物体作用时间	36	装置的复杂性
17	温度	37	监控与测试的困难程度
18	光照度	38	自动化程度
19	运动物体的能量	39	生产率
20	静止物体的能量		

发明问题解决理论在分析前人所进行的成功发明创造活动,解决技术冲突问题实践的基础上,总结出了常用于解决技术冲突的40条策略,称为发明原理,见表2-4。

表 2-4 发明原理

序号	名称	序号	名称	序号	名称	序号	名称
1	分割	11	预补偿	21	紧急行动	31	使用多孔材料
2	分离	12	等势性	22	变有害为有益	32	改变颜色
3	局部质量	13	反向	23	反馈	33	同质性
4	不对称	14	曲面化	24	中介物	34	抛弃与修复
5	合并	15	动态化	25	自服务	35	参数变化
6	多用性	16	未达到或超过	26	复制	36	状态变化
7	套装	17	维数变化	27	低成本、不耐用的物体代替昂贵、耐用的物体	37	热膨胀
8	质量补偿	18	振动	28	机械系统的替代	38	加速强氧化
9	预加反作用	19	周期性作用	29	气动与液压结构	39	惰性环境
10	预操作	20	有效作用的连续性	30	柔性壳体或薄膜	40	复合材料

发明问题解决理论将发明原理与发生技术冲突的工程参数之间的对应关系编制成表，称为冲突问题解决矩阵，具体内容见附录 A。

发明问题解决理论提出的 40 条发明原理介绍如下。

原理 1：分割

1. 将一个物体分割为几个独立的部分

例如，不同品牌的家用电冰箱中冷冻箱和冷藏箱的上下位置有不同的安排，有些产品将冷冻箱和冷藏箱设计为两个独立的部分，可以由用户根据喜好自行安排。

货运汽车完成货运功能需要进行装卸和运输。在装卸过程中，车头部分闲置，造成浪费。若将货车分解为动力部分(机车)和装载部分(拖车)，在对拖车进行装卸操作的过程中可以使机车去拖动其他拖车，使货车各部分发挥更高的使用效率。

2. 将一个物体分割为几个容易组装和拆卸的部分

机械设计中将独立的运动单元称为构件。在结构设计中，经常需要将一个构件拆分为多个独立的零件，分别制造，这样可以使制造更容易，加工成本更低，或是为了使装配更容易，或是为了使结构的某个参数可以更方便地调整，或是为了满足设计功能对同一个构件的不同部位的材料提出的不同要求。

3. 提高物体的可分性

例如，机械切削加工所用刀具的刀头部分会在切削过程中发生磨损，将刀杆和刀头设计为可拆卸结构，既可以方便更换刀具，又有利于提高刀杆的使用效率。

原理 2：分离

1. 将一个物体中的有害部分与整体分离

例如，家用空调器的散热器部分工作噪声很大，将散热器从空调器中分离出来，作为一个单独的部件，并安装在室外，可以最大限度地减少噪声对工作和生活环境的干扰。

2. 将一个物体中起某种专门作用的部分与整体分离

例如,将激光复印机中的成像功能从整体中分离出来,作为一项独立的功能,将其与扫描功能组合,可以构成复印机,与计算机组合可以构成打印机,与通信功能组合可以构成传真机。

原理 3：局部质量

将零件由均匀结构改为非均匀结构,按照零件不同位置的不同功能设计局部结构,使零件的每个局部都能够发挥出最佳效能。

例如,对零件的不同部位采用不同的热处理方式,或表面处理方式,使其具有特殊的功能特征,以适应设计功能对这个局部的特殊要求。

原理 4：不对称

机械零件多为对称结构,对称原则使结构设计更简单。

机械零件可以采用非对称的结构,非对称原则使机械结构设计可以有更多的选择。

机械传动中使用的轮毂结构多为两侧对称的结构。图 2-8 所示的带轮和链轮的轮毂结构设计中,为解决轮毂与轴、轮毂与轮缘的定位问题,采用了非对称的轮毂结构。

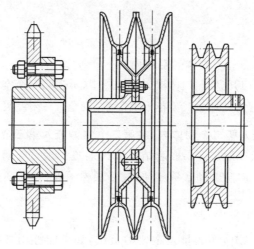

图 2-8 非对称轮毂结构

原理 5：合并

1. 将空间上相同或相近的物体合并在一起

例如,在收音机和录音机中有很多子功能可以共用,收录机的设计将二者的功能合并在一起,使总体结构更简单。电子表和电子计算器的合并可以共用电源、晶振、显示器等部件。

2. 将时间上相关的物体合并

例如,将铅笔和橡皮合并在一起,可以使人们使用铅笔写错字时方便地使用橡皮进行修改;将制冷和加热功能集成在家用空调器中,使以前只能在夏季使用的空调器可以在多个季节发挥作用,改善生活质量。

原理 6：多用性

例如,图 2-9 所示的多用工具集多种常用工具的功能于一身,为旅游和出差人员带来了方便;目前智能手机设计中将很多功能集成在一起,拓展了用途,性能价格比得到提升。

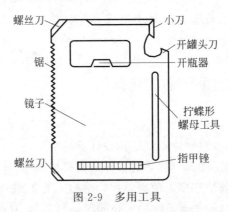

图 2-9 多用工具

原理 7：套装

1. 将某个物体放入另一个物体的空腔内

例如,地铁车厢的车门开启时,门体滑入车厢壁中,不占用多余空间;将电线嵌入墙体内;将加热或制冷部件嵌入住房的地板或天花板中;汽车安全带在闲置状态下将带卷入卷收器中。

2. 将第一个物体嵌入第二个物体内,将第二个物体嵌入第三个物体内……

例如,多层伸缩式天线通过多层嵌套结构极大地减少了对空间的占用。使用相同结构的还有多层伸缩式鱼竿、多层伸缩式液压油缸、多层梯子等。

原理 8：质量补偿

对于很多机械装置,物体的质量是主要的负载,如果能够用某种力与物体的质量相平衡,就可以减小机械装置的负载。

1. 使一个向上的力与向下的重力相平衡

例如,可以利用氢气球悬挂广告牌。电梯、立体车库等起重类机械装置设计中需要根据最大起重能力选择动力及传动装置,如果通过滑轮为起重负载配置配重,使配重等于轿厢重量与最大载重量的一半,可以使对动力及传动装置的工作能力要求降低很多。

对于精密滑动导轨,为了减小导轨的载荷,提高精度,降低摩擦阻力,可以采用图 2-10 所示的机械卸载的导轨结构,通过弹性支承的滚子承担大部分载荷,通过精密滑动导轨为零件的直线运动提供精密的引导。

2. 通过物体与环境的作用为物体提供向上的作用力,以平衡重力作用

例如,船在水中获得浮力,以平衡重力;飞机在空气中运动,通过机翼与空气的相互作用,为飞机提供升力。

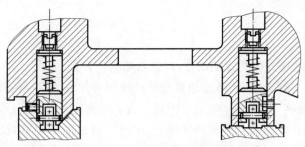

图 2-10　机械卸载的导轨结构

原理 9：预加反作用

在有害作用出现之前，预先施加与之相反的作用，以抵消有害作用的影响。

例如，梁受弯矩作用时，受拉伸的一侧材料容易失效。如果在梁承受弯曲应力作用之前，通过某些技术措施对其施加与工作载荷相反的预加载荷，使得梁在受到预加载荷和工作载荷共同作用时应力较小，则有利于避免梁的失效。

机床导轨磨损后中部会下凹，为延长导轨使用寿命，通常将导轨做成中部凸起形状。

原理 10：预操作

在正式操作开始之前，为防止某些（不利的）意外事件发生，预先进行某些操作。

例如，为防止被连接件在载荷作用下松动，在施加载荷之前将对螺纹连接进行预紧；为防止螺纹连接在振动作用下发生反转，使连接松动，在预紧的同时对螺纹连接采取防松措施；为提高滚动轴承的支承刚度，可以在工作载荷作用之前对轴承进行预紧；为防止零件受腐蚀，在装配前对零件表面进行防腐处理。

原理 11：预补偿（事先防范）

事先准备好应急防范措施，以提高系统的可靠性。

例如，为了在瞬时过载的条件下保护重要零部件不被破坏，可以在机械装置中设置一些低承载能力单元，当系统出现过载时，通过这些单元的破坏使得载荷传递路径中断，起到保护其他零件的作用。电路中的熔断器、机械传动中的安全离合器等就是起这种作用的单元。

原理 12：等势性

使物体在传送过程中处于等势面中，不需要升高或降低，可以减少不必要的能量消耗。

例如，路面平坦，车辆往返行驶过程中消耗的能量就小；零件在流水线上加工的过程中，应尽可能使零件在平面内移动，不需要升降高度，也不需要跨越障碍。

图 2-11 所示为鹤式起重机的机构简图。其中的四杆机构 ABCD 为双摇杆机构，主动杆 AB 摆动时，从动杆 CD 随之摆动，位于连杆 BC 延长线上的重物悬吊点 E 沿近似水平直线移动，不改变重物的势能。

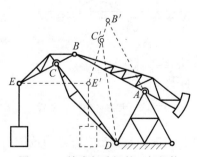

图 2-11　鹤式起重机的四杆机构

原理13：反向

1. 采用与通常动作方向相反的动作，以达到相同的目的

例如，在冲压模具制造中，通常采用提高模具硬度的方法，减少磨损，提高使用寿命。但是随着材料硬度的提高，使得模具加工更困难。为了解决这一技术矛盾，人们发明了一种新的模具制造方法，即在冲裁模具的材料选择上，用硬材料制造凸模，用较软的特殊材料制造凹模，虽然模具在使用的过程中不可避免地会发生磨损，但是软材料的塑性变形会自动补偿由于磨损造成的模具间隙变化，可以在很长的使用时间内保持适当的间隙，延长模具的使用寿命。

2. 使原来静止的物体运动，原来运动的物体静止，保持两个物体之间原有的相对运动关系

例如，用车床加工工件时，工件做旋转运动（主运动），刀具做进给运动（辅助运动），如果改变这种运动方式，将刀具固定在主轴上，做旋转运动，将工件固定在刀架上，做进给运动，可以完成类似铣床和镗床功能，还可以完成一些特殊的加工要求，如完成车制椭圆的加工。

原理14：曲面化

1. 用曲线代替直线，用曲面代替平面，用球形取代立方体

例如，在机械结构的尺寸过渡处（如轴上的台阶处）采用曲线或曲面过渡，可以减少应力集中；拱形梁结构有利于提高梁的强度，采用特殊的母线形状可以使圆轴各个截面的弯曲应力相等，成为等强度梁。

2. 用回转运动取代直线运动

在机械设计中，实现连续的旋转运动比实现往复的直线运动更容易。旋转运动的离心力可以实现一些特殊的功能。例如，洗衣机通过洗衣桶的旋转运动实现对衣物的甩干，离心铸造工艺有利于减少铸件外表面的铸造缺陷。

原理15：动态化

1. 使物体各部分之间、各个动作之间自动调节，实现最佳工作状态

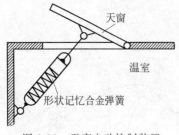

图 2-12 天窗自动控制装置

图 2-12 所示为应用形状记忆合金控制元件（形状记忆合金弹簧）控制的温室天窗。当室内温度升高时，形状记忆合金弹簧伸长，将天窗打开，与室外通风，降低室内温度；当室内温度降低时，形状记忆合金弹簧缩短，将天窗关闭，室内升温。

图 2-13 所示为柴油机调速器示意图。通过与曲轴相连接的输入轴带动重锤旋转，转速升高时重锤向外移动，推动摆杆，使油泵柱塞旋转，使供油量减少，转速降低，使柴油机的转速稳定在合理的范围内。

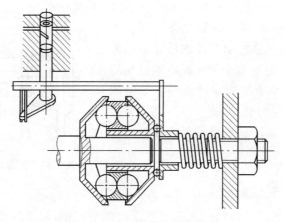

图 2-13　柴油机调速器示意图

2. 将物体分解为既互相连接,又可以相对运动的多个部分

图 2-14 所示的凸缘联轴器中两个半联轴器之间为刚性连接,对被连接的两个轴之间的轴向、径向和角度对中精度都提出了较高要求。

图 2-15 所示的万向联轴器的两个半联轴器之间通过两组正交的铰链相连接,可以在一定范围内适应所连接两轴之间的角度方向误差。

图 2-16 所示的十字滑块联轴器的两个半联轴器之间通过两个互相垂直的移动副相连接,使联轴器可以适应所连接两轴之间的径向误差。

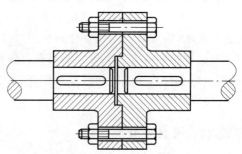

图 2-14　凸缘联轴器示意图

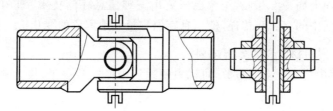

图 2-15　万向联轴器示意图

图 2-16　十字滑块联轴器示意图

有弹性元件的挠性联轴器通过弹性元件连接两个半联轴器,通过弹性元件的变形适应两个半联轴器之间的径向和角度误差,具有综合调节能力。

图 2-17 所示为正安装的两端单向固定轴系结构。为了使轴系正常转动,需要保证轴系具有合理的轴向间隙,如果通过严格控制零件的尺寸公差来保证正确的轴向间隙,会对多个零件提出不适当的轴向尺寸精度要求。图中结构通过在端盖与箱体之间设置可以调整厚度的垫片,既可以方便地调整轴系的轴向间隙,又不必严格控制零件的轴向尺寸公差。

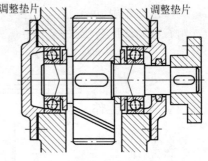

图 2-17 两端单向固定轴系结构

原理 16:未达到或超过

对于某些技术要求,要达到 100% 满足要求可能很困难,如果将要求放宽,允许稍有不足或稍有超出,会使问题极大地简化。

例如,齿轮传动设计计算中,齿轮宽度是影响承载能力的重要参数,齿轮的工作宽度等于设计宽度是保证齿轮发挥承载能力的条件,如果将相互啮合的一对齿轮设计成相等的宽度,只有在一对齿轮的两个端面完全对齐时才能够使得齿轮的工作宽度等于设计宽度,要实现这种要求,需要对一系列零件的轴向尺寸提出较高精度要求,或需要在轴系结构中设置可以调整齿轮轴向位置的装置。如果在齿轮传动设计中将其中一个齿轮设计得比工作要求略宽,则可以在轴系零件的轴向尺寸存在较大误差的情况下保证齿轮传动的工作宽度(啮合宽度)等于设计宽度。

原理 17:维数变化

1. 将一维线性运动改为二维平面运动或三维空间运动

例如,早期的计算机曾经用纸带对信息进行一维方式存储,现在大量使用的磁盘和光盘将信息在二维平面上高密度存储,至今已研究出三维信息存储技术,即 3D 存储芯片,可实现数据在三维空间中的存储和传递,使信息存储容量发生本质的变化。

2. 将单层排列的物体变为多层排列

例如,光盘库中将光盘多层叠放,可以方便地从中抓取某一张,极大地扩充了光盘存储的容量。

3. 利用给定表面的反面

例如,早期的磁盘只使用一个表面,以后发展成可以同时在两个表面上存取信息。

原理 18:振动

使物体处于振动状态。对于已经处于振动状态的物体,可以增加振动频率;可以使物体处于共振状态;可以用电磁振动或压电振动代替机械振动;可以使机械振动和电磁振动共同作用。

例如,电动剃须刀、电动雕刻刀、振动式电动剪刀等都是通过刀具的振动来切削被加工对象的。

通过工作台的振动,可以均匀地定向移动物体,起到传动带的运输作用,但结构更简单;

通过机械振捣作用,可以消除混凝土中的气泡。

用石英晶体振荡器取代擒纵机构作为计时器的走时基准,使电子表的走时精度比机械表有了很大的提高。

通过超声波探伤,可以在不破坏材料的条件下发现隐藏在内部的缺陷。

原理 19:周期性作用

可以用周期性动作代替连续动作;对已有的周期性动作改变动作频率。

例如,用周期性敲击的方法装配过盈连接比压入法省力;内燃机通过吸气、压缩、爆发、排气的周期性作用实现能量转换;冲压机械通过冲模之间的周期性往复运动对板材进行加工,在冲压间歇时间内完成更换工件及定位等辅助工序的工作;自动装配线通过传送带(传送链)的作用保证周期性的装配操作。

原理 20:有效作用的连续性

可以使系统不停顿地连续工作,所有部件都工作在满负荷状态;可以消除动作过程中的间歇;可以用连续的旋转运动代替往复的直线运动。

例如,内燃机在爆发行程中对外做功,除推动负载运动外,还向飞轮输入能量,在爆发行程后的间歇时间内,飞轮对外输出能量,推动负载持续运动。

针式打印机和喷墨打印机通过打印头横向扫描打印纸的动作完成打印功能,为提高打印效率,打印机允许在横向扫描的正行程和反行程都进行打印。

卡尔逊最初发明的静电复印技术是在一块平板上顺序完成布静电、曝光、显影、定影等工序。而现在的复印机设计中将多个工作头环绕在硒鼓周围,在硒鼓旋转的过程中,由多个工作头按顺序对硒鼓的同一位置施加作用,使复印功能可以循环进行。图 2-18 所示为静电复印机的工作过程示意图。

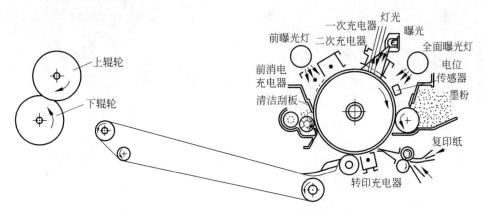

图 2-18 静电复印机工作过程示意图

原理 21:紧急行动(减少有害作用的时间)

应以最快的速度完成有害的操作。

例如,焊接是一种常用的机械加工工艺,但是焊接过程中对材料的局部加热会造成焊接结构的变形。减少高温影响区域、缩短加温时间,是减小焊接变形的有效方法。比如,采用具有高能量密度的激光束作为热源的激光焊接方法,由于加温时间短,温度影响范围小,使得焊接结构变形较小。

热处理中对零件整体加热会引起较大的热处理变形,通过高频或中频电流对零件表面加热的热处理方法既有利于提高质量,又可以提高工作效率。

原理 22:变有害为有益

机械设计应使机器在报废时,各种零件可以方便地拆卸,以利于从中回收可以利用的材料,变废物为资源。

垃圾中包含很多可以被重复利用的能量和物质,采用垃圾分类等适当的方法将它们分离出来,就可以减少垃圾总量,保护环境。

图 2-19 所示为高压容器罐口密封结构示意图。图 2-19(a)所示结构中罐内压力起削弱密封效果的作用,若改为图 2-19(b)所示结构,罐内压力则起加强密封效果的作用。

原理 23:反馈

机械装置在工作中会由于原动机或负载的性能波动而偏离理想的工作状态,通过引入反馈,可以自动纠正系统工作状态的偏移,保持系统工作状态的稳定性。

例如,自行车在行驶过程中由于路面颠簸会使车把偏离正确的行驶方向,当车把向左侧(内侧)偏转时,车辆开始向左转弯加速运动,车轮与地面的接触点处受到地面作用于车轮的向心力 f,这个作用力对车把(前叉)的力矩使车把恢复正确的方向。图 2-20 所示为自行车前轮转向示意图。

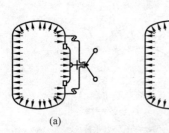

图 2-19 高压容器罐口密封结构
(a) 不合理结构;(b) 合理结构

图 2-20 自行车前轮转向示意图

原理 24:中介物

可以利用中介物实现所需的功能。

例如,机械传动设计中多通过轮与轮之间的接触实现传动功能,如果要在两个较远的距离间传递运动,就需要直径较大的轮。采用带传动或链传动方式,通过带或链作为中介,可以很方便地实现远距离传动。

实现静电复印功能需要将墨粉均匀地布撒到包含静电图像的硒鼓上，由于墨粉很细，直接布撒容易在空气中飘散，造成空气污染。如果将墨粉中放入细小的玻璃球，通过摩擦使玻璃球带静电，通过静电吸引颗粒更细小的墨粉，将吸附着墨粉的玻璃球布撒到硒鼓表面上，硒鼓上的较强静电就会将玻璃球表面的墨粉吸引到硒鼓表面，形成墨粉图像。未被吸引的墨粉随玻璃球返回墨粉盒。在布撒墨粉的功能中，玻璃球起到中介物的作用。

在机器的机架与地面之间加装具有弹性和黏性的中介物，可以缓解机器工作中的冲击和振动，吸收振动能量。

原理25：自服务

滑动轴承工作中需要润滑，机械装置中一些分散的润滑部位的润滑剂供给和补充是机械设计必须考虑的问题。采用自润滑含油轴承材料，可以使轴承在工作过程中受到应力和温度的作用时，含在材料孔隙中的润滑剂渗出，润滑工作表面；轴承不工作时，润滑剂被材料吸收进孔隙中，防止流失。这种滑动轴承可以在不需要维护的条件下长时间工作。

原理26：复制

可以用简单、廉价的复制品代替复杂、高价的物体。

例如，应用虚拟现实方法训练汽车、飞机、航天器、核电站及其他大型设备的使用人员，比使用真实系统更廉价。使用虚拟制造系统模拟零件的制造过程，可以及早发现不利于制造的设计缺陷；使用虚拟装配系统可以发现实际无法装配的设计错误。在实验室环境下进行地震实验、水坝垮塌实验等，通过廉价的模拟系统或实验装置研究灾难性事件的过程和结果，可以用很小的代价得到有意义的成果。

生物体经过长期的进化，可以通过简单精巧的结构实现多种完善的功能。人类在构造人造的技术系统时，可以模仿生物体实现功能的方法，通过简单的功能原理实现给定的功能，这种方法称为仿生法。

原理27：低成本、不耐用的物体代替昂贵、耐用的物体

例如，用再生木材、农作物秸秆代替木材，生产家具、建材等产品；用铁芯包铜材料代替全铜导线；用塑料模具代替金属模具；用模型试验代替实物试验，等等。

原理28：机械系统的替代

例如，用具有视觉、听觉、味觉或嗅觉的系统替代机械系统；用电场、磁场或其他场的作用替代机械作用；用动态场替代静态场，等等。

在机械装置中用光学传感器、声学传感器等替代机械（位置）传感器，可以使机械结构更简单；用声、光信号作为信息载体，传递机械设备运行中的状态信息，可以使信息传递的容量增大。此外，用电动机调速取代机械变速、用电磁制动取代机械制动等，均可收到较好的效果。

原理 29：气动与液压结构

可以将物体的固态部分用气体或液体替代,利用气压、液压产生缓冲作用。

例如,通过合理设计零件表面形状,可以使零件互相接触时,采用润滑剂将两相对运动表面隔开,形成流体动压润滑,减少摩擦,避免磨损,提高传动效率;当两表面相对运动速度较低时,可以向接触表面间注入高压气体或液体,流动的流体将两表面隔开,形成流体静压润滑。

原理 30：柔性壳体或薄膜

可以用柔软壳体或薄膜替代传统结构。

例如,建筑物或广场的顶部可以用柔软的织物或薄膜材料覆盖,施工方便,结构轻巧安全;机器内部可以用柔软的材料分割成多个独立的空间,分别确定润滑剂种类和油面高度。

原理 31：使用多孔材料

例如,通过失重铸造或烧结的方法,可以制造出含有大量孔隙的金属材料,应用这种材料可以制造含油轴承、流体过滤器以及轻质结构零件。在结构中载荷较小的地方打孔,可以减轻结构重量;利用多孔材料可以吸收其他液体或气体物质。

原理 32：改变颜色

不同的颜色可以表示不同的信息。

例如,重要的信息用醒目的颜色表示,容易引起注意;危险的信息用红颜色表示,容易引起警觉;需要操作者关注的重要位置可以做成透明结构,使操作者方便地观察运行情况。

原理 33：同质性

相同材料相接触,不会发生化学或电化学反应;相同材料制造的零件具有相同的热膨胀系数,在温度变化时不容易发生错动;同一产品中大量零件采用相同材料,有利于生产准备,在产品报废后,有利于废旧材料回收,减少分离不同材料的附加成本。

原理 34：抛弃与修复

抛弃在工作中已经失去功能的部件,补充或修复零件上被消耗或减少的部分。

例如,多级火箭工作中,当一个燃料箱中的燃料燃尽后,将装载这部分燃料的容器(燃料箱)抛弃,以减小剩余部分的质量,可以使火箭的剩余部分实现更高的速度。

原理 35：参数变化

例如,机械设备在不同的季节选用不同黏度的润滑油;电饭锅温控器通过锅底温度的变化改变传感器的状态,通过传感器材料在其居里点上下的铁磁性质的改变,控制加热电路的通断;形状记忆合金通过材料在不同温度下的形状变化对系统实施控制;汽车减振器通过刚度变化实现非线性控制;应用压电材料的逆压电效应,可以通过施加不同的电压,改变材料的尺寸、形状、位置和方向,对系统进行微位移控制;对电流变液体施加不同的电压可以改变其黏度,实现对系统阻尼的控制;机床设计中可以根据被加工零件的要求确定机床的功率、变速范围和速比技术。

原理36:状态变化

例如,电冰箱温控器通过敏感材料状态变化改变温控器内部压力,实施对制冷温度的控制;密封胶通过材料在不同条件下的状态变化实现对微小缝隙的密封;通过金属材料在不同温度下金相组织的变化可以对其进行热处理,改变其表面硬度和强度;形状记忆合金通过温度变化改变其材料的金相组织,从而改变其形状;热导管通过将工作介质汽化的方法进行热传导,使传导效率大幅度提高。

原理37:热膨胀

例如,通过材料的热膨胀,实现对过盈连接的装配;将热膨胀系数不同的两片材料贴合在一起,利用不同材料的热膨胀系数的差别,使得当温度变化时材料发生弯曲变形,以控制电路开关,或驱动机械运动。

原理38:加速强氧化

可以使氧化从一个级别转变到另一个级别,如从空气环境转变到纯氧气环境,从纯氧气环境转变到离子化氧气环境、臭氧环境等。

例如,在充满有害气体(如火灾现场)的环境中通过携带压缩空气,可以维持正常呼吸;在缺氧的状态下吸入纯氧有助于增强肌体功能。在化学实验中使用离子化氧气,可以加速化学反应过程。

原理39:惰性环境

例如,在灯泡制造中,为防止灯丝在高温中的氧化,可以向灯泡中填充惰性气体;为防止食品在保存期内变质,可以向包装环境内填充惰性气体,或将包装介质内抽成真空;电冰箱中设真空保鲜区,可以通过低温和真空的共同作用实现对食品的保鲜存放。

工作在低温环境下的光学仪器需要防止由于汽雾的凝结造成对光学系统的影响,通过向光学仪器充填干燥的惰性气体可以有效地防止汽雾的产生。

原理40:复合材料

同一个零件的不同部分有不同的功能要求,使用同一种材料很难同时满足这些要求。通过不同材料的复合,可以使零件的不同部分具有不同的特性,以满足设计要求。

例如,带传动中的带需要承受很大的拉力,因此其材料应具有较高的强度;带在轮槽内要弯曲,因此应具有较好的弹性;带与轮之间存在弹性滑动,为防止带的磨损失效,带材料应耐磨。很难找到一种材料同时满足以上要求。现在通常使用的V带和窄V带通过多种材料的复合可以满足传动对带不同部位所提出的功能要求,即芯部采用抗拉强度较好的纤维或细钢丝制造,主体采用弹性较好的橡胶材料,表层采用耐磨性好的帆布材料。

2. 物理冲突

物理冲突是技术系统中一个参数无法满足系统内相互排斥的需求。为解决物理冲突,该理论总结了 24 个常见物理冲突问题,见表 2-5。

表 2-5　常见的物理冲突问题

几 何 类	材料及能量类	功 能 类
长与短	多与少	喷射与卡住
对称与不对称	密度大与小	推与拉
平行与交叉	导热率高与低	冷与热
厚与薄	温度高与低	快与慢
圆与非圆	时间长与短	运动与静止
锋利与钝	黏度高与低	强与弱
窄与宽	功率大与小	软与硬
平行与垂直	摩擦因数大与小	成本高与低

该理论总结了用以解决物理冲突的 11 种方法：
(1) 冲突特征的空间分离；
(2) 冲突特征的时间分离；
(3) 将不同系统或元件与超系统相连；
(4) 将系统改为反系统,或将系统与反系统相结合；
(5) 系统作为一个整体具有特征 B,其子系统具有特征 −B；
(6) 微观操作为核心的系统；
(7) 系统中一部分物质的状态交替变化；
(8) 由于工作条件变化使系统从一种状态向另一种状态过渡；
(9) 利用状态变化所伴随的现象；
(10) 用两相物质代替单相物质；
(11) 通过物理作用及化学反应使物质从一种状态过渡到另一种状态。

同样的工程冲突通常既可以表达为技术冲突,也可以表达为物理冲突。物理冲突牵涉的对象较少,通常解决方法比较简单。

3. 应用 TRIZ 解决发明问题的一般过程

发明问题解决理论提出了消除冲突的发明原理,建立了消除冲突的基于知识的逻辑方法。发明问题解决理论是一种一般性方法,不专门针对某个应用领域。由于该方法的一般性,所以在使用它解决具体的创新设计问题时,需要遵循以下步骤(见图 2-21)：
(1) 首先将待设计的问题表达(翻译)为发明问题解决理论所能接受的标准问题；
(2) 利用发明问题解决理论所提供的工具,可求得针对标准问题的标准解；
(3) 将标准解表达(翻译)为问题领域的解答,得到领域解。

在设计中解决冲突的最一般的方法是折中,即互相妥协。

例如,汽车安全气囊是在汽车发生正面碰撞时保护驾驶员和乘客的有效装置。调查表明,约有 5% 的情况安全气囊不能有效起作用,受害者一般身材矮小。分析其主要原因在于,气囊装在气囊筒内,驾驶员位置的气囊筒装在方向盘前端。传感器收到的汽车减速信号传给激发器,使气囊迅速膨胀,完全膨胀后压力降低,依靠气体的缓冲作用保护驾驶员和乘客。身材矮小的驾驶员通常身体更接近方向盘,碰撞发生时容易与正在膨胀中的安全气囊

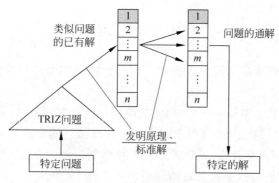

图 2-21　TRIZ 方法求解创新问题的一般步骤

相撞,因此受到伤害。为保障安全而设计的安全气囊保护了大多数乘客,但伤害了另一部分乘客,系统存在技术冲突。希望改进设计,使安全气囊同时对身材高和身材矮的乘客都能实施保护。

美国政府有关部门曾建议采用降低安全气囊膨胀速度的方法解决问题,这虽然能够减小乘客与气囊碰撞所造成的伤害,但是增大了乘客与方向盘、仪表盘、挡风玻璃等发生碰撞所造成的伤害。此时,技术冲突的一方是气囊的膨胀速度,另一方是可能对乘客造成的伤害。

将技术冲突表达为发明问题解决理论的标准问题,冲突参数为:

15:运动物体作用时间

31:物体产生的有害因素

从冲突问题解决矩阵中查出发明原理:

16:未达到或超过

21:紧急行动

22:变有害为有益

39:惰性环境

对发明原理的解释参见表 2-6。

表 2-6　汽车安全气囊改进方案发明原理分析

序号	发明原理	消除技术冲突的方法
16	未达到或超过	增大膨胀速度,减小气囊体积
21	紧急行动(减少有害作用的时间)	增大膨胀速度,使得当膨胀完成后才发生碰撞
22	变有害为有益	增大膨胀速度,当膨胀完成后驾驶员和乘客才可能与气囊碰撞
39	惰性环境	软化气囊表面,减小刚性,减少伤害

根据上述发明原理获得消除技术冲突的方法分析结果提示,最后有关领域专家将安全气囊膨胀速度加大,取得较好的效果。

以上创造技法是指导人们进行新的技术构思、新的产品价值创新等采取的一般技术方法和措施。在创造学中,根据技法应用的特点还有其他一些分类方法和技法,有兴趣的读者可参阅相关书籍。

思 考 题

1. 头脑风暴法的四项基本原则是什么？执行这四项基本原则对使用头脑风暴法的重要性是什么？
2. 试采用头脑风暴法组织一次"如何防止眼镜片起雾"的解决方案讨论会。
3. 通过调查或观察，找出 2～3 种目前市场上比较流行的生活用品，试分析其与同类产品获得市场的主要创新点是什么，设计者采用了什么创新设计方法。
4. 组合创新方法是一种非常有效的创新设计方法，请举出 2～3 个采用组合创新方法设计的典型机械装置或生产、生活用品，并说明其组合创新方法是属于哪一类的组合创新形式？
5. 请举出 2～3 个由"巧用缺点"进行的产品创新设计案例。
6. TRIZ 理论认为技术系统不断进化的动力是什么？
7. 什么是技术冲突？什么是物理冲突？请各举出一个实例。

3 机械创新设计的选题

机械创新设计是有目的的实践活动,需要事先确定选题。

机械创新设计的结果应具有新颖性和实用性,正确地确定创新设计选题是保证新颖性和实用性的关键环节,也是确保设计内容可以实现,使设计结果具有市场竞争能力的重要条件。

3.1 提出问题比解决问题更重要

爱因斯坦曾经说过:"提出一个问题往往比解决一个问题更重要,因为解决一个问题也许是一个数学上或实验上的技能而已,而提出新问题、新的可能性,从新的角度去看旧的问题却需要有创造性的想象力,而且标志着科学的真正进步。"

恰当地提出问题会促进科学技术的进步。1900 年,著名数学家希尔伯特(D. Hilbert)站在数学研究的前沿,提出 23 个有待解决的难题。这 23 个数学难题的提出引导了此后国际数学研究的方向,随着这些难题的解决,开创了一个个新的数学研究领域,促进了数学研究的发展。

19 世纪末,物理学研究取得了很大的进步,虽然很多物理学家还在从事各种问题的研究工作,但是他们普遍认为物理学体系已趋于完善,今后物理学研究工作的主要任务是在一些物理学常数后面增加几位有效数字。在 19 世纪末的一次物理学年会上,著名物理学家开尔文(L. Kelvin)勋爵在祝词中说:"物理学的宏伟大厦已经建立起来了……物理学的美好天空有两朵小小的乌云。这两朵乌云一个是黑体辐射,另一个是麦克尔逊-莫雷实验。"20 世纪物理学的发展证明:开尔文勋爵正确地预见了物理学发展的方向。在开尔文勋爵发表讲话后的第 6 年,爱因斯坦提出了狭义相对论,拨开了物理学天空的第一朵乌云。拨开第二朵乌云的是波尔、海森堡、薛定谔、狄拉克等建立的量子力学理论。相对论、量子力学和原子核理论构成了 20 世纪科学技术发展的 3 大理论基础。

正确的选题可以促进科学技术的发展,错误的预见也会对科学技术的发展起到阻碍作用。

19 世纪末,很多人从事飞行器的发明工作,并得到一些商业机构的资助。同时,一些科学家站出来,用科学的方法证明关于飞机的发明是根本不可能的,这些科学的结论使很多商业机构中止了对飞机发明探索工作的资助。

苏联国家科学院在发展人造卫星技术的过程中曾向 100 多位著名科学家咨询是否应该

发展人造卫星技术,多数人表示想象不出人造卫星有什么用途,很多人明确表示反对发展这项技术。

在计算机技术发展的早期,曾有两个著名的判断为计算机的发展留下重大隐患。一个判断是,640kB内存将能满足所有用户的需要;另一个判断是,在计算机中应采用两位数计年。这些错误的判断使人类为此付出了重大的代价。

提出问题是解决问题过程的第一步,恰当地提出问题需要对社会需求具有敏锐的洞察力。

成功的机械创新设计可能为设计者带来巨大的商业利益,很多人都在寻觅适当的机械创新设计选题,这使得那些具有明显开发潜力的项目都已经被开发,也极大地增大了寻找机械创新设计选题的难度。要寻觅新的机械创新设计选题,就需要先于别人去发现那些具有潜在开发意义的项目,不但需要超前的预见性,还需要承担必要的风险。

3.2 社会需求是创新的基本动力

机械创新设计的结果应具有实用性,应能够满足某种社会需求。社会需求包括人类社会在生产和生活中的各种需求,正确地发现和捕捉社会需求,是确定机械创新设计选题的最基本的途径。

社会需求是客观的,但是明显表现出的社会需求已经被人类通过各种创新实践活动满足了(在当前科学技术水平范围内),要善于在变化中捕捉新出现的社会需求,这样才能抓住先机。

社会需求具有多样性,同样的需求对于不同的人群需要用不同的方式去满足。例如,关于衣、食、住、行这些人类的基本需求,由于人们的社会职业不同,生活地域不同,收入水平不同,受教育程度不同等差别,对这些基本需求的满足方式都有明显的差别。

社会需求具有动态性,同一个群体在不同季节、不同时段的要求是明显不同的。随着社会实践的发展,人们关于同一项需求的要求会不断变化。今天人们的服装、饮食习惯、出行方式,以及对居住条件的要求,与10年前、20年前相比所发生的变化是有目共睹的。一项社会需求被以某种方式满足后,人们对于这项需求会提出更高的要求,这种不断变化、提高的社会需求推动着人类文明的发展。

例如,人类发明的自行车作为一种代步工具满足了人类方便出行的需求。自从它被发明出来以后,社会不断对它提出新的要求,人们又不断地用新的发明创造去满足这些要求。最初发明的自行车只是将两个轮子安装在木制横梁上,靠骑行者双脚向后蹬踏地面使车辆前行。1817年,德国人德莱斯为自行车装上了可以控制方向的车把。1839年,英国的铁匠麦克米伦制成第一辆由曲柄连杆机构驱动后轮的铁制自行车,用脚蹬踏板行驶。他在自行车后轮轴上装上曲柄,用连杆把曲柄和前面的脚蹬连接起来,蹬踏脚蹬从而使骑车人的双脚可以离开地面,用双脚的交替蹬踏脚蹬驱动车轮的滚动。1861年,法国的米肖父子在自行车前轮上安装了能转动的脚蹬,将自行车的鞍座安装在前轮上面。1869年,英国人雷诺首先采用辐条来拉紧轮圈,用钢管制成车架,并首先在轮圈上安装了实心的橡胶带,使自行车的重量大大减轻,骑行更加舒适。为了提高骑行速度,人们曾不断增大前轮直径,最大直径曾达到约2m,影响了骑行的安全性。1874年,英国人劳森设计了带有链传动的后轮驱动自行车结构。1886年,英国人斯塔利为自行车安装了车闸,并在车轮上采用了滚动轴承,将前轮缩小,使前、后轮直径相同,并采用了钢管构成的菱形车架。1888年,英国人邓洛普成功地将充气橡胶轮胎应用到自行车上,显著地改善了自行车的骑行性能,提高了自行车的骑行速度。随着科学技术的进步,新材料、新工艺不断涌现,自行车的设计还在不断改进。自行车发展演变史如图3-1所示。

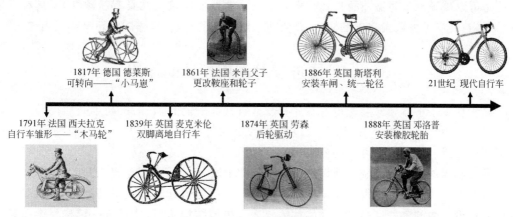

图 3-1 自行车发展演变史

机械创新设计所面对的社会需求还具有隐蔽性。由于显现的社会需求已经被实现,要想通过创新设计捕捉先机,就必须去寻找那些虽然是客观存在,但是现在还没有被多数人意识到的隐性的社会需求,生产者如果能够先于消费者发现这种需求,并开发出适当的商品或服务来满足这种需求,就能够引导消费者的消费,并使自己在竞争中处于有利地位。

发现并把握社会需求是确定机械创新设计选题的重要途径。从工作和生活中发现"不方便",并从中提炼出"社会需求",是一种确定机械创新设计选题的有效方法。要在实践中敏锐地发现"不方便",需要具有不安于现状的思维习惯,以及要通过创新设计使生活变得更美好的勇气和欲望。

只有发现社会需求和正确地确定"需求"是什么,才有可能正确地实现这种需求。

例如,在家里,或宿舍里,或工作场所发现了老鼠,要解决这个问题,首先要正确地认识"需求"是什么。如果认为这种情况下的"需求"是"消灭老鼠"。那么寻找解决需求的方法就是要确定"怎样消灭老鼠"。根据对需求的这种认识,只能找到"灭鼠药物""捕鼠工具"这样的方法。虽然这样也可以找到解决问题的方法,但是由于对需求认识的不准确、不全面,所以限制了寻求解决问题方法的范围。

老鼠的有些特性对人类、对环境是有益的,所以人类不应该全面地消灭老鼠,而是应该减少老鼠对人类、对环境的不利影响。具体的方法可以采用在局部范围内灭鼠,限制老鼠的数量。例如,在居民区、粮库、农田、草场、水坝等处灭鼠,防止老鼠对人类构成危害。限制老鼠的活动范围,使老鼠的活动不对人类、对环境构成危害。例如,在仓库等场所采用工程措施使老鼠无法接近。采用生物工程的方法改良老鼠的品种,改变老鼠的生存方式和生育能力,削弱老鼠的不良特征。正确地认识需求,正确地界定需求的范围,有助于找到正确的解决问题的技术手段。

有些情况下，同样的社会需求可以用不同的方法去满足。例如，公众闲暇时间可以用不同的方式排遣。机械创新设计应采用健康的、有益于社会和谐发展的方式引导公众消费。

有些社会需求是不应该得到满足的。少数对社会不负责任的设计人员，用自己的"聪明才智"和"辛勤劳动"满足了一些人不正当的社会需求，危害了社会秩序，伤害了多数公众的利益。例如，有人发明了用于考试作弊的工具，有人发明了用于窥探他人隐私的设备，有人发明了可以破译汽车防盗锁的整套技术方案……这些发明虽然既具有新颖性，又具有实用性，但是它在满足少数人需求的同时，伤害了大多数人的利益，这样的创新是不正当的。

3.3 科技进步对创新设计的作用

科学技术水平体现人类认识自然界和改造自然界的能力，它的提高也必然提升人类创新设计的能力，使得以前无法实现的有用功能变得可能实现，使得以前已经实现的某些功能可以用更先进、更方便、更可靠的方法实现。

科学技术的发展为机械创新设计提供了新的手段，开辟了新的创新领域。

计算机技术的发展为很多设计领域提供了可靠的数值计算和逻辑判断工具。例如，以前的机械设计中的各种逻辑判断功能都需要通过机械结构实现，使得机械结构复杂而且工作不可靠，复杂的逻辑判断则无法实现，严重限制了机械设备自动化程度的提高。随着计算机技术的发展和计算机成本的降低，现在很多机械设备中嵌入计算机，将所有数值计算和逻辑判断功能由计算机完成，极大地简化了机械设备中控制功能的结构，提高了机械设备的自动化程度和工作可靠性。例如，普通机床嵌入计算机演变成数控机床，普通空调加入计算机成为智能空调，内燃机燃油喷射系统采用计算机控制成为电喷发动机。

人类发明了激光技术，将激光技术应用于机械加工，出现了激光切割、激光打孔、激光快速成形、激光热处理、激光表面结构处理、激光涂敷、激光焊接等新技术，将激光技术应用于信息存储，产生了光盘信息存储技术，新的三维激光信息存储技术将进一步大幅度地提高信息存储能力。激光技术应用于军事领域，产生了激光测距技术、激光制导技术、激光通信技术、强激光技术和激光模拟训练技术。用激光控制化学反应，可以使化学反应的范围和速度受到精确的控制，产生用一般化学反应无法生成的物质结构。激光技术应用于医疗领域，产生了激光内窥镜、激光美容、激光碎石、激光角膜成形、激光手术等多项技术。激光不但可以操作原子，而且可以对原子中的电子进行操作，成为物理学研究的有力工具。具有极高能量密度的强激光还成为激发热核聚变技术手段。

超声波技术的发明也有类似的经历。超声检验成为今天医学检验的常规手段，超声波成像技术在检验焊接质量和芯片封装质量中得到应用。在工业生产中采用超声波清洗技术清洗机械零件，应用超声波技术对材料厚度进行非接触式测量。此外，超声粉碎、超声乳化、超声焊接、超声体内碎石、超声钻孔、超声雾化等也是超声波技术在不同领域中的应用。

核技术的应用不但产生了核武器，还产生了和平利用核能的各项技术。核能发电成为一种重要的清洁能源，辐射加工、辐射检测技术在工业生产中得到应用。核技术还用于农作物辐射诱变育种、病虫害防治、农作物保鲜等。在医学方面的应用有核医学成像、放射治疗肿瘤、医疗用具灭菌处理、医疗垃圾的辐射处理等。放射性同位素计年方法用于测定文物和陨石的年代。放射性核素电池是一种性能良好的空间能源，在航天领域用于月球自动观察、外层空间探索等,也可以在海洋和陆地的恶劣环境下使用。

现代生物工程技术的发展为生产、生活材料的制造以及药物的制造提供了全新的、便捷的模式,对人类的生产和生活方式将产生重大而深远的影响。

科学技术的每一项新的成果都为创新设计开辟了一片新的领域,提供了新的工具和手段。新技术与现有技术的结合可以产生一大批新的应用成果,新技术的应用又会提出新的应用问题,形成新的社会需求。因此,科学技术发展是推动机械创新设计的重要动力。

科学技术的发展加深了人类对自身与自然界关系的认识,要树立科学发展观,使人类顺应自然规律,走全面、协调、可持续的发展道路。实践科学发展观的需要又为人类提出了保护环境、节约能源、维护生态系统平衡等重要课题,为创新设计提供了新的实践领域。

3.4 生产发展对创新设计的作用

在现代生产方式下,每种商品的生产都是经过多道工序,经历多个行业才能完成的。同一产品的各个相关工序的生产能力应保持平衡。如果由于技术的发展或其他原因,使得某个工序的生产能力发生大的提高,就会形成要求其他工序提高生产能力的客观需求,这种需求会促使生产要素向这些薄弱工序转移,促进这些工序生产能力的提高,以达到和其他工序生产能力的平衡。

例如,棉纺织品要经过种植、纺、织、染等多道工序才能完成。18世纪中期,英国纺织业在海外市场的推动下迅速发展,各种新技术的出现不断促进纺织业生产能力的提升。飞梭织布工艺极大地加快了织布的速度,同时也刺激了对织布原料——棉纱的需求。18世纪60年代,织布工哈格里夫斯有一次无意中踢倒了妻子正在使用的纺纱机,被踢倒后仍在转动的纱锭使他受到启发:原来的一部纺纱机只有一个水平转动的纱锭,如果将纱锭改为竖直放置,就可以用一个纱轮带动多个纱锭用。在这种启发下,他发明了用1个纺轮带动8个竖直纱锭的新纺纱机,使纺纱的工作效率提高到原来的8倍,并以自己女儿的名字命名这种纺纱机为"珍妮机"。到1784年,珍妮机的纱锭已经增加到80个,并从原来的手工驱动变为水力驱动,之后又变为蒸汽机驱动,纺织作坊变成了纺织工厂。在"纺"和"织"的工作效率提高以后,凸显出印染能力的不足,促使社会提高印染工序的生产能力,这种需求促进了人工合成染料的出现。

采煤过程需要掘进、支护、开采等多道工序配合进行。我国曾大量进口自动化综合采煤设备,极大地提高了我国的煤矿开采能力,但是同时造成了掘进和支护能力不足与开采能力之间的矛盾,产生了对高效掘进和支护工艺及设备的强大需求,促进了这方面技术的快速发展,形成了采煤整体工艺生产能力在更高水平的平衡。

在物流业中,需要运输能力和装卸能力保持平衡。随着世界造船业的迅速发展,在较短的时间里,远洋运输能力有了很大的提高,港口装卸能力成为限制物流业发展的瓶颈,形成了对大容量货物装卸手段的社会需求。在这种需求的推动下出现了大容量集装箱运输方式及其装卸设备、散货运输方式及其装卸设备等,提高了港口的吞吐能力,减少了船舶在港口的压港时间,提高了运输效率,降低了运输成本。

3.5　根据遇到的"不方便"确定选题

我们在工作、生活和学习中经常会遇到一些感觉"不方便"的情况,存在着"不方便"也就预示着我们对某种事物存在"需求",而这种需求还没有得到满足。如果针对这些"不方便"进行创新设计,既可以保证创新设计结果的新颖性,又可以保证它具有实用性。根据"不方便"确定创新设计选题是一种成功率较高的方法。

中国发明家毕昇是印书作坊里的工人。当时作坊里都是采用雕版印刷,需要把一个个汉字雕在木板上然后整版印刷。在一次赶印一本书时由于一名刻字工人刻错了一个字,导致整个雕版只能报废,最终耽误了工期。毕昇由此想到应该把版上的字都做成活的,这样刻错时可便于替换;在此基础上,他进一步想到采用活字排版,还可以把旧版拆版重排来印新书,省时省力。毕昇开始尝试制作活字,并在一次到窑厂访友时受到烧窑制陶启发,最终成功做出了"活字"。在此基础上,他进一步改进了组版方法,最终发展出活字印刷术。活字印刷术既简单灵活,又方便轻巧,大大促进了印刷业的发展,为中国和世界各国的文化交流做出伟大贡献。

一位美国发明家在上大学时为了能够免交房租,冬天取暖季节为房东照管取暖锅炉,需要在每天早上4点起床打开锅炉门。他每天凌晨在闹钟的提示下迅速起床,打开炉门后还可以再睡一会儿。他为了"偷懒",试着用一根很长的绳子从卧室连接到锅炉房,希望能够在起床后在卧室里通过直接拉动绳子打开炉门,但因为绳子太长,中间转弯较多,这次试验没有成功。他没有灰心,改用其他方法继续试验。他在炉门上设计了一套轻巧的机构,可以通过机械闹钟响铃时的动作拉开炉门。根据他的这种设计,经过反复试验,他最终发明了可以用时钟控制开启炉门的装置。

一位日本妇女在使用洗衣机清洗衣物时发现,用洗衣机清洗的衣物晒干后会在折皱处留下痕迹,这是由于水中残留的衣物纤维所致。为了解决这个问题,她制作了一个工具,在洗衣服时设法从水中过滤出纤维,为了能够省时、省力,她将过滤网用吸盘固定在洗衣机箱体壁上。经过多次试验,她发明了洗衣机滤毛器。

美国发明家约瑟夫小时候家境不好,小学毕业后就因家庭经济困难而辍学,在一个牧场当牧羊童。这个牧场采用围栏圈养方式养羊,约瑟夫负责定时添加饲料、打扫围栏和看管羊只。工作之余他很爱看书,看书入神时就忘记了围栏中的羊,无人看管的羊会趁机撞破围栏,跑到周围的农田中毁坏农作物,为此他经常受到雇主的斥责。但他并没有因此放弃对读书的渴望,而是希望找到一种既能让他安心看书,又不致让羊撞破围栏的方法。他通过观察发现,有几处围栏从来没有被羊群撞击过,因为这几处围栏上长满了蔷薇。他想到如果让整个围栏四周都长满了蔷薇,羊群就不会再撞破围栏了。于是他开始在围栏周围种植蔷薇。但是他发现蔷薇的生长速度很慢,可能没等到蔷薇长大他就会被解雇了。他又想到,羊群害怕的是蔷薇上的尖刺,如果能让围栏四周的铁丝上都长出尖刺,成为永不枯萎的蔷薇,一定能防止羊冲撞围栏。于是,他找来一些细铁丝,剪成一段段两头有尖的形状,把这些细铁丝绕在围栏的粗铁丝上。他完成这些工作后,开始观察羊群的反应。发现羊群经过短时间的试探后再也不敢撞击围栏了。约瑟夫发明了带刺的铁丝网。他的雇主看后大加赞赏,并鼓励他申请了专利,与他合资办厂专门生产这种铁丝网,深受附近农民的欢迎。美国陆军总部注意到这项发明,将其用于战场防御,使得这项发明扩大了使用范围,也使约瑟夫获得了巨大的收益。

3.6 根据遇到的"意外"确定选题

我们在生活、生产和其他实践活动中,经常会遇到一些出乎意料的情况。这种意外情况说明实际情况中还存在一些未被我们认识的规律,这种意外也是一种机遇,有准备的头脑应抓住这种机遇,探索未知的规律。

相传春秋时期著名工匠鲁班有一次到深山砍柴,一不留神脚下一滑,手被一种野草的叶子划破了,他摘下叶片轻轻一摸,发现叶子两边长着锋利的齿,他用这些密密的小齿在手背轻轻一划,居然马上割开一道口子。鲁班由此得到启发,经过多次试验,最后发明了现在常用的工具——锯子,大大提高了伐木的效率,也在其他行业中大量应用。

法国医生诺里一次在工作中不小心碰倒了一个装满松节油的瓶子,瓶子里的松节油撒了他一身,他以为松节油会玷污他的衣服,但是当他整理衣服时却意外地发现,衣服上撒有松节油的地方在松节油挥发后变得非常干净。这个意外的发现使他发明了衣物干洗技术。

加拿大的一位公司职员因为在公司中不被重用,工作情绪不高。一次上司要求他去复印一些资料,由于前面的人需要复印的资料较多,他就坐在旁边等候。在等待时他无意中碰倒了放在桌上的一个瓶子,瓶子中的液体撒在他要复印的资料上。他赶快收拾被污染的资料,污染的液体挥发干后他才去复印。他惊奇地发现,资料上刚才被液体污染的地方无法被复印。由于这个意外的发现,使得他发明了一种可以防止资料被复印的保密纸。

第一次世界大战期间,英国政府发现战场上使用的枪支的枪膛磨损严重,造成大量的枪支报废。英国政府委托亨利等多位冶金学家研制耐磨损钢。他们提出了很多合金钢的配方方案,经过冶炼试验,都无法达到预期的效果。大量失败的试验样品堆积在院子里,锈迹斑斑。他们在收拾这些废料时意外地发现,其中一块废料闪闪发光,根本没有生锈。他们立刻对这块废料进行了化验,发现钢中含有较多的元素"铬"。进一步的试验研究表明,当钢中的"铬"含量高于12%时钢具有较好的耐酸、耐碱、不易生锈的特性。他们虽然没有找到耐磨损的钢,却意外地发明了不锈钢。

疟疾曾经一度在欧洲流行,使得治疗疟疾的特效药"奎宁"奇缺。英国化学家柏琴试图通过人工合成的方法制造奎宁。他经过多次试验都失败了。有一次试验失败后,他在清洗试验装置时不慎将试验液体溅到了衣服上,他用了很多方法想清除这些污渍,但都没有成功。他发现这种物质能够使织物牢固着色。他虽然没有如愿地发明人造"奎宁",但却无意中发明了人工合成染料的方法。

英国的一家玻璃制造公司试图开发一种可以导电的玻璃,希望能够通过在现有玻璃表面镀金属锡的方法实现这种功能,经过多次试验均失败了。一次试验时突遇停电,试验人员不得已将炉中的液态玻璃和试验用的一些金属锡倒入垃圾池,第二天早上他们来到实验室时意外地从垃圾池中清理出一块表面异常光洁平滑的平板玻璃,这块玻璃表面丝毫没有一般工艺生产的平板玻璃表面的纹路。分析表明,垃圾池中的金属锡由于玻璃的高温作用而熔化,由于密度较大而沉入垃圾池底部,又由于重力场的作用而形成光滑平整的液面,密度较小的玻璃在这个光滑平整的液体表面上逐渐凝固,形成高质量的平板玻璃。他们虽然没有如愿地制造出导电玻璃,但却意外地发明了一种制造高质量平板玻璃的新工艺——浮法玻璃工艺。

3.7 根据事物的关键弱点确定选题

每件事物在发展过程中总存在限制其进一步发展的关键弱点,一旦发现这些关键弱点,发挥自己的优势进行有针对性的工作,就能取得创新的成果。

李政道教授在一次座谈会上说:"你们想在研究工作中赶上、超过人家吗?你一定要摸清楚在别人的工作中哪些是他们不懂的,看准了这一点,钻下去,一旦有所突破,你就能超过人家,跑到前头去了。"在美国参加欢送一个教授退休的会上,他第一次听别人谈到在非线性方程中有一种解称为"孤子",它有很多有趣的性质,这引起他的兴趣。会后他向报告人借来关于"孤子"问题的研究资料进行研究,在一个星期的研究中,他并没有纠缠于一些数学的细节,而是专门寻找别人研究工作中的漏洞和不足。经过研究他发现,别人所有关于孤子问题的研究都只限于一维问题,而实际的物理学问题都是三维问题。针对这个缺陷,他进行了几个月的研究,找到可以用于处理三维空间问题的孤子理论,并用这种理论处理某些亚原子过程,获得了一批新的研究成果,在这个新的领域里跑到了别人的前面。

爱迪生针对贝尔电话机中所使用的变阻器的缺陷进行研究,发明了碳粉变阻器,使电话的使用更方便。

瓦特针对纽可门蒸汽机热效率低、耗煤量大的缺点进行改进设计,发明了瓦特蒸汽机,使耗煤量减少3/4。

发明家卡尔森在发明复印机的过程中经历多次失败。他通过查阅资料发现,包括他在内的所有关于复印功能的研究都试图在化学功能领域中求解,没有人探索过在物理学领域中寻求答案。看到这一问题后,他开始在物理学领域中进行探索,并发明了应用光导电性原理的静电复印机。

3.8 机械创新设计选题的一般过程

前文介绍了机械创新设计选题的重要性和选题思路的主要来源。对于设计团队而言,参照一些成功的产品创新设计选题流程有助于改善选题环节的成效,提高选题环节的效率。对于个人而言,这些步骤也具有重要的参考价值。

美国宾夕法尼亚大学的乌利齐教授和麻省理工学院的埃平格教授在《产品设计与开发》一书中总结了产品开发环境下构思新产品、识别创新机会的基本过程,可以为进行机械产品创新设计的设计者尤其是设计团队提供参考。

这个过程分为以下6个步骤:
(1) 确立创新设计提纲;
(2) 挖掘并探索大量备选题目;
(3) 初步筛选题目;
(4) 细化有前景的题目;
(5) 选出最佳题目;

(6) 对结果和过程进行反思。

以下对每一个步骤进行简要介绍。

1. 确立创新设计提纲

企业在研发新产品时通常要达到一些目标，如增加收益、填补漏洞、进入新市场等。产品创新设计提纲（innovation charter）主要要明确这些目标，并对创新工作的边界条件进行说明。

创新设计提纲需要解决自由创新与团队组织目标具体方向之间的冲突。通过提纲将创新目标收缩到一个相对集中的范围，避免在那些很可能无法实现的题目中浪费精力。

然而，需要注意的是，产品创新提纲又应当涉猎广泛，即应比团队当下所能接受的范围更广。这是因为激发各种想法不需要耗费大量资金，而且在后期的处理提案的过程中再进行集中并不十分困难。因此，扩大提纲的涉猎范围可以把那些从未被考虑过的创新机会纳入备选题目中，从而可能会给团队更多的选择，有望带来新的契机。

2. 挖掘并探索大量备选题目

调查结果显示，不管在哪个行业的公司中，创新提案不仅来自公司内部，还有大量的提案是从顾客及其他外部资源中获得的。因此，在挖掘和寻找创新选题时应同时关注内部和外部的来源。

对于创造性的人才来说，没有什么事比提出新的想法更有趣了。然而我们会发现，不少人在构思创新设计选题时都会觉得很困难。问题往往在于提出新想法的过程太抽象，自由度太高。以下介绍几种能够激发新想法的基本技巧。

1) 借助个人兴趣

列出你的个人兴趣爱好，也就是让你保持热情的事物，然后考虑新技术、市场趋势和商业模式对它们会有哪些影响，或者识别出和你个人兴趣相关的那些未能满足的需求。例如，一位狂热的自行车爱好者就开发了一个营养输送系统并将其运用在已有的自行车运动水袋产品中，该系统之后还在军事以及其他各种运动项目中得到了广泛的应用。他就是从对水袋中饮料的糖分和电解质含量进行调节的需求中得到启发从而识别出创新机会。

2) 编写错误列表

成功的创新者通常会习惯性地对他们周围的事物感到不满。他们会经常发现人们（包括他们自己）一些未满足的需求，列出或随手记下自己在几天或几周内遇到的不满、困扰和失望，然后从中挑出最普遍的问题，并努力想出相应的解决方案。你会发现这些问题往往蕴藏着充满机会的选题。当然，问题不一定是你亲身遇到的，它们也可能来自顾客的抱怨或市场调查。理解他人烦恼与问题的一个有效的办法就是：将自己置身于使用你产品或服务的人群中，设身处地为他人着想，从中发现问题。

3) 研究客户群

机会可以通过对某些细分市场中顾客群体的研究来进行识别。这些研究可以更好地理解消费者的真正需求。以自行车工业为例，一家自行车零件制造公司开展了一项用户群体的研究，以深入了解美国人不骑自行车的原因。传统的调研往往是问卷调查或聚集一群用户，询问他们最关注的自行车特性有哪些。通常得到的答案会是希望自行车越轻、速度越快越好。但是，这些要求已经是每一家自行车制造商在极力追求的，并无太大新意。出人意料的是，在这类调查中，受访者所说的与其实际行动之间往往有着很大的差别。通过长时间观察潜在的自行车消费者，包括他们花费在学习骑自行车上的时间，调查人员发现这些消费者更希望自行车技术上简单、易于使用、易于学会。而目前的自行车制造商并没有对这些特性给予足够的重视。该例子说明，用户群体研究有助于识别出潜在的需求。而一旦一种潜在需求被识别出来，它就将成为创新设计选题的重要依据，甚至有机会重新定义整个产品领域的关键需求。

4) 考虑市场趋势的影响

技术的发展、人口的变化或社会规范的改变等通常都会产生新机会。例如，普及的移动通信服务使各种各样的信息传输服务出现；又如，人们逐渐增强的环保意识创造了绿色产品和服务市场。因此，探索备选的题目很容易：列举社会、环境、技术或者经济的趋势，然后在各种条件下创造出相应的创新机会。

5) 青出于蓝胜于蓝

当一家公司成功创新的时候，它实际上公开了一个有待探索的极佳领域。你可以通过思考满足该需求的其他可行解决方案或该解决方案可能满足的其他需求来继续对这个领域的信息资源进行探索。商品小众化是其中一种常用的手段。开发者可以首先找出某些便宜、无差异化的产品，然后考虑赋予其不同于已有产品的差异化特性，以满足特定群体的专门需求，从而实现产品的升级换代。

6) 挖掘外部资源

如前所述，产品开发过程中创新的机会一半来自组织内部，而另一半来自外部资源。因此，可以从培育外部资源中获益，这些资源包括以下内容：

(1) 领先用户：领先用户是指那些已有的产品及服务不能满足他们更高级需求的人或公司。这些人或公司要么忍受他们没有满足的需求，要么通过创新来满足他们的需求。例如，一些卫生保健设备和程序通常由临床医生开发。

(2) 社交网络：另一个提高创新机会感知灵敏度的方法是熟悉一些适当的社交网络。各种类型的社交机构有助于发明者的交流和沟通，这些机构不一定和专业领域相关。

(3) 大学和政府研究机构：相较于企业，学生、研究人员及专家们往往会更热衷于不断探索新的解决方案来解决一些大的挑战。

(4) 线上意见收集：一些意见可能会通过网络从顾客或者不是顾客的人那里收集到。

3. 初步筛选题目

初步筛选工作的目标是：排除那些基本上不可能开发成有价值成果的选题，并选出那些值得进一步研究的题目。初步筛选的目的并不是挑出唯一的最好机会。

在筛选过程中，有效的筛选标准有助于整体判断一个题目是否值得继续深入调查。同时采用多种不同的筛选标准(例如市场需求、技术可行性、战略上的考虑)通常会使整个筛选过程陷入不必要的争吵而停滞不前。

这里介绍两种常用的筛选方法：网上调查和研讨会投票决定。

基于互联网的界面可以确保参与者不知道每个想法的提出者是谁，这样他们就可以更公平、公正地依据机会方案本身的质量做出选择，而不被提出者的观点所影响。根据经验，一般需要至少6个相互独立的人参与判断，最好是10人以上，这样才能做出可靠的决策。

研讨会也是进行创新选题筛选评价的重要方法。常用的形式之一是，每个参会成员提出一个或多个备选题目,供大家进行进一步探讨。备选题目可以采用幻灯片或图表等形式进行展示,展示的时间应限制在一分钟以内,并确保每个展示都遵守相同的时间和形式。每个备选题目的概要介绍可以在研讨会前分发。展示后,让参评人员对这些备选题目进行多项选择。建议将各个备选题目展示在会议室墙上,参评人员只需要在他们满意的备选题目上给出标记即可;也可以事前给备选题目做好编号,在投票时只需写出相应的编号,从而避免一些人在做出选择时受其他人的影响。研讨会的方式一般适用于 50 个以内的题目规模,当超过 50 个题目的时候,建议先使用网上调查进行初步筛选。

在初步筛选时,不仅应关注那些得到最多支持的题目,同时也要注意一些得到少数极力支持的方案。强烈的观点通常会引出意想不到的想法。切记,初步筛选的目的是有效地排除那些不值得进一步考虑的题目,要尽量避免扼杀一些潜在的极佳想法。

4. 细化有前景的题目

将所有希望寄托在唯一的选择上很少会获得成功,因为有太多的不确定因素会阻碍成功。因此,在对备选题目进行初步的筛选后,需要投入适当的资源来细化一些有前景的题目。

一些情况下需要对备选题目开展一些额外的工作,如顾客拜访、已有产品测试、概念生成、早期产品原型样机以及市场规模和增长速度的预测。

细化有前景的备选题目的目的是:处理每个题目最主要的不确定因素,将时间和资金上的投入尽量减到最小。将这一步骤结构化的一种方法是:列出影响每个选题成功的主要不确定因素,以及为解决这些不确定因素需要开展的工作和大概的花费,然后执行那些在最少的花费下能够处理最大不确定因素的工作。例如,如果不可能获得专利,一个有着清晰概念的机会可能没有价值。进行粗略的专利搜索工作可能只需花费几个小时,这个工作应该在最终确定选题之前完成。

5. 选出最佳题目

一旦对有前景的选题投入一定的资源进行细化之后,大量的不确定因素应该被解决,以便选择出最佳的选题,保证产品创新设计开发中的巨大投入能够获得成功。

根据一定的选择标准来进行比较从而选择出最佳的选题,可以参考一些基本的决策方法。这里介绍一种被很多知名企业采用的 RWW(real-win-worth-it)法。RWW 法概括出在最终选择时需要回答的三个方面问题。

(1)**这个选题真实可行吗?** 你所开发的产品真的有相应的市场吗?其衡量准则包括市场规模、可能定价、技术可行性,以及以要求的成本提供所需数量产品的可能性。

(2)**你能够从这个选题中获益吗?** 你能从这个选题中建立持续的竞争优势吗?这个想法是否能变成专利或一个品牌呢?相比于其他竞争者来说,你是否能真正利用好这个机会呢?比如,你是否在该领域拥有先进的工程人才?

(3)**这个机会在资金上是否值得开发?** 你是否有足够的资源(资金上的以及开发流程上的)?这些投资是否有合适的回报?

其他的准则也可应用在选择上。例如,初创企业通常会使用不同的准则,不仅局限于已有的 RWW 准则,可能会依据资金要求、进入市场的时间要求或机会所激发的热情来确定最佳选题。

6. 对结果和过程进行反思

创新产品在市场上的成功并不是衡量选题的唯一准则,一些问题需要在对结果和过程的反思中充分考虑:

(1) 有多少备选题目来自内部资源?又有多少来自外部资源?

(2) 是否考虑到了足够数量的备选题目?

(3) 创新设计提纲的范围是否太狭窄?

(4) 筛选准则是否太偏?

(5) 最终确定的选题是否能激发团队的热情?

机械创新设计选题往往不仅是一瞬间的灵感迸发,而且需要思考来自不同资源的大量构想,并在产生构想(备选题目)的过程中找到更好的机会,同时要考虑这些备选题目各个方面的质量。通过系统、科学地在大量备选题目中进行筛选,有效识别出有潜力和价值的选题进一步细化,并最终作出决策,方可使个人或企业的资源和能力得到最充分、最有价值的利用,得出最佳的选题。

思 考 题

1. 机械创新设计案例分析——调研一个你较熟悉的机械产品的发明和发展历程。

(1) 试分析:在该机械产品发展演变过程中的各个阶段有哪些主要的创新设计?

(2) 试阐述:这些创新的技术背景和市场意义。

2. 机械创新设计选题训练

(1) 试选择一个你感兴趣的领域;

(2) 试从该领域中找出 10 个创新的机会;

(3) 试针对上述潜在创新机会构思 5 个与机械设计相关的创新设计的想法。

3. 机械创新设计选题训练

(1) 试从你日常生活中接触到的机械产品中选择一种,指出该产品的 4~5 项不足之处;

(2) 试针对上述不足之处,提出 3 个改进设计的想法;

(3) 试基于技术能力和市场前景,对比分析上述 3 个改进设计的开发前景,并筛选出最佳的设计选题。

4 机械创新设计的表达方法

4.1 表达在设计中的作用

表达设计信息是设计工作的重要内容。

设计构思需要表达,设计者在设计过程中需要向不同的对象表达自己的设计构思。按照表达信息接收对象的不同,可以将设计表达分为以下 3 类:向设计者自己表达、向合作者表达构思、向实施者表达结果。

1. 向设计者自己表达

认知心理学认为,设计者在进行设计构思的过程中大脑主要进行两种基本操作——信息存储和信息处理;大脑使用两种不同的信息存储方式——短期记忆和长期记忆,短期记忆就像计算机的内存,长期记忆类似计算机的硬盘。

信息处理器通过存、取短期记忆中的信息进行工作。短期记忆具有存、取速度快的特点,但是其容量很小。有关研究认为,人脑在思维过程中可以同时使用的短期记忆模块平均为(7 ± 2)个。短期记忆模块中记忆的内容可以是一个数字、一种颜色,也可以是一个判断、一条定义,还可以是关于一般问题的知识、关于专门问题的知识,以及关于思维过程的知识。实践经验丰富的人可以使一个记忆模块中包含更多的知识内容。

由于短期记忆模块数量少,限制了人脑对复杂问题的处理能力。为了提高这种能力,人们通常采用两种方法。一种方法是将复杂问题分解为多个简单问题,将大问题分解为多个小问题,分解到可以利用短期记忆直接处理为止。通过逐个解决这些简单问题、小问题,最终解决复杂问题、大问题。另一种方法是借助外部条件,扩展短期记忆容量。例如,在设计构思的过程中,及时地将构思的中间结果用简单的文字、简略的草图等方式记录下来,输出到外部环境中,大脑会空余出宝贵的短期记忆模块进行更深入的思考。为了使输出到外部环境中的信息可以被方便地利用,这种信息存储方式应能够以最简单的方式包含最丰富的内容,应有利于以最快捷的方式读取。

求解机械设计问题常需要处理复杂的空间结构和逻辑结构,需要处理的信息量大,结构复杂,增大了设计构思的难度。

为了使设计构思顺畅地进行,设计者通常借助机构草图、结构草图输出构思结果,边构思、边输出、边输出、边修改,这种输出表达的目的是扩展短期记忆的容量,增大可以同时处理的信息量,适应对复杂问题的处理要求。这种表达只是表达给设计者自己的,不需要规范化和精确性,只需要直观、清晰地表达所构思的关键技术特征,设计者自身可以读懂即可。

2. 向合作者表达构思

激烈的市场竞争要求设计周期尽可能缩短,同时设计问题的复杂性对设计人员的知识水平和知识面的要求越来越高,这些因素使得通常的设计很难由一个人独立完成,而需要通过团队合作完成。

团队合作不但可以集中力量,而且有利于能力互补。团队成员之间需要对设计对象的要求建立一致的理解,对设计方案的选择确立一致的标准,对各自的设计构思进度以及构思中所遇到关键问题都需要及时了解,各自所完成的设计内容需要互相衔接,所有这些目标的实现都需要团队成员之间通过不断地相互表达设计构思来实现。

在设计的不同阶段中工作的内容不同,随着设计的进行,对设计问题的理解不断深入和细化,需要互相表达的内容不断变化,因而表达的方法也不相同。

3. 向实施者表达结果

设计的结果需要通过制造、装配、运输、调试等工序付诸实施,有些设计理念需要通过售后服务人员、维修人员和回收人员贯彻落实。为了正确地实现设计构思,使负责实施的人员能够完整、全面、准确地理解设计者的意图,设计者需要对设计结果以及实施方法的要求进行全面的表达。

在有关课程(如机械制图)中已经对关于设计结果的精确表达方法做过详细的分析,本章所介绍的创新设计表达主要指为了前面两种目的的表达,即在设计构思过程中对自己的表达和对团队合作成员的表达,这种表达的特点是需要正确、简洁、直观,不一定要求全面、精确、细致。

下面分析黑箱表示法和功能草图表示法。

4.2 黑箱表示法

对同一个装置,按照不同的应用目的去看待,从不同的专业角度去分析,可以看作不同的构成。如果从机构学的角度去分析机械装置,则可以把机械装置看作一些机构的组合并实现某种运动;如果从结构的角度去分析机械装置,则可以把机械装置看作零部件的组合并传递运动与动力;如果从功能的角度看待机械装置,则可以把机械装置看作可实现某些功能的功能单元的组合。

机械设计通过技术手段实现功能要求。要能够正确地实现功能要求,在原理方案设计开始之前首先需要正确地定义功能要求"是什么",而不是使设计过早地被局限于一种或少数几种可实现功能的具体方法的设计。

对功能要求的表达方法应能做到只表达功能"是什么",而不表达"怎么办"。"黑箱法"是一种常用的功能表示方法。

黑箱法如图 4-1 所示。它将机械装置的功能

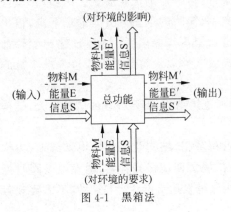

图 4-1 黑箱法

表达成为对输入到其中的物料、能量、信息所实施的某种变换。机械装置将输入的物料 M、能量 E 和信息 S 变换为输出的物料 M′、能量 E′ 和信息 S′。

输入的物料可以处于不同的形态,输入后可以改变位置、改变方向,可以被分割,也可以与其他物料汇合,可以改变温度、改变状态,也可以发生化学反应,但是物料必须守恒。

输入的能量可以是动能、势能、流体能量、电能、热能、化学能或其他形式的能量,输入的能量可以被转换为其他形式,可以被储存、被耗散、被传输,但是能量必须守恒。

信息可以以电信号,或光、声、机械动作等方式输入,输入的信息可以是对机械装置运行过程的控制指令,也可以是对系统的控制要求和控制策略等。

输入量除包含人为输入的物料、能量、信息外,也包括从环境中得到的物料、能量、信息。输出量除包括功能所需要的输出外,也包括功能不要求但必然产生的输出,以及机械装置工作过程对环境产生的影响。例如,机器内的燃烧过程需要从空气中获得氧气,也必然向空气中排放废气;机械切削加工过程除产生成品外,也会产生切屑和噪声,同时会向空气中散发热量。

用黑箱法可以确切地表达机械装置的功能要求。这样的功能表达可以为后续的功能求解提供宽阔、准确的构思空间,因此常用来表达机械装置的总功能。

4.3 功能草图表示法

在机械设计过程中,设计者通常不是根据功能要求直接构思出完整的结构细节,而是首先确定功能要求,选择功能原理、机构组合,然后进行结构细节设计,最终确定完整的机械结构。

在设计的不同阶段,设计者针对不同类型的关键问题进行设计构思,这些关键问题可能是完整的设计方案中某个特征、某个细节,设计方案中的其他部分都可以采用成熟的技术。

针对关键技术问题的设计表达常采用功能草图(简称草图)的方法。草图中只需要表达针对关键问题所采用的技术手段,对其他问题可以不表达,或用简单的文字表达;对关键技术手段的表达通常不需要精确和规范,只需要使表达对象(也可能是自己)能够理解其中关键特征的程度即可。

图 4-2 所示为一个干船坞的功能简图。简图和文字表明干船坞建在河口,船坞入口用浮筒密封,简短的文字表示船坞的尺寸。简图重点表达了船坞顶部的封闭结构,船坞各方向尺寸均较大,采用 3 段可移动的钢架结构屋顶,3 段屋顶可分别沿各自轨道移动,通过移动,可以使 3 段屋顶互相衔接或互相嵌套,船坞的其他结构都可以使用被业界熟知的技术,图 4-2 没有对这些一般技术作详细的表达,只突出表达了使 3 段屋顶可以独立移动、互相衔接或互相嵌套的方法。

图 4-3 所示为一种谷物卸货系统的功能简图。谷物在船舱中分布范围大,质地松散,为了能够高效率、无损伤地将谷物从船舱中转移至码头的传送带上,采用高速气流输送方法。通过风机驱动气流,通过管道端部的软管将谷物吸入管道,高速气流沿管路将谷物吹送到管道的另一端,流入传送带。为了拓宽系统的有效工作区域范围(宽度、深度),在管路中设置

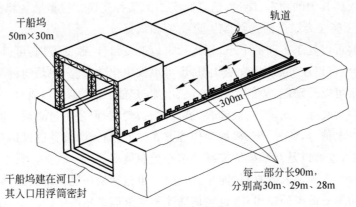

图 4-2 干船坞的功能简图

了 3 个转动节点(图中 A、B 和 C),增加了系统的活动自由度,可以满足大吨位船舶的工作要求。草图中对于风机的结构、转动节点的结构以及系统的支撑结构都没有进行详细表达,因为关于这些结构的设计问题都可以采用成熟的技术方法解决,所以这些细节不是设计者构思的关键问题。

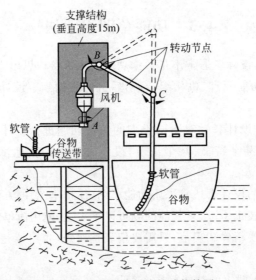

图 4-3 谷物卸货系统的功能简图

图 4-4 所示为一种纸币点钞机的功能原理构思草图。其中图 4-4(a)所示为构思的点钞机整体结构草图。点钞机采用真空吸附的方法对纸币进行分页,为防止相邻纸币之间互相粘连,采用另一个(位于上方)吸附轮清除可能被粘连的纸币,并将其转移至图中右侧的检出盒中。用于吸附纸币的滚筒形状以及滚筒表面气孔的形状对分页以及清除粘连币的功能有重要影响。在图 4-4(b)中重点表达了设计者对气孔数量、形状以及分布情况的多种构思。

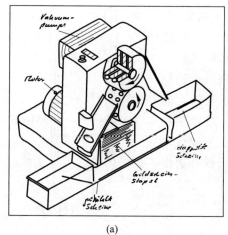
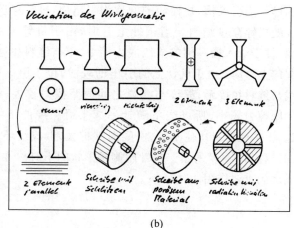

图 4-4 纸币点钞机的功能构思草图

(a)点钞机整体结构草图;(b)设计者构思的滚筒结构草图

4.4 机械创新设计表达实例(一)——家用缝纫机

家用缝纫机是一种以对缝料进行加工为目的的机械装置,机械装置的运动方式取决于实现缝纫功能的原理性方法。缝纫机的主要功能是通过缝线在缝料上的穿引,达到连接缝料的目的。人手工缝制缝料的过程是,通过针尖反复穿透缝料,使针尾部的孔牵引缝线穿过缝料,实现缝纫功能。人类在探索用机器实现缝纫功能的原理性方法的过程中,曾试图模仿人手工缝制缝料的原理,用针尾引线的方法缝制缝料,但是经过长时间的探索没有取得成功,人们认识到,使机器模仿人的动作实现工艺功能的做法并不总是合理的。

现在家庭使用的缝纫机是通过针尖引线的方法缝制缝料的。手工缝制的线迹与家用缝纫机缝制的线迹对比如图 4-5 所示。手工线迹是通过一根线反复穿过缝料形成的,而缝纫机线迹是通过位于缝料正面的面线与位于缝料背面的底线互相咬合并抽紧后形成的,两条线的咬合是通过机针与摆梭之间动作的巧妙配合实现的。

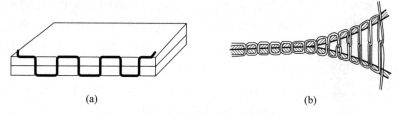

图 4-5 手工线迹与家用缝纫机线迹对比

(a)手工线迹;(b)家用缝纫机线迹

4.4.1 缝纫机的主要功能

1. 引线造环功能

缝纫机针的结构如图 4-6 所示。针孔位于针尖附近,机针两侧各有一道槽,其中长而深的槽称为引入槽,短而浅的槽称为引出槽,机针穿透缝料时,缝线随机针穿过缝料。当机针上升时,由于机针上的引入槽较深,位于引入槽一侧的缝线嵌入槽中,不与缝料接触,随机针一起向上移动;由于机针上的引出槽较浅,位于引出槽一侧的缝线与缝料相接触,缝线与缝料之间的摩擦力较大,线与针之间的摩擦力较小,所以线不随针一起上升。线的下端被针孔托起,上端受缝料压住不动,中间向外扩大,形成线环。形成线环的过程如图 4-7 所示。机针两侧槽形状的不对称性对线环的形成起到重要作用。

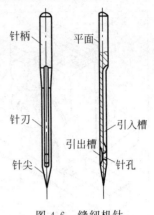

图 4-6　缝纫机针

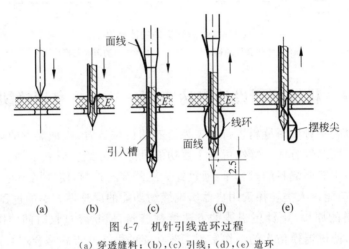

图 4-7　机针引线造环过程

(a) 穿透缝料;(b)、(c) 引线;(d)、(e) 造环

2. 钩线、扩环、交织功能

要形成底线与面线交织的锁式线迹,就必须使底线穿过面线环,并被面线环抽紧,这一系列的动作是依靠摆梭相对于线环的摆动实现的。

图 4-8　摆梭

摆梭结构如图 4-8 所示。面线成环以后,摆梭在摆梭托的驱动下沿顺时针方向转动(见图 4-9),摆梭的尖嘴插入面线环中(见图 4-7(e))。摆梭继续转动,将面线环扩大,当被扩大的线环绕过梭心后,面线被抽紧,使得绕有底线的梭心套随摆梭一起穿过面线环,这时,摆梭在摆梭托的驱动下开始逆时针方向转动,在摆梭的上部,在摆梭与摆梭托之间形成缝隙,使抽紧的面线从缝隙中穿过,从而完成底线与面线之间的绞合。继续抽紧面线,使底线与面线在缝料中间形成交织,完成一次工作循环,并准备进入下一次工作循环。

3. 供给、收紧面线功能

在进行钩线、扩环、交织的过程中,需要根据需求将面线放松或抽紧,这部分功能是由如图 4-10 所示的挑线机构完成的。挑线机构可以根据需要选择连杆机构或凸轮机构来实现。

4 机械创新设计的表达方法 59

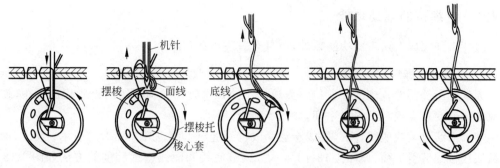

图 4-9 摆梭钩线、扩环、交织过程

连杆机构工作效率高,工作寿命长,可以近似地满足对挑线机构运动规律的要求。凸轮机构设计自由度大,可以严格满足挑线机构运动规律的要求,但由于是高副机构,所以机构的承载能力受限制。

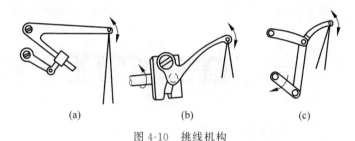

图 4-10 挑线机构

4. 输送缝料功能

为使缝纫机的工作循环连续进行,当完成一个工作循环后需要将缝料相对于机针向前送进一个步距,这是通过送布牙挤压缝料实现的。

当机针退出缝料后,送布牙首先上升,顶住被压角压紧的缝料,通过上表面推动缝料向前移动,然后下降,与缝料脱离接触,准备进行下一次工作循环。工作过程如图 4-11 所示。

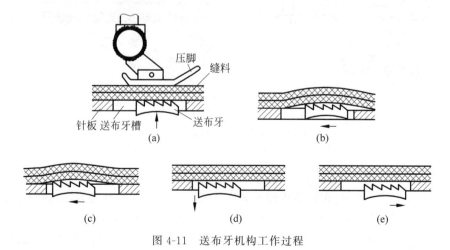

图 4-11 送布牙机构工作过程

4.4.2 缝纫机的辅助功能

缝纫机除完成上述主要功能以外,还具有一些辅助功能。

1. 调整面线和底线阻尼功能

为保证所缝制的线迹结实、可靠、美观、平整,必须使底线和面线的松紧程度适中,使所形成的线迹交接点绞合于缝料中间,如图 4-12(c)所示。

如果面线过紧或底线过松,底线会被面线拉到缝料上面,如图 4-12(a)所示;反之,面线会被底线拉到缝料下面,如图 4-12(b)所示。调节底线和面线松紧程度的方法如图 4-13 所示。调整面线阻尼是通过旋动夹紧面线的螺母实现的,底线绕在梭心上,梭心装在梭心套内;调整底线阻尼是通过调节梭心套上的压紧螺钉实现的。

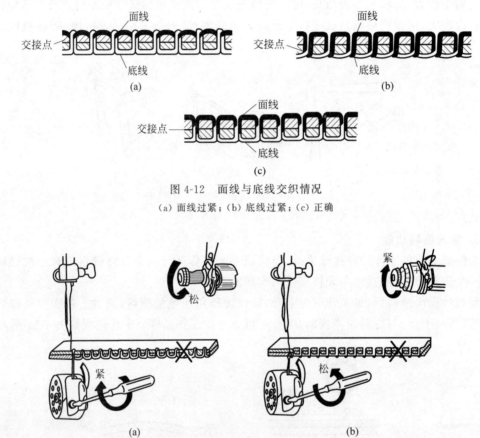

图 4-12 面线与底线交织情况
(a) 面线过紧;(b) 底线过紧;(c) 正确

图 4-13 面线和底线的张力调整方法
(a) 底线调紧、面线调松;(b) 面线调紧、底线调松

2. 调节压脚压紧力功能

在缝纫机缝纫过程中,缝料被压脚压紧在针板上。如果压紧力过大,在缝纫过程中会对缝料造成损伤;如果压紧力过小,会影响送布牙推动缝料移动的效果。缝纫机调节压脚压紧力的功能是通过调整压脚压力调节螺纹来实现的,如图 4-14 所示。用户在缝制前需要根据缝料的厚度和质地进行调节。

4 机械创新设计的表达方法

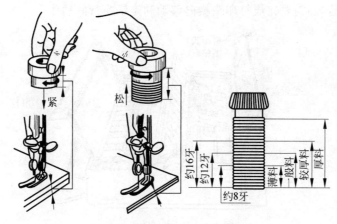

图 4-14 缝纫机调整压脚压紧力

3. 调节送布针距功能

缝纫机针每工作一个循环,送布牙将缝料向前推送一段距离,准备下一次工作循环,缝料被送进的距离称为送布针距。送布针距增大有利于提高缝纫效率,但会降低缝纫的牢固程度;反之,减小送布针距可以增加缝纫的牢固程度,但会降低缝纫效率。通过调节送布针距调节钮可以调节送布针距,如图 4-15 所示。

4. 绕底线功能

缝纫机工作时,底线需绕在梭心上。向梭心上绕底线的原理如图 4-16 所示。首先将梭心套在绕线轴上,然后脚踏板通过带传动带动手轮转动,手轮通过摩擦传动带动上摩擦轮高速转动,与上摩擦轮同轴的绕线轴带动梭心转动,实现绕线功能。

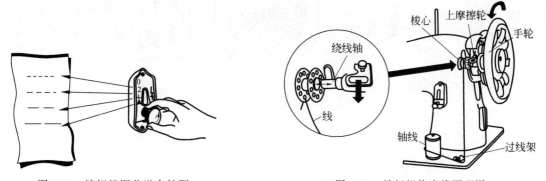

图 4-15 缝纫机调节送布针距　　　　　图 4-16 缝纫机绕底线原理图

4.5 机械创新设计表达实例(二)——针式打印机

针式打印机是一种工艺设备。它通过电信号控制多根打印针,使其按规定要求动作,击打色带,通过各打印针的动作组合,在打印纸上印出所需的字符和图形。

针式打印机外形如图 4-17 所示。打印机的主要功能是向纸面打印字符和图形,为了使打印功能连续进行,还需要完成打印头横向移动和走纸换行的动作。

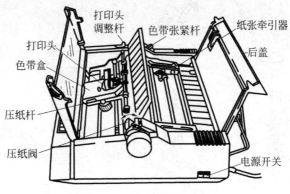

图 4-17 针式打印机外形

除主要功能以外,针式打印机还具有压紧纸张、转动色带以及调整功能。

为方便控制,每个独立的动作功能都由一套独立的原动机、传动装置和执行机构组成。

4.5.1 打印机的主要功能

1. 打印头打印功能

打印头由多根打印针(通常为 24 根)及衔铁构成。打印针及衔铁的结构如图 4-18(a)所示,打印针的针头在打印头的头部排列成两排,如图 4-18(c)所示,衔铁在打印头尾部排列成环形,如图 4-18(b)所示。

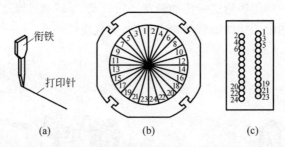

图 4-18 衔铁与打印针及打印针的打印头的排列布置

打印头的工作原理如图 4-19 所示。

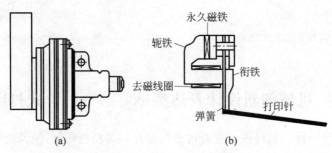

图 4-19 打印头的工作原理
(a) 打印头外形;(b) 单个打印针工作原理

打印针不打印时,永久磁铁吸住片状弹簧;需要打印时,驱动电路向去磁线圈通电流,线圈产生与永久磁铁相反方向的磁场,在片状弹簧的作用下使衔铁弹出,带动打印针击打色带,完成单根打印针的打印动作。在逻辑电路的控制下,通过多根打印针打印动作的互相配合,可以完成任意字符和图形的打印。

2. 打印头移动功能

打印头在同一位置只能打印一列点阵,只有使打印头在打印的同时沿横向移动才能使其印制出一行内的点阵图形。图 4-20 所示为针式打印机打印头移动及色带驱动部分的机构简图。通过右侧的步进电机驱动,同步带牵引打印头架,使打印头实现精确的横向移动。在打印头运动的起始位置处设有光电式位置传感器,用以消除由于各种可能因素引起的打印头运动误差。

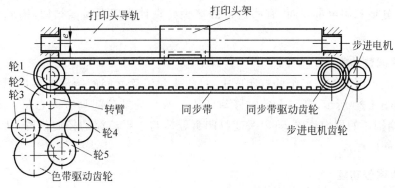

图 4-20 针式打印机打印头移动及色带驱动部分机构简图

3. 换行走纸功能

为在整页纸上打印点阵图形,要求打印纸与打印头之间能够实现走纸换行运动,在针式打印机设计中这种运动是通过滚筒的旋转运动实现的,如图 4-21 所示。为适应连续打印纸(设有齿孔)和单页打印纸(无齿孔)两种纸张的打印要求,针式打印机设有两套走纸机构。使用单页纸打印时如图 4-21(a)所示,依靠压纸辊将纸与滚筒压紧,滚筒转动时依靠摩擦力带动走纸。当使用连续纸打印时如图 4-21(b)所示,辅助压纸滚轮松开,靠链式牵引器带动走纸,为使纸保持张紧,压纸辊仍处于压紧状态,由滚筒转动所产生的走纸量略大于由牵引器所产生的走纸量,纸与滚筒间略有打滑。

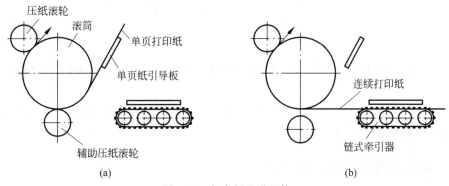

图 4-21 打印纸送进机构
(a) 单页纸打印;(b) 连续纸打印

4.5.2 打印机的辅助功能

1. 色带循环功能

为了使整条色带得到充分利用,避免色带局部过早磨损或脱色,打印过程中应使色带循环移动。由于色带为挠性体,只能承受单向拉伸应力,当打印头沿轨道做直线往复移动时,应使色带驱动轮单向旋转,图 4-20 中左下角所示的齿轮传动机构实现了这种传动功能。同步带驱动打印头移动时,轮 1 带动轮 2 旋转,轮 1 与轮 2 中心通过转臂连接,当轮 1 向不同方向旋转时,由于啮合力的作用,转臂相对于轮 1 中心摆动,使轮 2 分别与轮 3 或轮 4 啮合,由于轮 4 与色带驱动轮之间的传动链比轮 3 与色带驱动轮之间的传动链多一个惰轮轮 5,所以传动比符号相反,实现了使色带驱动轮始终做同方向转动的要求。

为更充分地利用色带表面,有些色带的接头处设计为反向对接结构,构成莫比乌斯圈形式。

2. 纸厚调整功能

为了适应不同厚度打印纸的打印要求,打印头与滚筒之间的距离应可以根据需要方便地调整。如图 4-20 所示,打印头横向移动导轨与两端的轴颈间具有偏心距 e,通过手工转动,改变两端轴颈的周向位置,可以改变打印头导轨与走纸滚筒的径向位置,从而控制打印头与滚筒之间的距离。

3. 纸宽调整功能

为了适应不同宽度打印纸的打印要求,需要将打印纸送进机构中链式牵引器的链齿沿纸宽度方向进行调整,使链齿与打印纸上的齿孔对正。链式牵引器可以沿圆柱形导轨横向移动,移动到位后再通过锁紧装置将位置锁定。图 4-22 所示为链式牵引器锁紧装置。

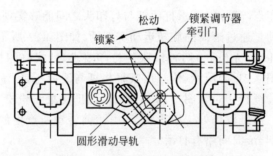

图 4-22 链式牵引器锁紧装置

4.6 机械创新设计表达实例(三)——硬币计数包卷机

硬币计数包卷机的主要功能是对硬币进行计数和包卷(或装袋)操作,还可以对硬币分类,鉴别和剔除硬币中的残币。

4.6.1 硬币计数包卷机的总功能

应用黑箱法表示硬币计数包卷机的总功能如图 4-23 所示。

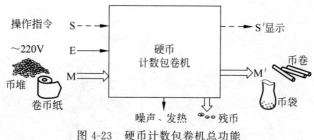

图 4-23　硬币计数包卷机总功能

硬币计数包卷机的输入物料包括待处理的硬币和包装硬币的纸张,能量以电能的形式输入,输入的信息包括计数的数量要求和操作指令。输出的物料是包装好的币卷或币袋,输出的信息包括正常操作的结果,当机器发生故障时,系统会显示故障的种类。当被处理的硬币中包含残币或其他币值的散币时系统将其挑出,并从专门的出口输出。除设计所需要的输出外,在机器运转过程中还不可避免地会产生发热、噪声和灰尘,硬币计数包卷机是在室内操作的装置,设计中应设法减少热量、噪声和灰尘的产生。

设计完成的硬币计数包卷机的外形如图 4-24 所示。待处理的硬币从机器的上方放入,包卷纸从侧面安装,包装好的纸卷从机器的下面输出,残币和散币从另一侧面输出。机器的上面设有调节币种的旋钮、输入指令的键盘和输出信息的显示器。

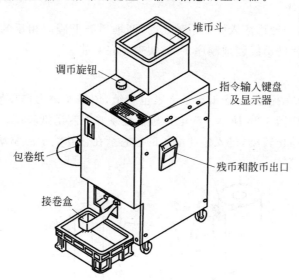

图 4-24　硬币计数包卷机外形

4.6.2　硬币计数包卷机的主要功能

1. 计数分选功能

硬币计数包卷机的计数和分选功能如图 4-25 所示。

通过旋钮选择需要计数的币种,将待处理的硬币倒入堆币斗中,启动机器后,堆币斗下面的输送带将硬币输送到旋转的币盘中。币盘旋转产生的离心力使硬币从币盘进入币道,输币带通过摩擦力驱动硬币通过币道,在币道出口处有光电传感器记录通过币道的硬币数

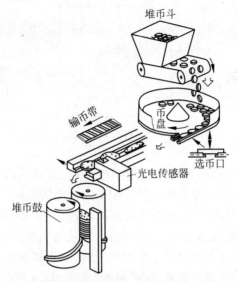

图 4-25 硬币计数包卷机的计数和分选功能

量。当通过的硬币数量达到设定的要求时停止输币。

2. 堆币、整理功能

经过光电传感器的硬币落入两堆币鼓之间,两堆币鼓上旋向相反的螺旋线托住下落的硬币,堆币鼓的旋转使硬币缓慢地顺序下降,实现整齐堆放。

3. 送纸功能

成卷的包卷纸放在托盘上,送纸滚子夹紧包卷纸,依靠摩擦力向前输送,导纸板引导包卷纸进入包卷滚子,如图 4-26 所示。光电传感器记录并控制送纸长度。当包卷纸输送到指定长度后,送纸滚子停止转动,进入包卷滚子的包卷纸在包卷滚子的驱动下绷紧在切纸刀刃上,包卷纸被切断。

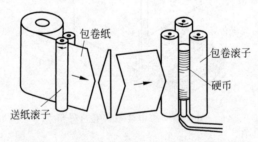

图 4-26 硬币计数包卷机的送纸、包卷功能

4. 包卷功能

完成计数的硬币被接币杆输送到 3 个包卷滚子之间,3 个包卷滚子相互压紧并高速旋转,使包卷纸包紧硬币。

5. 卷边功能

为保证包紧的币卷不散卷,需要将纸卷端部卷起。

卷边钩子通过自身的形状和动作完成卷边功能。卷边过程中，上、下卷边钩子向中间压紧，钩子的形状约束纸边向内卷曲。卷边完成后，卷边钩子在松开过程中绕自身轴线旋转，"让开"卷好的纸边，如图 4-27 所示。

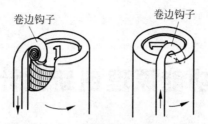

图 4-27 硬币计数包卷机的卷边功能

完成包卷功能后，包卷滚子松开，包好的币卷落入接卷盒内。

4.6.3 硬币计数包卷机的辅助功能

1. 分选、挑残功能

硬币计数包卷机在计数的同时完成分选和挑残功能。

从币盘进入输币带的缝隙宽度和高度会限制直径过大和厚度过厚的硬币进入币道，将直径较大的硬币和变形的残币截留在币盘中，直径小的硬币会进入币道后落入币道中间的空隙，最后进入机箱侧面的落币斗内，起到分选的作用。

2. 装袋功能

在币道端部通过转换开关将硬币引导到"装袋"轨道，落入轨道端部安装的塑料袋内，实现硬币装袋功能。

3. 调整币种功能

不同种类硬币的直径、厚度、材质不同，需要根据所处理的硬币种类对机器的相关参数进行调整。

通过转动机器面板上的币种旋钮，可以改变输币带的宽度、币盘进入币道的缝隙高度、币道中心位置以及两堆币鼓之间的距离等参数。

应根据所包装的硬币种类更换相应的包卷纸。计算机根据所调整的硬币种类自动控制送纸长度。

思 考 题

1. 现有一 AI 码垛机器人，其功能是通过 AI 视觉识别系统识别物料，并根据其分类将其运送到不同的位置。请使用黑箱法就其功能进行设计。

2. 压面条机可以将面团切成面条，你认为压面条机应该包括哪些功能？请使用功能草图表示法画出你认为合理的结构，并思考如何做出不同粗细的面条。

3. 缝纫机针在刺过缝料以及从最低点上升时的速度分别是怎样的？为什么？

4. 设计一台针式打印机，请用黑箱法表示其总功能。

5 功能原理创新设计

5.1 功能原理设计的意义与方法

机械设计的过程通常由以下几个工作阶段组成：

(1) 设计规划阶段。这个阶段的任务是确定设计的内容和对设计的要求，即明确设计对象要实现哪些功能。

(2) 方案设计阶段。这个阶段的任务是确定用于实现给定功能的原理性方案。

(3) 细节设计阶段。在这个阶段中将方案设计阶段所确定的原理性方案具体化、参数化，并确定机械装置的详细结构。

(4) 施工设计阶段。这个阶段要按照施工过程的需要，将设计信息正确、完整、全面地表达为施工过程所需要的技术文件形式。施工过程包括加工、安装、调试、运输、包装等过程。

机械产品的方案设计阶段可以细分为功能原理设计和运动方案设计。其中，功能原理设计阶段需要确定实现功能的基本科学原理；运动方案设计阶段要解决运动的产生、传递和变换方法以及执行动作的设计。

为了实现同一种功能，通常存在多种原理方案可供选择。多种方法实现功能的原理不同，对环境的要求和影响程度不同，实现功能的效率和可靠程度也有很大的差别。

设计需要实现的功能是将输入量(物质、能量、信息)转变为输出量(物质、能量、信息)的变换，对于多数设计，原理方案设计面临的问题不在于无法找到能够实现这种变换的原理方案，而是可以找到太多的原理方案。

例如，图 5-1 所示为可以实现将薄板或纸张分页传送功能(分页功能)的多种原理方案，它们各自适用于不同的应用条件。例如，图 5-1(a)适用于较厚的材料；图 5-1(b)适用于较轻、较薄的材料；图 5-1(c)利用离心力将材料甩出料仓；图 5-1(d)利用材料自身的重力使材料从料仓中滑落；图 5-1(e)通过黏接的方法将分页材料粘起；图 5-1(f)通过气流将分页材料吹离料仓；图 5-1(g)通过真空吸附的方法将分页材料吸起并移出料仓；图 5-1(h)通过静电力将分页材料吸起并移动。

图 5-2 所示为可以不需要输入能量而清除船舱积水的多种原理方案。其中，图 5-2(a)通过重锤与船体的相对摆动驱动柱塞泵的原理清除船舱积水；图 5-2(b)通过置于船外水面上的浮子与船体的相对摆动驱动柱塞泵，进而清除船舱积水；图 5-2(c)在涨潮时通过虹吸

5 功能原理创新设计

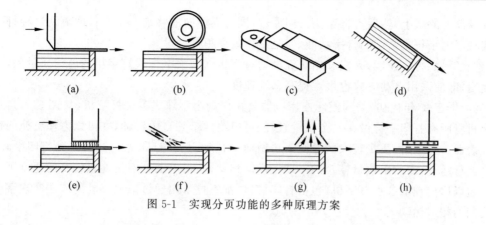

图 5-1 实现分页功能的多种原理方案

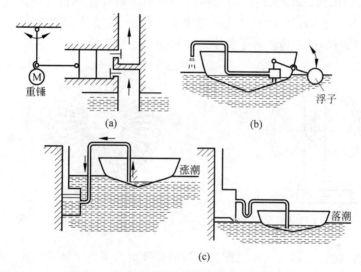

图 5-2 无动力清除船舱积水的多种原理方案

原理将船舱积水排入岸边的水槽,待落潮时再将积水排入海水中。

美国人肖尔斯 1867 年研制成功的字杆式打字机(见图 5-3)以单个字符(字母、标点符号或其他图形符号)为基本打印单位,将所有的字符分别铸在字杆端部,再将所有字杆围成半圆圈,每个字杆可绕其根部的铰链转动,转动的同时可将字符打在卷筒的同一位置。纸张被固定在卷筒上,每打印完一个字符,卷筒带动纸张沿横向移动一个字符间隔。字杆式打字机工作中纸的横向移动是通过卷筒的移动实现的,由于卷筒质量很大,影响了移动速度的提高,从而也影响了打字速度的提高。这种打字机适合于拼音文字,对于像中文、日文等大字符集的文字是不可行的。

1920 年日本人发明了用于日文打字的拣字式打字机。这种打字机将几千个字头摆放在字盘上,字头的形状与印刷用的铅字相似。打字员要记忆每个字头在字盘上的位置,打字时先将机械手移动到字头所在位置,通过字盘下的顶杆将字头从字盘中顶出,位于字盘上面的机械手将字头抓住,抬起,打到

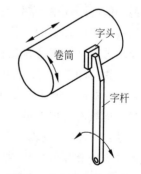

图 5-3 字杆式打字机原理

卷在卷筒上的纸上,然后再将字头放回原位,同时卷筒向前移动一个字符间隔。这种打字方法实现了大字符集文字的打字功能,但是工作效率很低。

为了提高打字速度,人们开始研究电动打字机。因为字杆式打字机的卷筒质量大,移动速度慢,即使采用电动方式也很难提高移动速度。

20世纪60年代初,美国国际商用机器公司研制出字球式英文打字机(见图5-4)。这种打字机将所有打印字符做在一个质量较轻、可以绕两个轴自由转动,并可以方便更换的铝制球壳表面。打字时,质量较大的卷筒不再做横向移动,只在打印完一行后带动打印纸转动,实现换行运动,而改由质量较轻的字球做横向移动,使得电动打字机能以较高的速度进行打印。这以后出现的各种打字机(包括打印机)也都不再采用通过滚筒移动的方法实现字头与纸之间的相对运动。

20世纪80年代初,德国西门子公司推出一种菊花瓣式打字机。这种打字机将字头放在花瓣的端部(见图5-5),打字时,用小锤敲击字头背面,使字符印到卷在卷筒表面的纸上。这种字盘比字球更轻,进一步减轻了打字机中移动部分的质量。

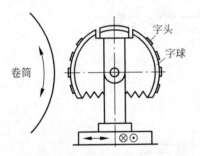

图 5-4　字球式英文打字机原理

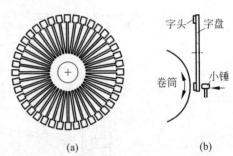

图 5-5　菊花瓣式打字机原理

计算机出现以后,最初与计算机配套使用的打字机仍采用字杆式结构,这种打印方式既限制了打印速度的提高,又限制了如汉字这样的大字符集在计算机中的使用。随着计算机的发展,出现了一种针式打印机,同时推出了一种全新的点阵式打印概念,引起了打印功能原理设计领域的一场革命。它不再以字符为单位进行打印,而是将每个字符都作为由众多的、按一定方式排列的点阵组成的平面图形符号。这种打印功能原理将字符打印与图形打印的功能统一起来,充分利用计算机在存储与检索能力方面的优势,同时彻底改变了汉字在计算机应用领域中的地位,彻底解决了像中文这样的大字符集字型的存储、处理、打印问题以及图形与文字混合排版打印的技术问题。

针式打印机的打印头由多根打印针(最初只有9根,以后逐渐增加到16根、24根)及固定于打印针根部的衔铁组成(见图4-18(a)),打印针在打印头内排列成环状(见图4-18(b)),针头通过导向板在打印头的头部排列成两排(见图4-18(c))。不打印时,打印头内的永久磁铁吸住衔铁;打印时,逻辑电路发出打印信号,通过驱动电路使电磁铁线圈通电,产生与永久磁铁磁场方向相反的磁场,抵消永久磁铁对衔铁的吸引,衔铁被弹出,带动打印针实现打印动作,通过多个打印针的配合动作可以打印出任意字符或图形。

在针式打印机发展的同时,德国有人提出了喷墨打印的设想。最初提出的喷墨打印原理是模仿显示器中电子束扫描荧光屏的方法,由3个喷头将3种不同颜色的墨水喷射到纸上,组成任意图形,但是这种喷射方法很难达到较高的打印质量。之后人们改变了思路,借鉴针式打印机的设计思想,用很多小喷头组成点阵,直接将墨水喷到纸上。打印时需对与特定喷头相对应的毛细管中的墨水加热,使墨水汽化,由于汽化过程中蒸汽体积的膨胀及蒸汽冷却过程中气泡体积的收缩,使毛细管端部的墨水形成墨滴,喷出管端,实现打印功能(见图 5-6)。现在喷墨式打印机的打印质量已经远远超过了针式打印机。由于喷墨过程中不包含零部件的机械动作,使得喷墨打印机的结构得到简化。通过使用各种不同颜色的墨水,很容易实现彩色喷墨打印。

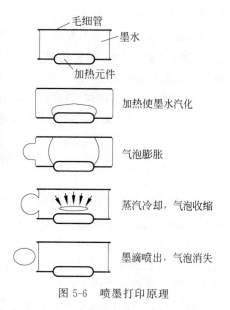

图 5-6　喷墨打印原理

以上两种点阵式打印机在打印时都需要打印头做横向扫描运动,同时打印纸做纵向进给(换行)运动,这种工作方式限制了打印速度的进一步提高。在传真机打印机的设计中,为减少传真机对电话线路的占用时间,需要设计一种没有横向扫描运动的打印机。需要在整行纸宽方向上并排布置大量的打印元件,要用针式打印方式和喷墨打印方式实现这种设计都比较困难,为此人们设计出一种不需要打印头做横向扫描运动的热敏式打印机。这种打印机沿横向并排布置有几千个加热元件,打印时只需要打印纸沿纵向做进给运动,即可完成打印,打印速度快,但需要涂有热敏材料的专用打印纸,因而价格较贵。

采用激光复印原理的激光式打印机是另一种点阵式打印机,它的打印分辨率高于其他几种打印机,同时具有较高的打印速度。它用激光束代替打印头,以包含图文信息的激光束扫描硒鼓表面,在硒鼓表面产生静电图像,然后用墨粉将静电图像转印到纸上,实现图文打印功能。随着制造成本的不断降低,激光式打印机已取代其他打印机而成为打印机市场中的主角。

通过以上实例可以看到,可以通过多种不同的方法实现同一种功能。功能原理设计的任务是在众多可用的功能原理中选择最适合于所开发产品的原理。

功能原理设计的结果对产品设计起着非常重要的作用。

(1) 功能原理设计的创新会使产品的品质发生质的变化。电子表取代机械表的设计对提高计时器的计时精度和降低产品成本都起了重要的作用;晶体管代替电子管使各种电子产品的体积和成本大幅度降低,功能极大增强;计算机外部存储设备从卡片、纸带、磁芯、软盘发展到现在使用的光盘和 U 盘,不但极大地提高了信息存储能力和存取速度,而且提高了信息存储的安全性。目前,基于互联网技术发展的"云存储"不仅扩大了信息存储量,而且使用也更加便捷。功能原理的改变给产品性能带来的是本质的改变。

(2) 功能原理设计是提高产品竞争力的重要手段。通过选择适当的功能原理,可以使产品具有其他产品所不具有的功能,或使产品具有优于其他同类产品的性能,或低于其他同类产品的价格。所有这些都有助于提高产品的市场竞争能力。

在过去的很长时间里,功能原理设计的重要性被人们忽视,早就有人预言:一般机电产品的功能原理已经定型,今后关于这些产品设计的任务就是改进结构,改进工艺,提高性能。事实表明,随着消费者消费水平和消费观念的进步,会对已经实现了的功能提出新的、更高的要求,科学技术的发展会为已经实现的功能提供新的、可供使用的新技术、新原理、新材料、新方法,使得已经实现的功能在新的技术背景下可以实现得更好。

功能原理设计的基本方法是:首先通过发散思维的方法,尽可能广泛、全面地探索各种可能的功能原理方案,然后通过收敛思维的方法,对这些方案进行分析、比较、评价,从中选择最适宜的功能原理方案。

针对不同类型的功能原理设计问题,人们通过总结成功的创新设计实践,提出了一些有效的方法。以下各节介绍一些主要的功能原理创新设计方法。

5.2 工艺功能设计方法

工艺功能是指对被加工对象实施加工的功能。通过加工,可以改变被加工对象的形状、体积、表面形貌、材料状态和内在品质。

对被加工对象实施加工的过程就是对其施加某种作用,这种作用要以某种场作为媒介施加给被加工对象,而这种场的建立与边界条件有关。在功能分析中,将用于构造场所需边界条件的实体称为工作头。

针对工艺功能的创新设计问题,苏联的一些科学家提出了一种分析方法,称为物-场(substance-field)分析法。物-场分析法认为:在任何一个最基本的工艺功能类技术系统中,至少存在一种被加工对象(物质2)、一种工作头(物质1)和一种作用方式(场),工作头(物质1)通过某种作用方式(场)对被加工对象(物质2)施加作用,实现对对象物的加工功能。工作头也称为工艺功能的主体,例如常见工艺系统中的刀具、工具等。被加工对象也称为工艺功能的客体,例如常见工艺系统中的工件、物料等。场是工作头对被加工对象实施作用的媒介,可以是重力场、引力场、电场、磁场、声场、光场、温度场、应力场等物理场,也可以是化学反应、生物作用等方式。

构建工艺功能首先需要选择作用方式,即选择作用场的类型,然后确定施加场作用的工作头,包括确定工作头的材料、形状、运动轨迹和运动速度。工艺系统中的作用场、工作头形状和工作头运动方式称为**工艺系统的三要素**。由于工艺功能系统原理方案设计中可以选择和变换的因素多,所以具有很大的创造空间。

在设计工艺功能时,由于问题的前提条件和设计所追求的目标不同,应采用不同的求解方法。

1. 为新的工艺系统选择作用场和工作头

当需要构造的是尚不存在的新的工艺系统时,首先应广泛地探索可能对被加工对象实施作用的各种场的形式。例如,当需要构造用于消除空气中有害物质成分的工艺系统时,应首先广泛地探索对有害物质成分施加电场、磁场、声、光、加热、冷却、过滤及诱发化学反应等方法的可能性及方便程度,同时构思施加这种作用场的工作头的形状及运动方式。

美国人卡尔逊在发明复印机的过程中曾经历过多次失败,通过总结自己和前人的失败经历后发现,大家的探索努力都试图通过化学反应的方法实现复印功能,探索的失败说明在化学功能领域很难找到适合于实现复印功能的效应。卡尔逊转而在物理效应领域中探索复印功能的求解,最终发明了现在被广泛使用的静电复印技术。

卡尔逊发明的静电复印技术首先利用某些物质在光照条件下导电性质的改变(光导电性)形成静电图像,然后通过静电对墨粉的静电吸引形成墨粉图像,最后将墨粉图像转印到纸张上,形成复印件。图 5-7 所示为卡尔逊发明的静电复印方法的简图。

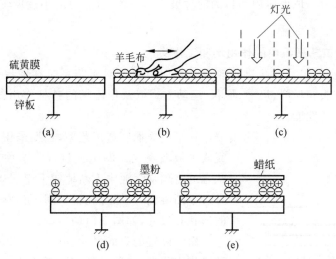

图 5-7　卡尔逊发明的静电复印方法简图

图 5-7(a)所示为在接地的锌板表面设置硫黄薄膜。图 5-7(b)所示为使用羊毛布摩擦硫黄表面,使表面携带静电。由于硫黄在这种状态下不导电,使得静电可以保持。图 5-7(c)所示为用强光透过印有图像的玻璃板照射布有静电的硫黄表面,由于硫黄具有光导电性,被光照射位置的静电荷通过接地的锌板而流失,未被光照射位置的静电荷保持不变,形成不可见的静电图像。图 5-7(d)所示为向锌板表面撒墨粉,再把多余的墨粉倒掉,有静电荷的位置处由于静电荷吸引墨粉,形成可见的墨粉图像。图 5-7(e)所示为通过加热蜡纸,将墨粉转印到蜡纸上。现代的复印机在光导电材料的选择及其他工艺细节上都有了很大的进步,但是基本的工艺功能仍采用光导电性原理。

在为新的工艺系统选择作用场和工作头时,既要积极地在相近似的工艺系统中寻求有益的技术要素,又要注意避免过分地受到这些已有的工艺系统解决问题方法的约束,限制设计者探索新方法的范围。例如,当需要用机械装置实现以前用手工完成的工艺功能时,不要将探索的范围局限在以前手工工艺系统的范围内,要充分发挥机械装置的优势条件,选择更适合于机械装置工作的作用场、工作头形状和运动方式。

例如,通过人手工完成缝制布料的工艺过程中,一直采用的是头部有尖、尾部带孔的针作为工作头,通过用针尖反复穿透并穿过缝料的方法,引导缝线连接在缝料上。人类在发明缝纫机的过程中,最初也试图模仿人手工缝制缝料的方法,采用尾部穿孔的针引导缝线,但是由于这种设计方法无法解决机针的夹持问题,经过很长时间的探索都没有成功。实践表明,模仿人手工缝制缝料的方法构思机械缝纫工艺系统不一定是好的选择。现在普遍使用的缝纫机是通过针头穿孔的缝针所引导的面线与位于缝料底部的,由摆梭引导的底线互相绞合的方法实现缝纫工艺功能的。关于这一工艺系统功能实现过程的详细描述见第 4 章。

人手工切碎不同种类的食物时大都通过人手驱动刀具进行直线往复的切削运动和进给运动完成,但是通过机械装置实现直线往复运动的成本和难度远大于实现连续的旋转运动的成本和难度,所以人类发明的绞肉机、食品切碎机、切肉片机等机械都更多地采用连续旋转运动代替直线往复运动。

作用场和工作头的选择还与设计者所追求的设计目标紧密相关。例如,在垃圾减量化处理设备中,有以减小垃圾体积为目的的垃圾压缩装置,也有以减小垃圾质量为目的的垃圾烘干装置。

2. 改善已有工艺系统中的作用场和工作头

在对已经存在的工艺系统进行改进设计时可以针对工艺系统在使用中表现出来的缺陷,通过改变工作头的材料、尺寸、形状、运动方式以及作用场的各种作用参数,完善已有的工艺过程,改善工艺性能。

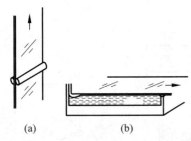

图 5-8　平板玻璃制造工艺的完善
(a) 垂直引上法;(b) 浮法

在平板玻璃制造工艺中,长期采用的是垂直引上法完成平板玻璃成形的工艺过程。这种方法将处于熔融状态的玻璃从熔池中不断地向上牵引,使玻璃边不断上升边不断凝固,并通过轧辊的间距控制平板玻璃成形后的形状和尺寸,如图 5-8(a)所示。

由于轧辊的表面尺寸、形状、位置误差、表面形貌以及工作中的振动,用这种方法制造的平板玻璃表面不可避免地存在波纹、厚度不均匀等缺陷。

现在普遍采用的是浮法玻璃制造工艺,使熔融的玻璃在低熔点、高密度的液态金属表面上边向前流动边凝固,如图 5-8(b)所示。用这种方法制造的平板玻璃表面既平整又光洁。

在浮法玻璃制造工艺中充当工作头角色的是低熔点、高密度的液态金属,作用场是重力场,重力场中的液态金属为凝固过程中的玻璃提供了非常平整、光洁的支承平面。

在使用钻头钻孔时,钻头的切削力与钻削速度、钻屑厚度和钻屑宽度有关,切削力与钻屑厚度和钻屑宽度成正比,对钻屑宽度更敏感,而对钻屑厚度的敏感程度较低,在切削效率相同的条件下,适当增大钻屑厚度,减小钻屑宽度,有利于减小切削力和切削热。对于传统的普通麻花钻头(见图 5-9(a)),切屑宽度就等于两条切削刃的总长度。图 5-9(b)所示的分屑钻头通过在切削刃上刃磨出分屑槽,使切屑长度减小,切屑厚度增大,对于提高钻孔的效率和质量有明显的效果。

修建公路时使用的普通压路机通过自身重量可将路基和路面压实、压平,在路面维修时使用的小型压路机体积小,自身重量轻,单靠自身重量的作用无法保证压实路面的质量。通过改变压路机工作头的运动方式,将静态碾压改为振动式碾压(见图 5-10),可以通过较小的自身重量实现压实路面的功能要求。

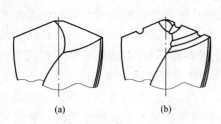

图 5-9　钻头切削刃的改进设计
(a) 普通麻花钻头;(b) 分屑钻头

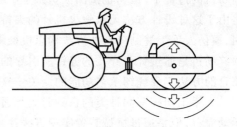

图 5-10　振动式压路机

3. 为已有的工艺系统添加新的作用场和工作头

为了改善已有工艺系统的性能,可以采用在同一个工艺系统中使用多种工作头,施加多种作用场的方法。

例如,在金属切削过程中,刀具的切削刃将切削力作用于工件,构成一个最小工艺系统,如果在这个已有工艺系统的基础上再增加另一种物质——切削液,由于切削液的作用,对切削过程起到润滑和冷却作用,可以有效地改善切削工艺条件,减小切削力,提高切削质量。在这个工艺系统中,切削液是除刀具以外的另一种工作头,它通过温度场作用于被加工的工件,同时在刀具与工件之间形成润滑膜,改善润滑状态。

在铆接操作中,通过工作头对铆钉头部施加力的作用,使铆钉头部发生塑性变形,实现连接功能。对直径较大的金属铆钉,在低温状态下铆接,铆钉材料的变形阻力较大,有些材料(如塑料)在低温状态下的塑性较差。如果在施加力作用的同时对铆钉头进行加温,可以改善工件(铆钉)的塑性,减小铆钉的变形阻力,改善铆接工艺性能,使铆接操作更容易。由于铆接后铆钉在冷却过程中的体积收缩,也有利于提高铆接结构的承载能力。可以通过火焰加热的方法为铆钉加温,可以通过电流场为铆钉加温,也可以直接通过铆接工具向铆钉传热的方法加温。

4. 为已有的工艺系统选用新的作用场或工作头

通过对工艺系统的分析可以发现,对于同样的工艺要求,可以通过完全不同的作用场实现,同样的作用场也可以通过不同的工作头施加。

例如,切割材料最常用的工艺方法是通过刀具对工件施加力的作用来实现切割,但是,应用这种方法设计的便携式割草机使操作过程不安全。新型便携式割草机将工作头改为尼龙线,通过高速旋转的尼龙线的抽打,实现割草的功能,如图 5-11 所示。这种方法既快捷又安全。

利用刀具切割一些硬、脆的材料也会遇到困难。水刀切割方法利用高速喷射的水流(水流中可以携带细沙粒,喷射速度达 800~1000m/s)对材料的冲击作用实现对材料的切割,它可以用来切割玻璃、花岗岩、不锈钢、陶瓷等硬材料,也可以切割纸板、布料等软材料,还可以用来切割低熔点材料。

除了水刀切割以外,现在用来切割的方法还有气割、等离子切割、激光切割等。

膨化食品是一类常见的休闲食品。将原料放入封闭容器中加温、加压,然后迅速释放,即可得到可以食用的膨化食品。

这种方法虽然生产设备简单,但是不适合于大规模工业化生产。

膨化食品挤压机(见图 5-12)通过上部的入口加入待加工的、生的食品原料,原料在挤压机轴外表面和孔内表面螺旋槽的作用下向出口(见图 5-12 左侧)移动,由于入口处的螺旋槽比较深,而出口端的螺旋槽比较浅,原料从入口向出口移动的过程中体积被压缩,由于体积压缩引起原料的温度迅速升高,处于高温高压环境下的食品原料从出口端的小孔中被挤出,由于环境压力减小,食品体积迅速膨胀,形成熟的膨化食品。这种方法可以连续性生产,具有很高的生产效率。

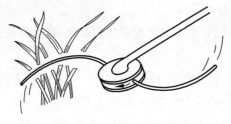 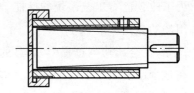

图 5-11　便携式割草机　　　　图 5-12　膨化食品挤压机

5.3　综合技术功能设计方法

机械系统功能原理设计中不应将探索功能原理的目光限制在机械功能的范围内,而应在更宽广的范围内探索各种可以实现给定功能的自然效应,并从中选择较好的功能原理解法。

通过采用新的功能原理解法,可以使系统功能发生本质的变化,极大地提升系统的性能。例如,电子表通过采用石英晶体振荡器取代机械擒纵机构作为计时基准,使计时器的计时精度发生了本质性的改变。通过将计算机控制引入机械系统设计,机械系统可以很方便地实现很复杂的控制功能,进而实现智能化。利用热胀冷缩效应设计的双金属片,可以很容易地测定系统的工作温度,对系统进行控制或实施保护。

很多被我们所熟知的功能已经通过某种效应实现了,但是同样的功能还有可能通过完全不同的物理效应去实现。广泛地探索更新颖的物理效应,有可能以更高的效率、更经济的方式、更可靠地实现已有的功能。

例如,要实现改变物体空间位置的功能,最常见的方法是应用车辆,通过轮轴运动的方式移动物体。除了轮轴运动方式以外,很多动物通过足、蠕动、跳跃、喷水、滑水等方式移动自身位置,还有一些机械装置通过履带、磁悬浮、电悬浮等方式移动位置,通过广泛的探索,可能发现更新颖、更有效的物体移动方式。

针对给定的功能,探索自然效应的常用方法可以分为以下几类。

1. 在已知的自然效应中探索可用的自然效应

人类在长期的探索实践中,已经积累了大量的关于自然效应的知识,在进行功能原理设计时,可以首先在这些已知的自然效应中进行广泛的查询,探索各种可能应用的自然效应,并通过科学的分析和评价,选择最适当的原理解法,并进行详细的细节设计。表 5-1 所示为部分已知的自然效应。

2. 发现新的自然效应

有些自然效应虽然早已被人类知晓,但是却没有充分地利用这些效应实现有用的功能,或只在有限的范围内得到应用。通过充分发掘这些已知自然效应的应用价值,可以获得意外的效果。

5 功能原理创新设计

表 5-1 常用自然效应

效应	原理	应用	效应	原理	应用
1. 力学效应 1) 静力学效应 (1) 固定连接	 形锁合		(4) 力平衡 ① 杠杆-位移、力传递	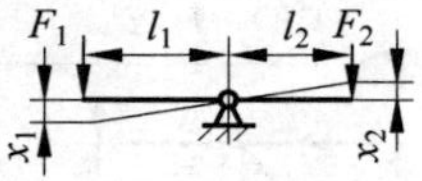 $x_1/l_1=x_2/l_2$ $F_1l_1=F_2l_2$	指针、齿轮
(2) 弹性变形 ① 拉伸	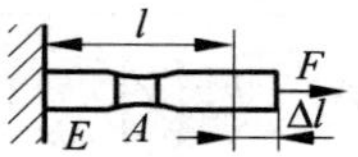 $F=\dfrac{AE}{l}\Delta l$	拉杆	② 楔、斜面-位移、力传递	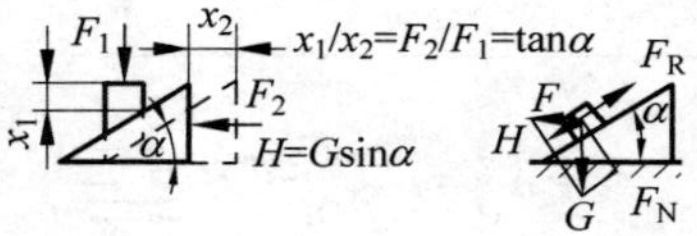 $x_1/x_2=F_2/F_1=\tan\alpha$ $H=G\sin\alpha$	丝杠、螺栓、斜槽
② 弯曲变形	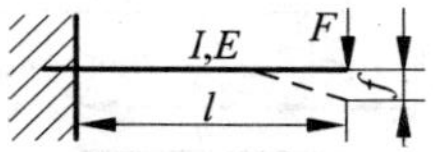 $F=\dfrac{3EIf}{l^3}$	板簧悬臂梁	③ 绳节点	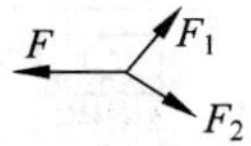 F_1, F_2	
③ 接触变形 (点、线接触)	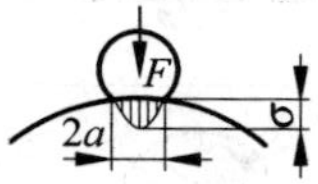 $\sigma_0=\sqrt[3]{\dfrac{FE^2}{r^2(1-\mu^2)}}$		(5) 摩擦 ① 库仑摩擦	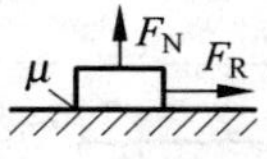 $F_R=\mu F_N$	制动器摩擦锁合
④ 横向收缩	 $F=\dfrac{AE}{\mu r}\Delta r$		② 挠性体摩擦	 $F_2/F_1=e^{\mu\alpha}$	锚绳绞盘
⑤ 剪切变形	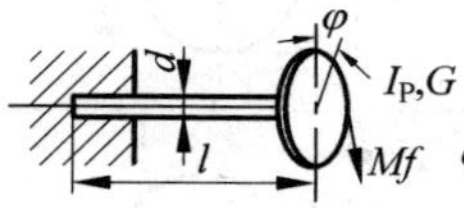 $\varphi=\dfrac{Mfl}{GI_P}$	扭簧	③ 滚动摩擦 (滚动阻力)	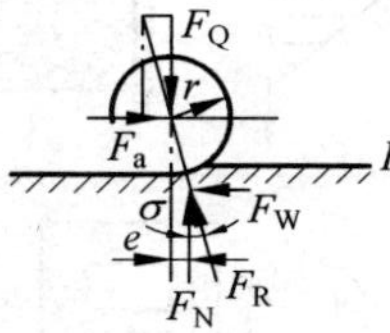 $F_W=F_Q\mu r$	轮子
(3) 塑性变形 蠕变	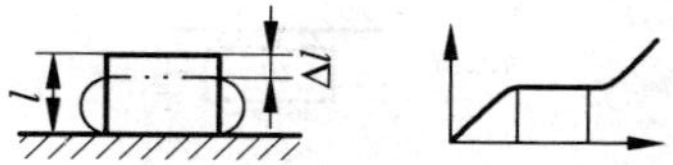	硬度测量	(6) 万有引力	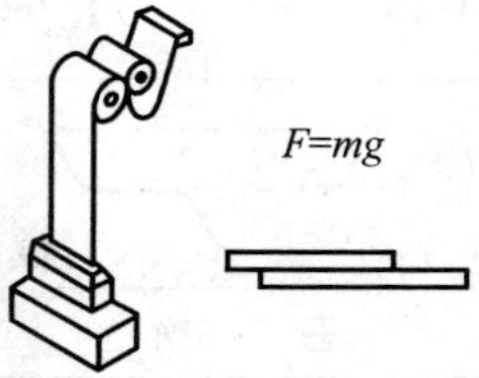 $F=mg$	落锤、黏接、钎焊

续表

效应	原理	应用	效应	原理	应用
(7) 附着力	$F=ma$		4) 对流	$Q_{zu}=$常数	暖气恒温
2) 动力学效应			3. 流体效应		
(1) 线加速度	$\dot{\omega}=M/I$		1) 静态液体、气体效应		
			(1) 浮力	$F_A=V\|\rho_1-\rho_2\|$	漂浮
(2) 旋转加速度	$a=\omega^2 r$		(2) 自重压力	$p=\rho g h$	高位容器
(3) 向心加速度	$a=2\omega v_r$		(3) 压力传递 力-位移传递(利用不可压缩性)	$F_1/A_1=F_2/A_2$ $x_1 A_1=x_2 A_2$	液压装置、气动装置
(4) 哥氏加速度	$\Delta l=l_0 a \Delta T$		2) 动态液体、气体效应	$\Delta V=(1-\frac{p_1}{p_2})V_1$	气体弹簧
2. 热力学效应		温度计	(1) 流体阻力	$F=\frac{\rho}{2}v^2 A C_W$	降落伞
1) 热膨胀	$Q=\frac{\lambda A}{d}\Delta T$	热交换绝缘	(2) 黏滞性	$F=A\eta\frac{v}{h}$	
2) 热传导	$Q=cA[(T_1/100)^4-(T_2/100)^4]$	暖气片	(3) 截面运动推力	$F_A=C_A\frac{\rho}{2}v^2 A$	机翼
3) 热辐射	$Q=a A \Delta T$				

续表

效应	原理	应用	效应	原理	应用
(4) 全压头(顶风压)	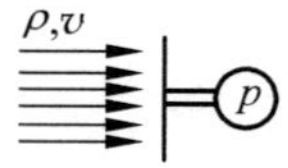 $p=\dfrac{\rho}{2}v^2$		5) 压电效应	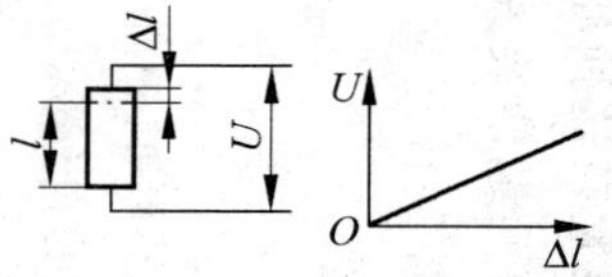	煤气点火器
(5) 反冲力	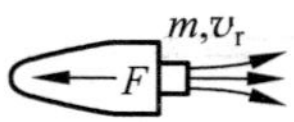 $F=mv_r$	火箭发射	6) 电致伸缩	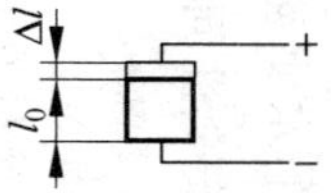	超声发生器
(6) Magnus效应	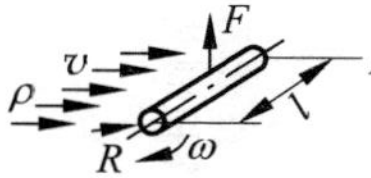 $F=2\pi\rho R^2\omega vl$		7) 磁致伸缩	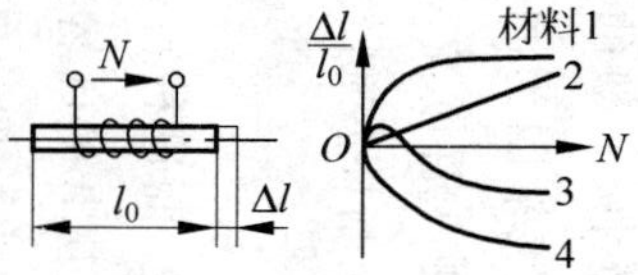	超声发生器
(7) Coanda效应(射流效应)	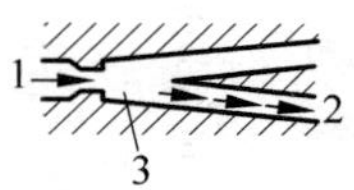 1—喷嘴 2—集流嘴 3—低压旋涡		5. 光声效应 1) 波传导	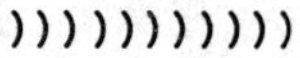	光纤通信
4. 电磁效应 1) 磁吸引力	 $F=\mu_0\mu_r\dfrac{Q_1Q_2}{L^2}$	永磁体电磁铁	2) 能量传送	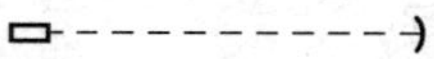	激光微波
2) 静电引力	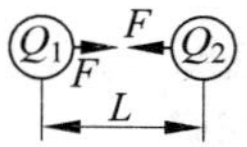		3) 热效应		红外加热
3) 电阻	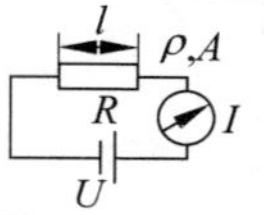 $I=U/R$ $P=I^2R$ $R=\dfrac{l}{A}\rho$		4) 光压,声压 5) 光吸收,声吸收	 $F=\rho vcA$ $F=2\dfrac{S}{c}A$	太阳能利用
4) 电磁感应	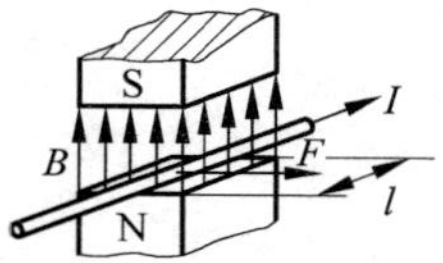 $F=BIl$	电动机,发电机			

飞行器在低空飞行、起飞以及着陆时，由于靠近地面，可以获得比高空飞行大得多的升力和更小的飞行阻力，这种效应被称为**地面效应**。

20世纪60年代开始，苏联的科学家开始研究将这种效应用于飞行器设计的可能性，并在20世纪70年代研制成功应用这种效应进行低空飞行的地效飞行器。地效飞行器既能在天空飞翔，也可以在水面上滑行。地效飞行器在承载能力方面比普通飞机具有更大的优势。例如，波音747客机的有效载荷仅为其自重的20%，而地效飞行器的有效载荷可达自重的50%。地效飞行器的应用可以大幅度地降低运输成本，提高飞行器的安全性。

在核反应堆中驱动控制棒升降的传动机构对反应堆的链式反应过程起控制作用，传动机构工作在超高温、超高压、超强辐射的恶劣环境中，一般的机械传动装置在这种环境下无法长时间正常工作，现有的一些传动装置设计方案常因为润滑和密封等问题使装置无法可靠地工作。清华大学核研院研制的水力驱动控制棒通过流动的水驱动控制棒运动，支承控制棒，使其长时间保持正确位置，较好地解决了控制棒控制的安全性问题。

3. 创造新的自然效应

有些自然效应只能在特殊的条件下才能发生，而这种特殊条件在自然环境中并不存在，如果人为地创造这种特殊的环境条件，就可以创造出在自然界中不存在的自然效应。

电饭锅的温度控制功能要求在高于100℃时切断加热线路，其装置如图5-13所示。磁钢限温器中的感温软磁与永磁体吸合后使触点K_1闭合，加温线路导通。当锅内无水时，锅底温度迅速升高，当温度达到103℃时达到感温软磁材料的"居里点"，感温软磁材料失去磁性，弹簧力将感温软磁与永磁体分开，触点K_1断开，电饭锅停止加热。控温装置中的感温软磁是一种能够在103℃时失去磁性的特殊的铁磁物质，自然界中并不存在具有这种特性的物质，只能通过人工合成方法制成。

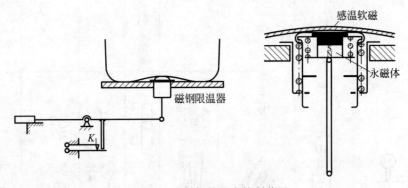

图5-13 电饭锅的温度控制装置

5.4　功能组合设计方法

求解机械设计问题的重要特征之一是设计问题的多解性。为了能够在众多可行解中寻求较优的解答，首先需要广泛地探索各种可行解，然后通过科学的评价、筛选，得到较优秀的解答。功能组合设计方法就是一种使设计者可以广泛探索各种可行解的设计方法。

复杂机械装置的总功能需要通过装置中各部分的组合与协调来实现，装置各部分所完成的功能称为隶属于总功能的分功能。

求解机械功能的过程中，首先将机械装置的总功能分解成一组分功能，各项分功能的组合可以恰好完成总功能，各项分功能之间没有重复，各项分功能的组合不超出对总功能要求的范围，也不遗漏任何一项功能。

由于对各项分功能的要求比总功能更简单，所以逐个求解分功能的难度通常比直接求解总功能的难度更小，一旦所有的分功能都得到适当的解答，对总功能的解答也就被确立了。如果某项分功能无法直接求解，可以仿照前面的方法将其进一步分解，直至所有的分功能都得到有效的解答。

通常每项分功能的解答都是不唯一的，通过将各项分功能的不同解答进行充分的组合，就可以得到大量的关于总功能的解答。只要对功能的分解和对分功能的求解过程是适当的，求解过程就不会遗漏可行解。通过对这些可行解的分析、评价和筛选，可以得到较优秀的总功能解，如图 5-14 所示。

- 总功能
  - 分功能1 (技术原理1)
  - ⋮
  - 分功能i
    - 工作机
      - 工作头 (技术原理i)
      - 执行机构
    - 传动机
    - 原动机
    - 控制器
  - ⋮
  - 分功能n (技术原理n)

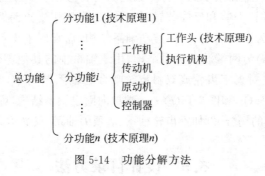

图 5-14 功能分解方法

设第 i 项分功能的解答有 k_i 个，经过充分组合后可以得到的总功能解数量为

$$N=\prod_{i=1}^{n}k_i$$

有些分功能解之间是不相容的，有些组合的结果明显不合理，将这些无效的组合删除后仍可以得到大量的有效解答，通过对这些解答的可行性、经济性、先进性、竞争性进行评价，可以得到较优秀的原理方案。

例如，轴系结构的功能之一是通过合理地配置轴承，使轴系相对于箱体在轴向两个方向上均实现定位。双支点轴系结构的轴向定位分别通过两个支点的定位方式实现，每个支点相对于箱体的轴向定位方式可以有图 5-15 所示的 4 种情况。

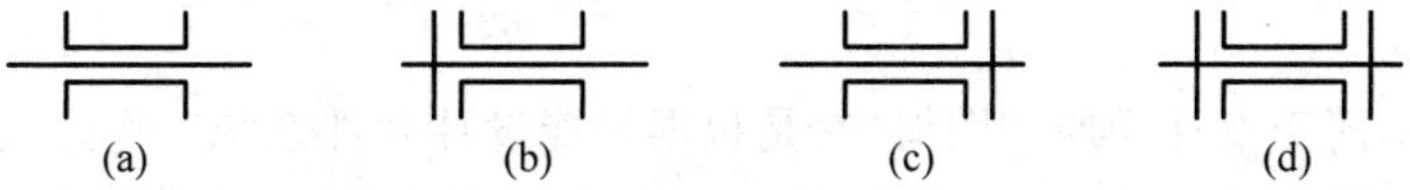

图 5-15 单支点轴向定位方式

将这 4 种定位方式进行组合，可以得到双支点轴系轴向定位的 16 种可能方式，如图 5-16 所示。

在这 16 种定位方式中，图 5-16(g)、(h)、(j)、(l)、(n)、(o)、(p)存在过定位，实际不被采

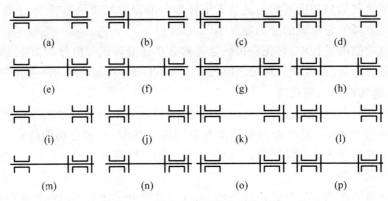

图 5-16 双支点轴系轴向定位方式

用。在其余的 9 种方案中,图 5-16(b)与图 5-16(e)、图 5-16(i)与图 5-16(c)、图 5-16(d)与图 5-16(m)分别为对称方案,余下的 6 种方案均为可行方案。其中,图 5-16(f)和图 5-16(k)分别为两端单向固定的正安装和反安装轴系结构,通常用于支点跨距较小,而且工作温升较低的场合;图 5-16(d)为一端固定、一端游动轴系结构,通常用于支点跨距较大,或工作温升较高的场合;图 5-16(a)为两端游动轴系结构,用于轴系中的其他零件具有双向轴向定位功能的场合,例如,通过一对人字齿轮或双斜齿轮啮合的轴系结构中,其中一个轴系结构应采用两端游动结构;图 5-16(b)和图 5-16(c)为一端单向固定轴系结构,可用于轴系中的其他零件具有单向轴向定位功能的场合,例如锥齿轮轴系、活顶尖轴系、只受重力作用的立式轴系等。

5.5 设计目录方法

如果将机械装置通常所完成的基本功能解加以整理,汇集成为可以方便检索的数据库,在对机械设计问题进行求解时,就可以在对总功能进行功能分解的同时,借助对基本功能解数据库的检索,构造功能解法。这种利用基本功能解法数据库进行功能原理方案设计的方法称为设计目录方法。

设计目录方法认为,设计过程是对设计信息进行获取、存储、提取、组合等处理的过程,如何全面、正确、合理地利用信息是提高设计效率和设计质量的关键问题。

设计目录包含关于设计问题基本解法信息的数据库。设计目录利用计算机技术将这些信息数据分类、排列、存储,以便在设计中可以根据设计功能要求方便地进行检索和调用。在智能设计软件系统中,科学、完备、使用方便的设计信息数据库是解决设计问题的重要的基本条件。

设计目录不同于设计手册和图册,它是根据智能设计软件系统工作过程的需要编制的,关于相关设计问题的所有基本功能解法的各方面特征都提供完整、明确的描述信息,信息的描述方式考虑调用的方便和相互比较的需要。

在用功能组合设计法进行原理方案设计的过程中,基本功能解法是进行原理方案组合的基础。机械工程系统的基本功能元可以分为物理功能元、逻辑功能元和数学功能元 3 大类。

基本逻辑功能元包括"与""或"和"非",主要用于控制功能设计,对基本逻辑功能元的详细描述见表 5-2。

表 5-2　基本逻辑功能元

功能元	关　系	符　号	逻辑方程	真值表 $\begin{pmatrix} 0—无信号 \\ 1—有信号 \end{pmatrix}$
与	若 A 与 B 有，则 C 有	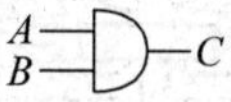 (与门符号)	$C = A \wedge B$	A: 0 1 0 1 / B: 0 0 1 1 / C: 0 0 0 1
或	若 A 或 B 有，则 C 有	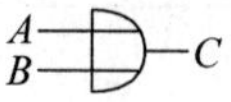 (或门符号)	$C = A \vee B$	A: 0 1 0 1 / B: 0 0 1 1 / C: 0 1 1 1
非	若 A 有，则 C 无	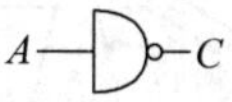 (非门符号)	$C = -A$	A: 0 1 / C: 1 0

同样的逻辑功能可以分别通过机械、强电、电子、射流、气动、液压等多种不同的物理方法实现。表 5-3 所列为用不同的物理方法实现基本逻辑功能解法目录。

表 5-3　逻辑功能元的物理解法目录

系统	"与"元	"或"元	"非"元
机械系统	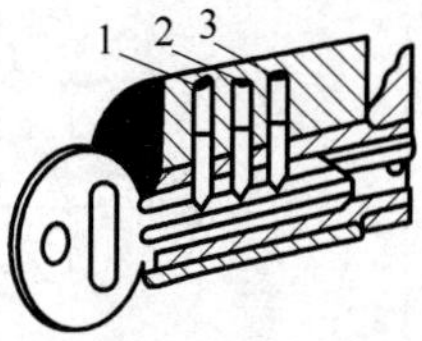 (图示)	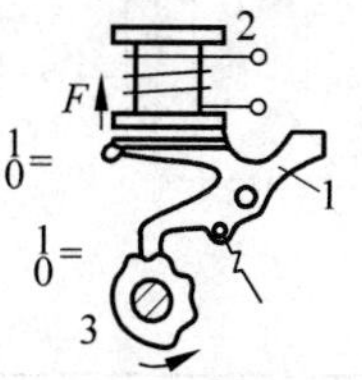 (图示)	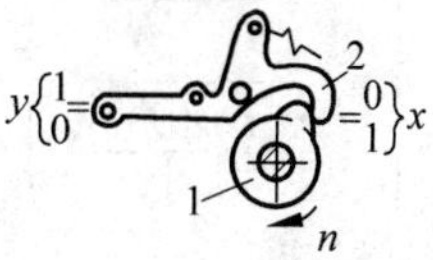 (图示)
强电系统	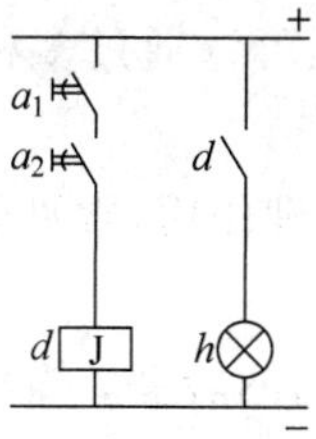 (图示)	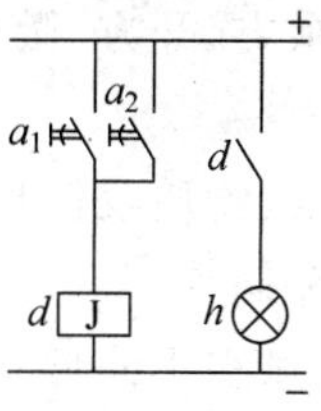 (图示)	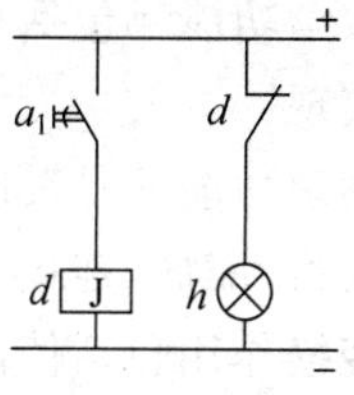 (图示)
电子系统	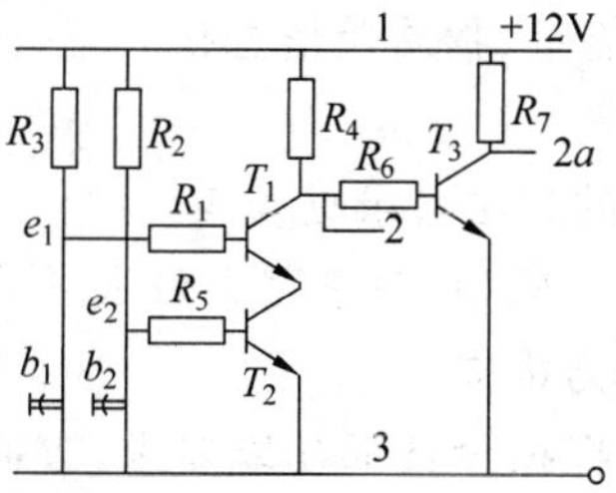 (图示)	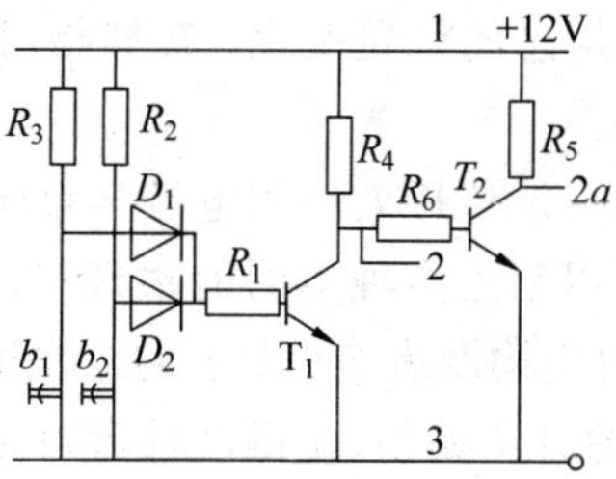 (图示)	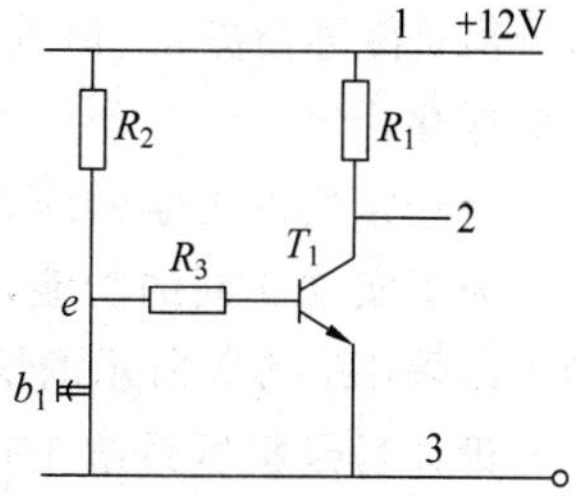 (图示)

续表

系统		"与"元	"或"元	"非"元
射流系统	气动元件	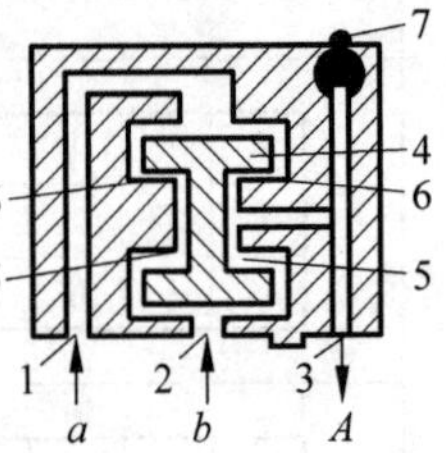	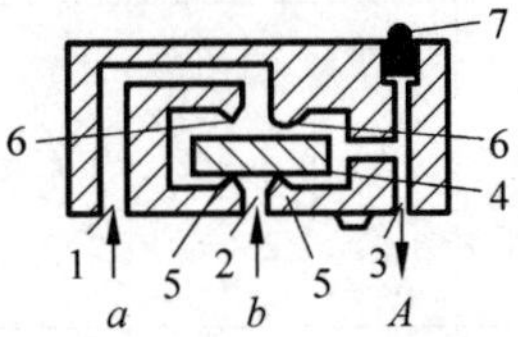	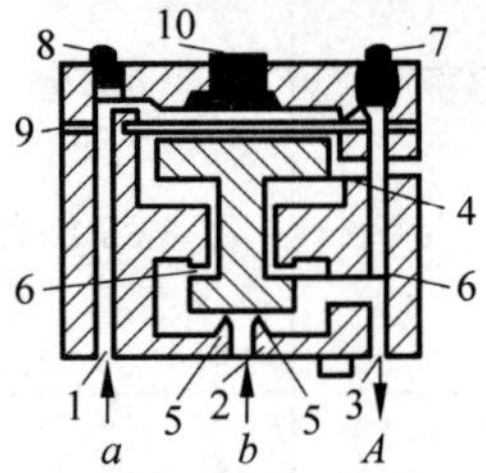
	射流元件	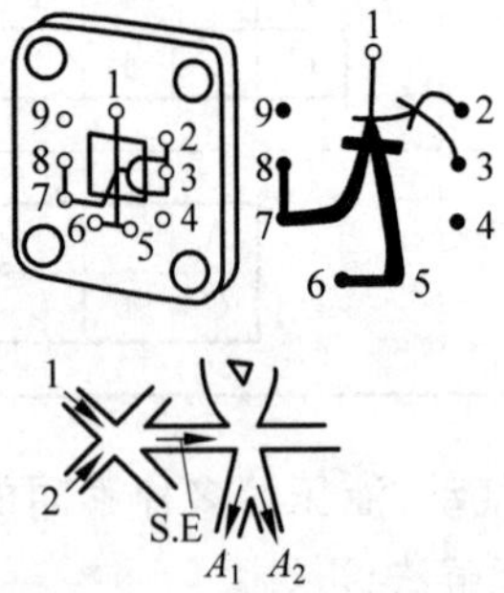	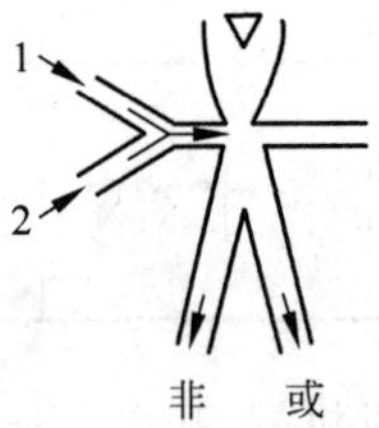	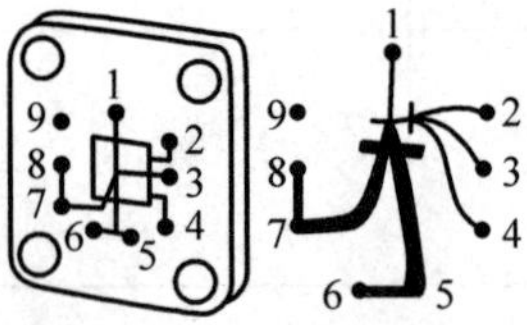
	气液系统	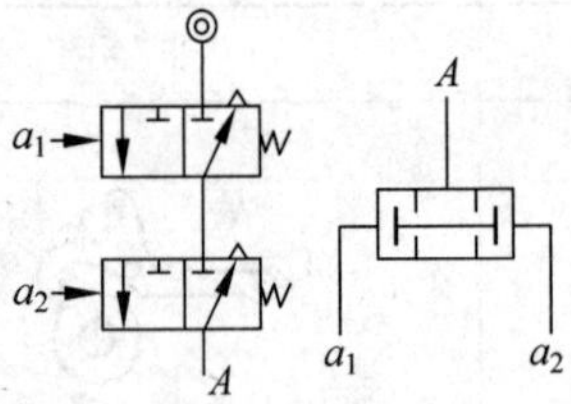	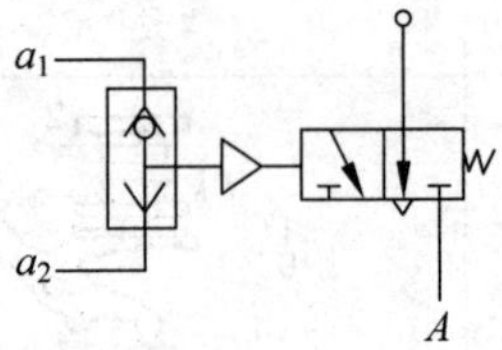	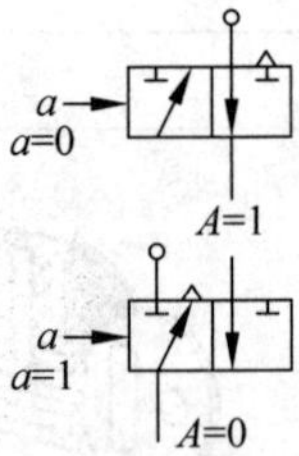

数学功能元包括加、减、乘、除、乘方、开方、微分与积分等，也可以通过多种不同的物理解法实现。

物理功能元是反映对系统中能量、物质及信息变化的基本物理作用，常见的基本物理作用如变换、缩放、连接与分离、传导、存储等。

变换作用包括使能量、物质及信息在不同形式、不同形态之间的转变；**缩放**作用指改变能量、物质及信息的大小；**连接**、**分离**指同类或不同类的能量、物质及信息在数量上的结合与分离；**传导**指能量、物质及信息的位置变化；**存储**指对能量、物质及信息在一定时间范围内的保存。

一些常用的力学效应、液压及气压效应和电磁学效应的解法目录见表5-4。

为了实现相同的功能，可以采用多种不同的物理解法。例如，对于将力放大的功能，分别可以采用表5-5所示的增力机构及表5-6所示的二次增力机构。

设计目录根据系统工程的方法编制，使得设计者可以根据设计的功能要求，方便、快捷地检索到所需要的功能元。

表 5-4 部分物理功能元的解法目录

功能元		解法		
		力学机械	液 气	电 磁
力的产生	静力	 弹性能 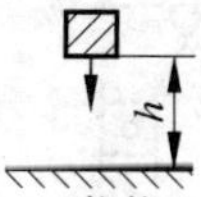　位能	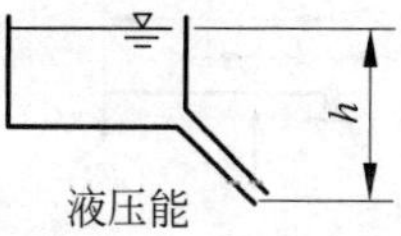 液压能	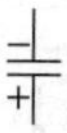 静电 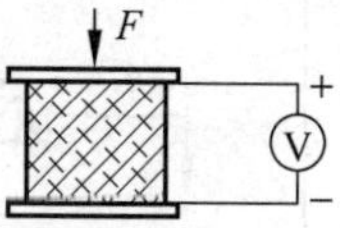　压电效应
	动力	 离心力	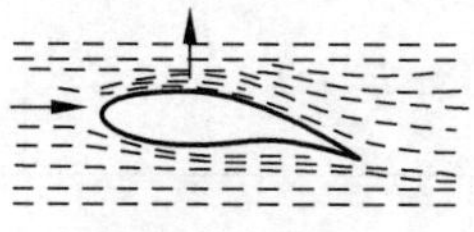 液体压力效应	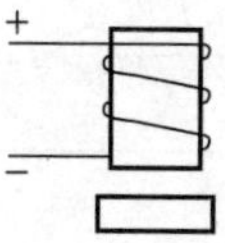 电流磁效应
摩擦阻力的产生		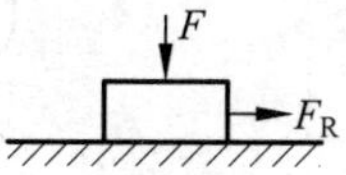 机械摩擦	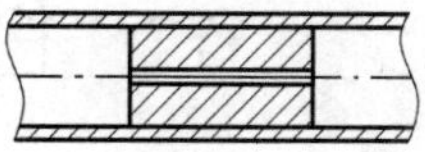 毛细管	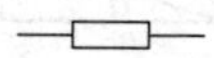 电阻
力-距离关系		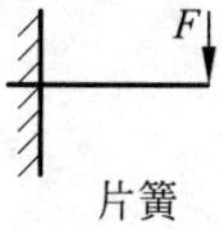 片簧	 气垫	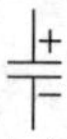 电容
固体的分离		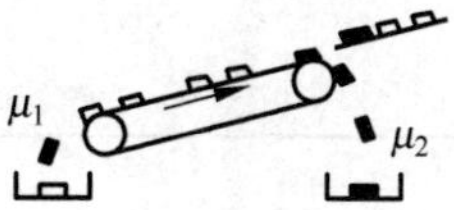 $\mu_2 > \mu_1$ 摩擦分离	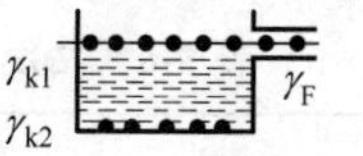 $\gamma_{k1} < \gamma_F < \gamma_{k2}$ 浮力	磁性 　非磁性 磁分离
长度距离的放大		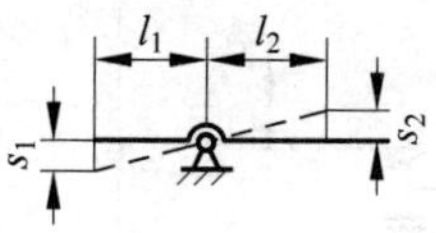 $s_2 = s_1 \dfrac{l_2}{l_1}$ 杠杆作用	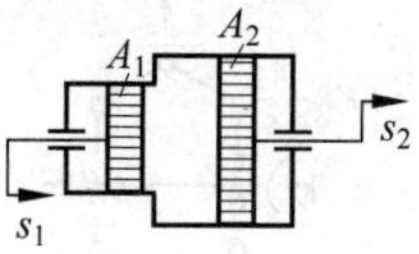 $s_2 = \dfrac{A_1}{A_2} s_1$ 流体作用	
		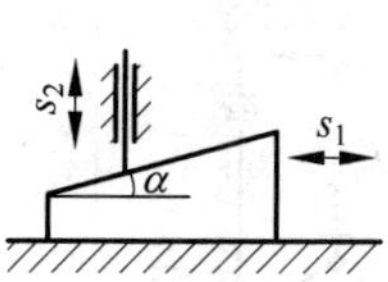 $s_2 = s_1 \tan\alpha$ 楔作用	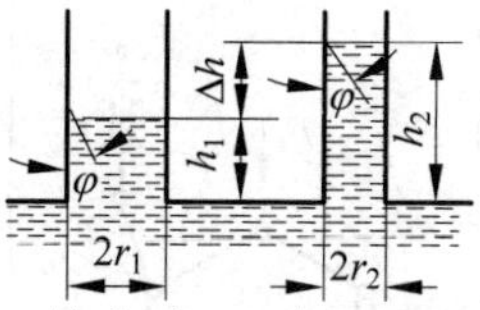 $\Delta h = h_1 - h_2, \quad \Delta r = r_1 - r_2$ $\Delta h = -\dfrac{\Delta r}{r_2^2 - r_1 \Delta r} \dfrac{2\sigma\cos\varphi}{\rho g}$ 毛细管作用	

表 5-5 基本增力机构

机构	杠杆		曲杆(肘杆)	楔
简图	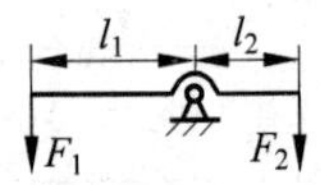	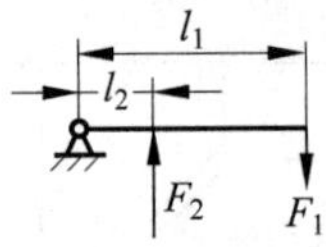	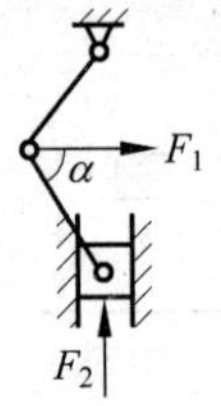	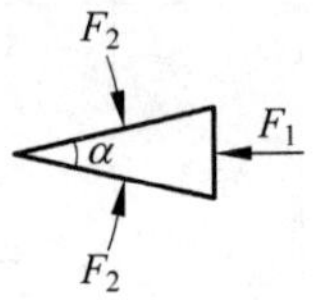
公式	$F_2 = F_1 \dfrac{l_1}{l_2}(l_1 > l_2)$	$F_2 = F_1 \dfrac{l_1}{l_2}$	$F_2 = \dfrac{F_1}{2}\tan\alpha\,(\alpha > 45°)$	$F_2 = \dfrac{F_1}{2\sin\dfrac{\alpha}{2}}$
	$F_2 = \dfrac{F_1}{\tan\alpha}$	$F = \dfrac{2T}{d_2\tan(\lambda+\rho)}$ d_2——螺杆中径 λ——螺杆升角 ρ——当量摩擦角		$F_2 = \dfrac{F_1}{2}$

表 5-6 二次增力机构

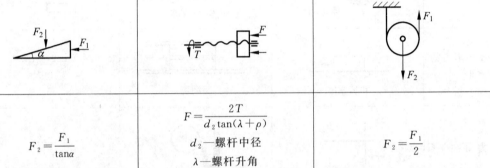

输入	输出			
	斜面	肘杆	杠杆	滑轮
斜面(螺旋)	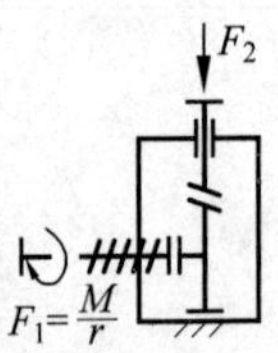	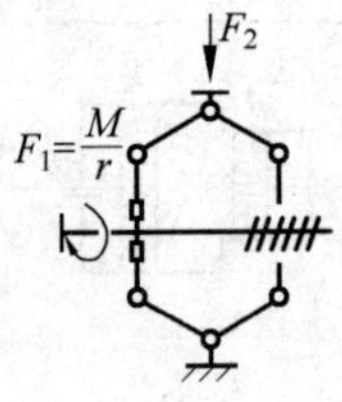	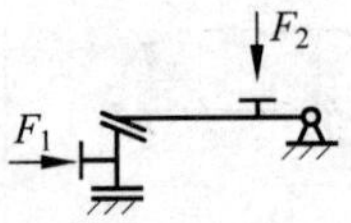	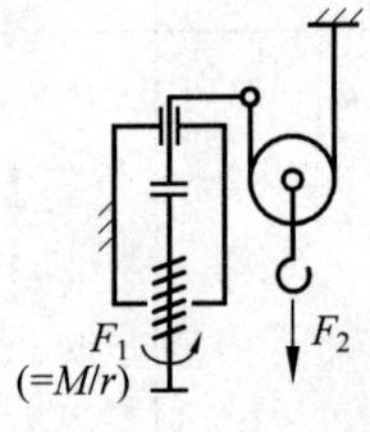
肘杆	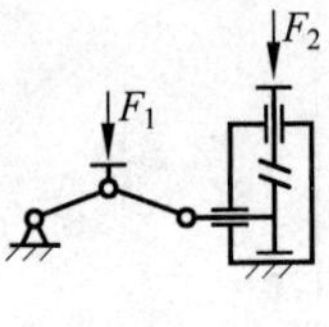	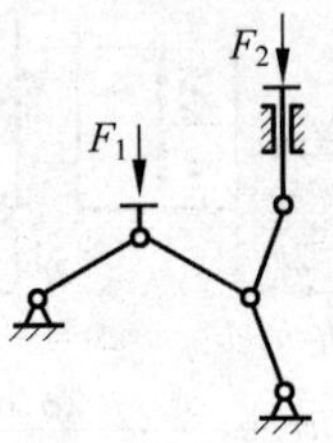	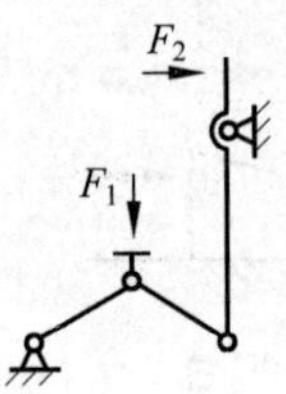	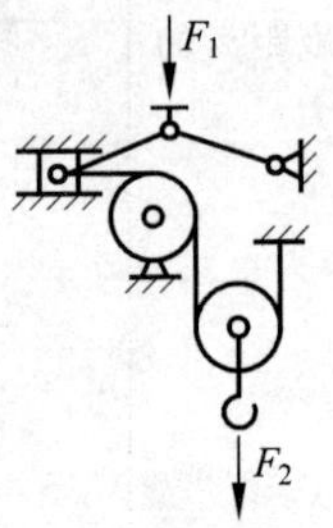

续表

输入	输出			
	斜面	肘杆	杠杆	滑轮
杠杆	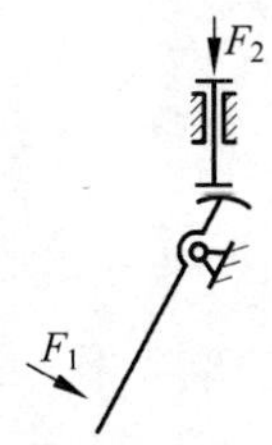	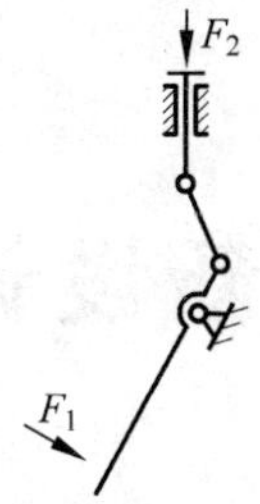	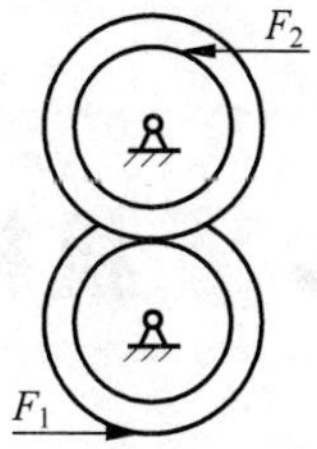	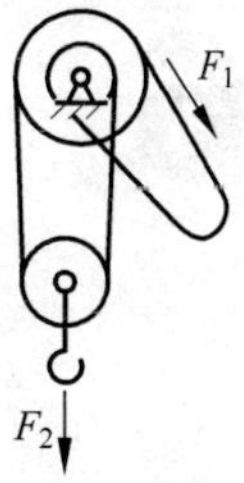
滑轮	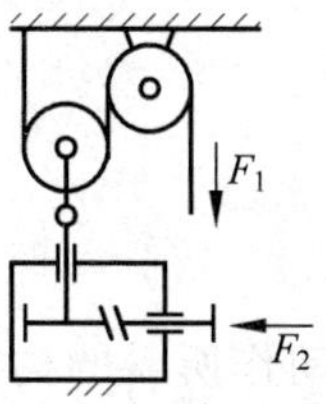	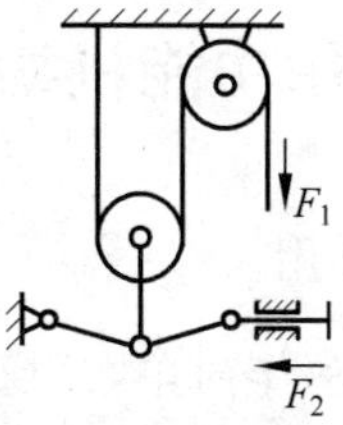	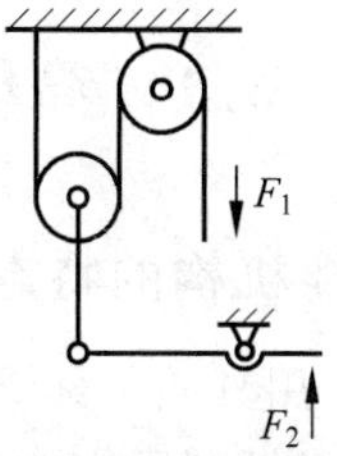	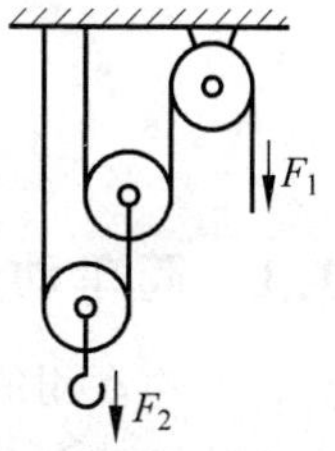

设计目录除包括功能元库以外,还包括组合方法库,可以根据设计的功能要求,通过选择各种基本功能元,并将其进行合理的组合,得到满足功能要求的设计方案。

设计问题具有多解性,通常针对同一组设计要求,设计目录可以提供多组可行的设计方案。设计目录还包含用于对设计方案进行评价和筛选的专家知识库,通过调用这些专家知识,可以对多组设计方案进行评价,并根据评价结果对方案进行筛选,删除其中明显不合理的方案,将其他方案及其评价结果提供给设计者作为选用的参考。

思 考 题

1. 试说明测量(或判断)温度可以采用哪些原理或效应?
2. 以通信设备实现远距离通话或交通工具实现远距离移动为例,说明随着科技发展,其实现功能的原理方案演变过程,从而理解可以采用多种原理实现同一功能。
3. 试用工艺功能设计方法提出垃圾减量的新工艺系统。
4. 以表 5-1 所示部分已知的自然效应为依据,举出 2~3 例依据其中某一类效应设计的创新产品或机械机构、结构、装置等。
5. 试将自行车进行功能分解。根据功能分解的结果,思考其分功能中是否有其他的实现原理,是否可以进一步创新?
6. 基于设计目录方法并按照表 5-5、表 5-6 的形式,试列出可实现位移放大的机构方案。

6 机构创新设计

6.1 简单动作功能机构设计

6.1.1 简单动作功能机构的特点和应用

有一些常用的机械、用具或工具要求的动作简单,完成预期动作所需的构件数量很少,或构件种类较少。这些机械利用构件几何形体的巧妙结合,可以实现相互锁合或相互动作的功能。这些机械的设计方法称为**简单动作功能的求解方法**。

人类使用机械首先是从简单动作机械开始的,例如杠杆、轮轴、刀、锯、弓箭、弩、针线、门窗等。其结构简单,零件数量很少,但是反映了当时的机械设计水平和发展。

直到近代,虽然复杂的机械系统得到了迅速的发展,但是诸如拉链(见图 6-1)、魔方、双动开关、弹子锁、列车挂钩、鼠标、折叠伞等应用简单动作功能的新产品层出不穷,说明简单动作功能的求解仍然是现代机械设计的一个重要内容,值得我们注意和研究。这类机械零件数目不多,所需制造技术和设备一般要求不高,经常是使用者量大面广的产品。所以,一经投入市场,如果受到使用者的欢迎,很容易被仿制。对此,设计者应该采取必要措施(如申请专利等)加以保护。

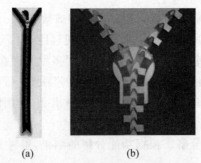

(a) (b)

图 6-1 简单动作功能典型实例(1)——拉链

(a) 最早的拉链;(b) 拉链模型

锁是人们生活中大量使用的产品。弹子锁(见图 6-2)是一种广泛使用的典型结构。由于在不同的应用场合中用户对锁提出了不同的要求,因此设计者创造出多种多样的锁,例如汽车门锁、火车门锁、自行车锁、保险柜锁、旅馆客房门锁、银行保管箱锁等。其中,很多锁是在图 6-2 典型结构的基础上,根据不同需求,做出的多种变型。仔细分析比较各种场合锁的设计,可以对设计要求、产品功能、产品结构的关系有进一步的理解。

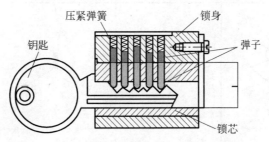

图 6-2 简单动作功能典型实例(2)——弹子锁

6.1.2 机械构件自由度分析

机械的基本功能是实现确定形式的相对运动,因此需要研究构件之间的相对运动关系。如图 6-3(a)所示,一个不受约束的机械构件在空间有 6 个自由度,即沿 X、Y、Z 3 个轴的移动和绕这 3 个轴的转动。这 6 个自由度可以用图 6-3(b)表示。3 根空心坐标轴表示移动方向,未涂黑表示可以沿该方向移动,一半涂黑表示沿该方向可以向一侧移动,另外一侧则不能移动。坐标轴端部的圆圈表示是否可以绕该坐标轴转动,也用是否涂黑表示。两个构件之间常见的连接形式及其对自由度的约束见表 6-1。

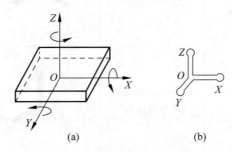

图 6-3 机械构件的自由度
(a) 构件的自由度;(b) 自由度表示方法

简单动作功能具有广泛的用途和宽广的创造空间。简单动作功能通常通过两个构件之间接触面形状的巧妙组合实现,求解简单动作功能时针对所要实现的动作功能(运动规律、运动轨迹),对组成构件的零件的几何形体进行构思。

表 6-1 两个构件的连接形式和相对运动自由度

序号	连接形式简图	连接情况	构件1自由度简图	简单说明
1		一点连接		构件1与构件2在一点相切,构件1有 3个转动自由度; 2个移动自由度(在 Z 方向上需要力或形约束避免连接分离)

续表

序号	连接形式简图	连接情况	构件1自由度简图	简单说明
2	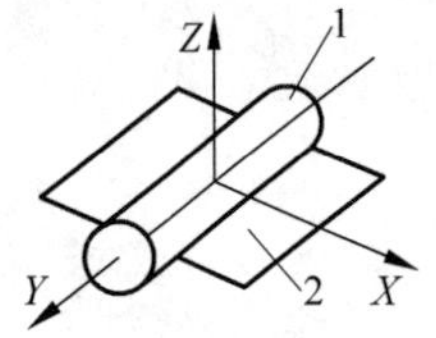	两点连接（线连接）	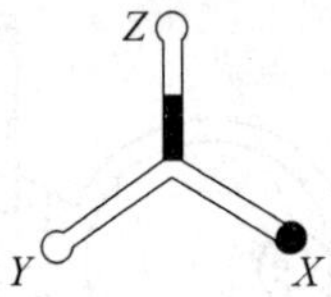	构件1与构件2沿一条线（2个点）接触，构件1有 2个转动自由度； 2个移动自由度（在Z方向上需要力或形约束避免连接分离）
3	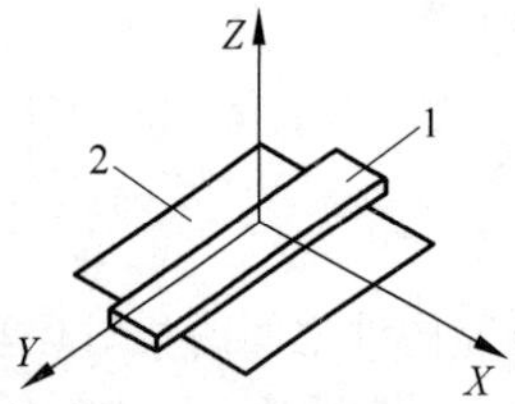	三点连接（平面-平面连接）	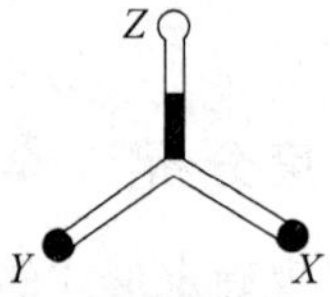	构件1与构件2沿一个平面（3个点）接触，构件1有 1个转动自由度； 2个移动自由度（在Z方向上需要力或形约束避免连接分离）
4	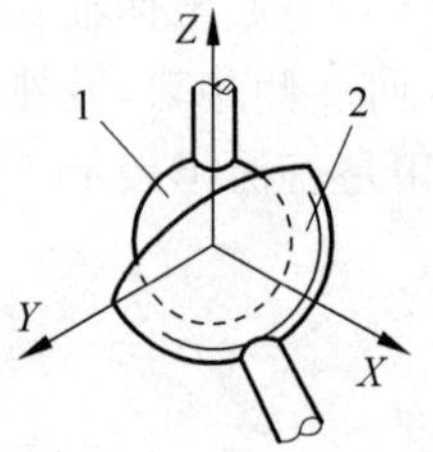	球面-球面连接（球窝连接）	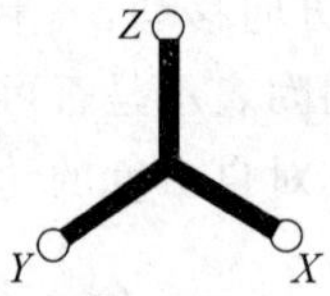	构件1与构件2有一个球形表面连接，构件1有 3个转动自由度； 0个移动自由度
5	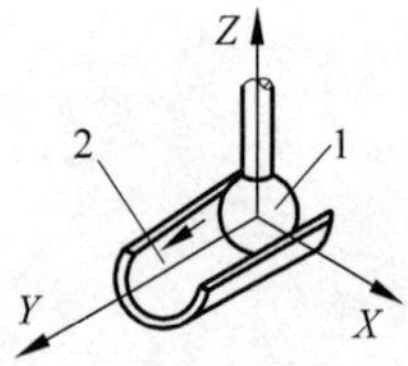	球面-圆柱面连接（环形线连接）	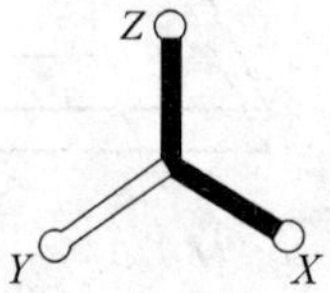	构件1与构件2为球形表面与圆柱表面的连接，构件1有 3个转动自由度； 1个移动自由度
6	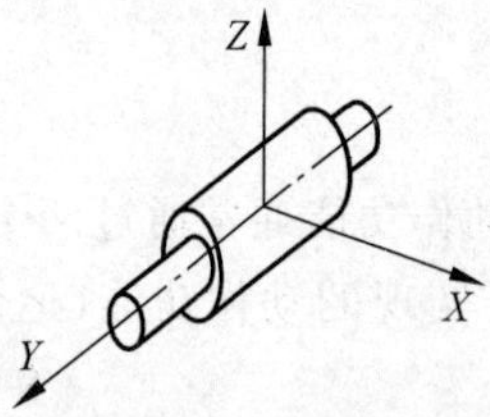	圆柱面-圆柱面连接（双面连接）	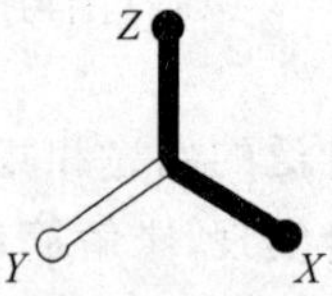	构件1与构件2为一个圆柱形表面连接，构件1有 1个转动自由度； 1个移动自由度

通过对已有的简单动作功能优秀设计实例的分析，可以学到很多巧妙的设计方法。

下面介绍几个利用构件自由度分析方法，分析和设计简单动作功能机构的实例。

图6-4(a)中，两个轴承支承着轴A，由于支承的限制，此轴只有一个绕X轴旋转的自由度，沿X轴只能向右移动，其自由度如图6-4(b)所示。如果再增加一个轴肩，即可限制轴向右移动的可能性（见图6-5）。图6-5所示为两种滑动轴承支承的轴系结构。图6-5(a)所示是一端固定一端游动轴系结构，图6-5(b)所示是两端单向固定轴系结构。

图6-6(a)所示为导轨的运动学原理，其中，1、3、5所构成的连接相当于表6-1的第3种

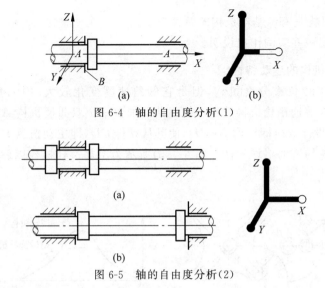

图 6-4 轴的自由度分析(1)

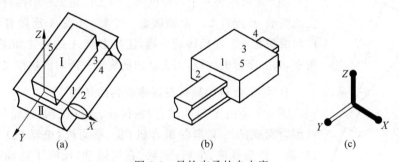

图 6-5 轴的自由度分析(2)

连接形式,2、4 所构成的连接相当于第 6 种连接形式。因此工作台只具有沿 Y 轴方向移动的自由度。图 6-6(b)所示为导轨的结构图,其中,1、3、5 构成一个平面,平面接触有助于增大承载能力,但必须确保其具有良好的平面度。图 6-6(c)所示为导轨的自由度简图,表明工作台可以沿 Y 方向移动。

图 6-6 导轨支承的自由度
(a) 工作原理;(b) 实物结构;(c) 自由度简图

6.2　机构组合创新设计方法

将基本机构进行组合,是机构设计的重要方法。根据工作要求的不同和各种基本机构的特点,常需把几种机构组合起来才能满足工作要求。下面介绍几种常用的机构组合创新设计方法。

6.2.1　机构串联组合方法

机构串联组合是将多个基本机构顺序连接,将前一个机构的输出作为后一个机构的输入的组合方法。

机构串联组合通常为了实现两个目的:

(1) 改善原有机构的运动特性;

(2) 使组合机构具有各基本机构的特性。

下面分别举出一些实例作出说明。

1. 改善原有机构的运动特性

槽轮机构用于转位或分度机构,但是它的角速度变化较大,因而角加速度也较大。图 6-7(a)所示为在普通槽轮机构的主动拨盘前面加装一个双曲柄机构 ABCD,若主动曲柄 AB 等速转动,则设计双曲柄机构 ABCD,使其从动件 CD(即主动拨盘 DE)以变速转动,其结果可以减小槽轮转速的不均匀性。图 6-7(b)所示为增加连杆机构以后,对改善槽轮动力学性能的作用。

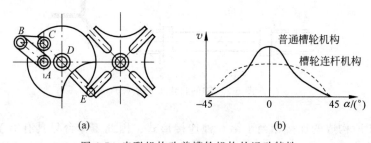

图 6-7 串联机构改善槽轮机构的运动特性
(a) 双曲柄机构与槽轮机构的串联组合;(b) 槽轮角速度变化曲线

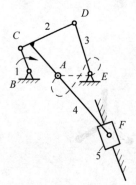

图 6-8 实现从动件两次动程的六杆机构

图 6-8 所示为一个六杆机构。BCDE 组成一个四杆机构,BC 是主动曲柄,在连杆 CD 上固接着一个杆,杆端 A 连接着杆 AF,铰链 F 与滑块相连。曲柄转动一周,连杆上点 A 的轨迹如图 6-8 中虚线所示,为 8 字形的曲线,当主动曲柄旋转一周时滑块往复运动两次。

2. 使组合机构具有各基本机构的特性

图 6-9 是由 V 带传动、齿轮传动、连杆机构、棘轮传动、螺旋传动组合而成的一套串联组合机构。原动机(电动机)单向等速回转,输出件为低速、单向、间歇、直线运动,反映了运动链中每一级传动的功能。

图 6-10 是由椭圆齿轮机构和曲柄滑块机构组合而成的机构。它利用了椭圆齿轮传动把主动齿轮等速转动变成变速转动的功能,按使用要求,设计者可以改变曲柄滑块机构的往复运动速度。

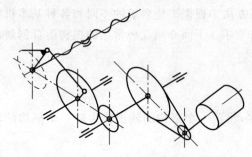

图 6-9 多机构串联组合

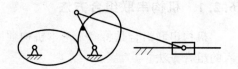

图 6-10 椭圆齿轮曲柄滑块组合机构

6.2.2 机构并联组合方法

机构并联组合中由两个或多个结构相同的基本机构并列布置,按输入和输出机构的不同安排,有如图 6-11 所示的几种结构形式。

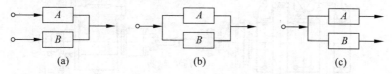

图 6-11 并联机构的类型

(a) Ⅰ型并联;(b) Ⅱ型并联;(c) Ⅲ型并联

1. Ⅰ型并联

Ⅰ型并联是指当一个原动机功率不足时,可以采用多套传动系统,如图 6-11(a)所示。例如,中华世纪坛转动部分重 3000 余吨,装有 192 个车轮,如果只以其中一个车轮为主动轮,则地面的摩擦力有限,不足以产生足够的驱动力。设计者经过反复试验,选用了 16 个车轮为主动轮,各有一套传动系统,成功地解决了转动问题(见图 6-12、图 6-13)。设计此类机构必须注意各套机构的协调配合。此设计是利用控制电动机输出转矩的方法,使各台电动机负载均衡。[①]

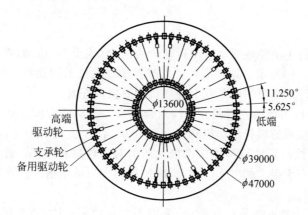

图 6-12 中华世纪坛旋转圆坛支承轮与驱动轮布置图

有些飞机采用 2 个或 4 个发动机,不但能够满足所需的推动力要求,而且在飞行时如果有一个发动机发生故障,不能工作,则靠其余发动机维持飞行,可以避免发生严重事故。

图 6-14 所示 V 形双缸发动机中,2 个气缸成 V 形布置,2 个活塞通过连杆推动各一个曲柄,该机构可以较顺利地通过死点。

图 6-15 所示为一种飞机的襟翼操纵机构。此机构由两个直移油缸各推动一个齿条,使齿轮轴心移动,可以使襟翼的摆动速度加快。若其中一套机构发生故障不能运动,则靠另一套机构仍能完成襟翼的动作要求,只是运动速度为原来的 1/2。设置冗余机构,增加了机器的可靠性。

---

① 王太辰.中国机械设计大典:卷 6[M].南昌:江西科学技术出版社,2001:1067.

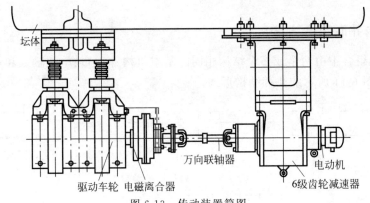

图 6-13 传动装置简图

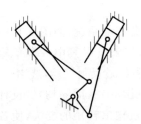

图 6-14 V 形双缸发动机

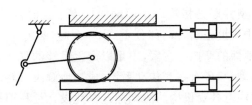

图 6-15 飞机的襟翼操纵机构

2. Ⅱ 型并联

Ⅱ 型并联是指将主动件或原动机的运动分为两个(或更多)运动,再将这两个运动合成一个运动,如图 6-11(b)所示。这种形式可以改善输出构件的运动状态和受力情况,使机构受力自动平衡。设计的主要问题是几个并联机构要协调配合。

图 6-16 所示的压力机由左右两套机构组合而成。主动件为压力缸 1,通过连杆 2 和 2′同时推动两套完全相同的摇杆滑块机构 3、4、5 和 3′、4′、5′。当 3、4(3′、4′)杆接近死点位置时(3、4 接近成一直线时),执行构件 5 以最大压力对工件进行加工。此机构的优点是可以由较小的气缸推力产生很大的工作压力,同时使横向力自动平衡。应该注意的是,两套机构必须严格同步运动。

图 6-17 所示压力机的螺旋杠杆机构,采用了左右螺旋机构,两个螺旋螺距相同而旋向相反,在转动螺旋时,压头可以向上或向下运动。这一机构螺母对螺旋的轴向力可以互相平衡,但是压头下压产生的压力会对螺旋产生弯曲应力,另外速度较慢。

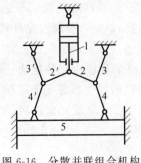

图 6-16 分散并联组合机构

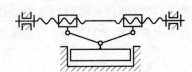

图 6-17 压力机的螺旋杠杆机构

3. Ⅲ型并联

Ⅲ型并联是将一个主动运动分解为两个或多个输出的运动,如图 6-11(c)所示。例如,纺织工业使用的细纱机,一个电动机通过传动装置可以带动 400~500 个纱锭,每一个纱锭以 15000r/min 左右的转速转动,完成纺织细纱的动作要求。

加工光学透镜的抛光机一般是 1 个电动机通过 4 套连杆机构同时加工 4 个光学透镜,如图 6-18(a)所示。图 6-18(b)所示为双滑块驱动送料机构。作往复摆动的主动件 1 推动大滑块 2 和小滑块 4。杆 1 左边的杆端部有一滚子,在大滑块的沟槽中运动,使大滑块左右移动。由于沟槽的作用,使大、小滑块运动规律不同。此机构一般用于工件输送装置。工作时,大滑块在右端位置先接收来自送料机的工件,然后向左移动工件,再由小滑块将工件推出。

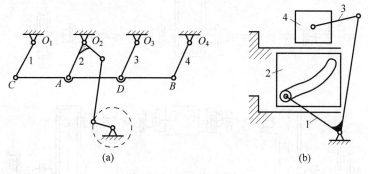

图 6-18 Ⅲ型并联举例
(a) 光学零件抛光机床;(b) 送料机构

在机械中广泛使用并联组合。几套机构之间的同步和配合往往起重要的作用,也是设计者必须注意的问题。图 6-19 所示为工业生产中广泛使用的桥式起重机,其跨度 L 可达 30m 以上。因此其两端的车轮必须同步滚动,否则起重机前进时将出现不稳定。

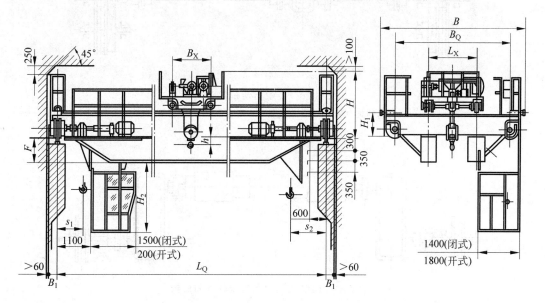

图 6-19 桥式起重机外形和主要尺寸

图 6-20 所示为几种常用的桥式起重机大车集中驱动布置图。其中,图 6-20(a)所示为低速轴集中驱动,传动装置重量大,给起重机增加较大的负担;图 6-20(b)所示为高速轴集中驱动,重量轻,但是传动轴转速高,安装要求高;图 6-20(c)所示为中速轴集中驱动,机构复杂,使用少。图 6-21 所示为两套独立的无机械联系的机构,省去了中间传动轴,自重轻、分组性好、安装和维修方便,当桥架有足够的水平刚度,且轮距 B 与跨度 L 之比 $B/L=1/6 \sim 1/4$ 时,两侧电动机的输出力矩能够互相调节,再加以电气控制采取适当措施,可以达到运行平稳。图 6-19 中采用的就是分别驱动。

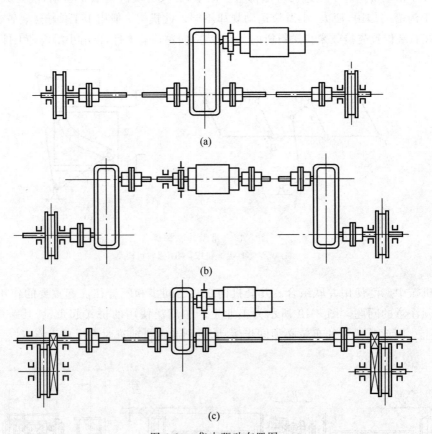

图 6-20 集中驱动布置图
(a)低速轴集中驱动;(b)高速轴集中驱动;(c)中速轴集中驱动

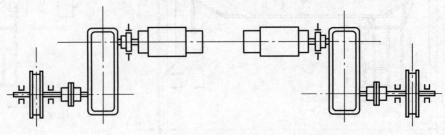

图 6-21 两套独立的无机械联系的机构

有些机器需要几套机构之间的运动互相配合,完成复杂的工艺动作要求。例如,家用脚踏缝纫机的针、梭心、送布牙之间密切配合,可以实现缝纫的功能。

图 6-22 所示为电影放映机的输片机构。凸轮轴为主动轴,当三角凸轮转动时,从动件沿导路上下移动,由于凸轮的圆弧 EF 和 CD 都是以 O 为中心的圆弧(见图 6-22(b)),所以当这两段圆弧与框架接触时,从动件将不动(当圆弧 CD 与框架上边缘接触时,从动件处于最低位置;当圆弧 EF 与框架上边缘接触时,从动件处于最高位置),即三角凸轮每转动 1 周,从动件有两次停歇。另一个圆盘凸轮(图中称为歪盘)是一个局部凸起的薄圆盘,它插入框架的一个沟槽中,设计要求此盘的凸起部分,正好使框架停止运动时,抓片齿从胶片侧面齿孔中进入或脱出,二者的运动配合如图 6-22(a)所示。

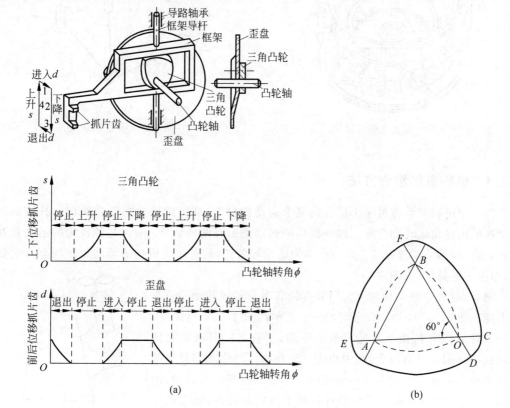

图 6-22 电影放映机的输片机构
(a) 电影放映机抓片机构及凸轮运动配合;(b) 电影放映机凸轮主要尺寸关系

当机构中输出构件和机架之间通过至少两个独立的运动链相连接,且机构具有两个或两个以上的自由度,并以并联方式驱动时,形成的闭环机构称为并联机构。目前并联机构是机构设计研究的热点问题之一。图 6-23 所示为用于航天飞船对接器的对接机构和对接模拟器的并联机器人。它是一个六自由度的并联机器人,可以完成主动抓取、对正、拉紧柔性连接以及锁住、卡紧等一系列工作。此外,还有吸收能量和减振的作用,可以保证对接任务的顺利进行。

图 6-24 所示是一种由并联机构组成的并联机器人,可以用于大型雷达或射电望远镜等设备,也可以作为并联机床,具有刚度质量比大、移动速度快、易于实现模块化设计和制造成

本低等特点。然而纯六自由度并联机床位置解析困难,姿态能力差,控制复杂,因此,目前有一种向少自由度或串并联混合发展的趋势。

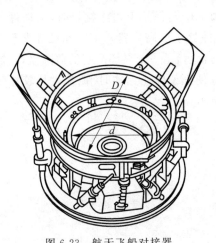

图 6-23 航天飞船对接器

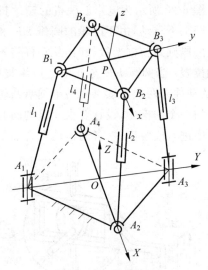

图 6-24 并联机器人

6.2.3 机构叠加组合方法

将一个机构安装在另一个机构的某个运动构件上,即可组成叠加组合机构。其输出运动是各机构输出运动的合成。这种机构的运动关系有两种情况:一种是各机构的运动是互相独立的,称为运动独立式;另一种称为运动相关式,其各组成机构的运动相互间有一定影响,如摇头电风扇(见图 6-25)。

图 6-26(a)中轴①相对于套筒只有绕其本身轴线转动的一个自由度。图 6-26(b)中①②之间的 -5 表示约束了 5 个自由度,套筒②对于基座 B 由于齿轮齿条的作用,二者之间只有沿套筒②轴线运动的一个自由度,图中也用 -5 表示。因此轴①对于基座有两种自由度——沿本身的轴线移动和绕其本身轴线转动,图中用 $+2$ 表示。这一组合机构具有各基本机构的特性,轴①的运动是两种运动的合成。

图 6-25 电风扇摇头机构

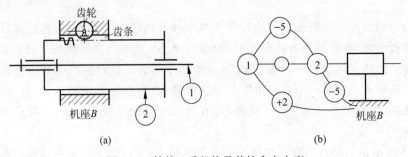

图 6-26 轴的二重机构及其综合自由度

图 6-27 所示为一液压挖掘机结构图,由 3 套液压摆缸机构组成,各套机构组成情况见表 6-2。

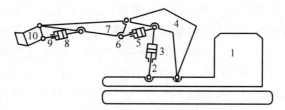

图 6-27　液压挖掘机结构图

表 6-2　液压挖掘机中各机构组成情况

机　构	组成构件	主动构件	输出构件	机架
第 1 套机构	1、2、3、4	液压缸 3	4	1
第 2 套机构	4、5、6、7	液压缸 5	7	4
第 3 套机构	7、8、9、10	液压缸 8	10	7

6.2.4　机构反馈组合方法

机构反馈组合是从主机构的运动过程中提取出信息,实时地输入主机构中去(这一方法称为**反馈**),使其运动情况产生适当的变化。图 6-28 就是利用机构反馈组合方法提高车床螺旋传动精度的实例。车床由电动机经传动装置带动主轴及安装在其上的工件转动,主轴与刀具之间有变换齿轮,带动丝杠传动,使刀具可以按要求切出某一导程的螺纹。为了提高螺旋传动的精度,在车床床身上安装了校正板,此板通过顶杆、杠杆齿轮使螺母产生附加转动。如果事先测定螺旋传动的误差,按反馈校正的要求制作校正板的曲线,则可以减小车床加工螺纹的螺距误差。

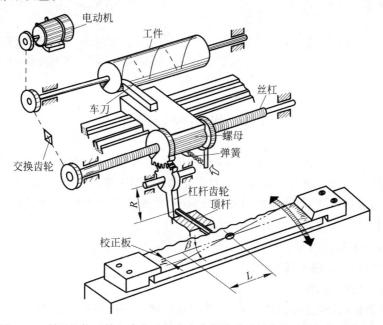

图 6-28　利用机构反馈组合方法提高车床螺旋传动精度的反馈机构工作原理

机构反馈补偿可以提高加工精度,是一种广泛运用的方法。图 6-29 所示为一种圆刻度机传动系统简图。电动机经过带轮和减速箱带动曲柄作单向连续转动,曲柄通过连杆使扇形齿轮左右摆动,扇形齿轮带动空套在轴Ⅰ上的小齿轮使棘轮罩摆动,使固定在棘轮罩上的棘轮爪摆动,从而使棘轮向一个方向间歇运动。棘轮与轴Ⅰ之间有键连接,因此轴Ⅰ经齿轮传动和蜗杆传动使工件轴向一个方向作间歇转动,完成工件轴上被加工零件的分度运动。分度运动与刻刀运动配合(刻刀机构未在图 6-29 中显示),可以完成度盘的刻制。在圆刻度机传动系统中,蜗杆传动要求具有很高的精度,而且传动比很大。还可以利用图 6-30 所示的反馈补偿机构,进一步提高蜗杆传动的精度。

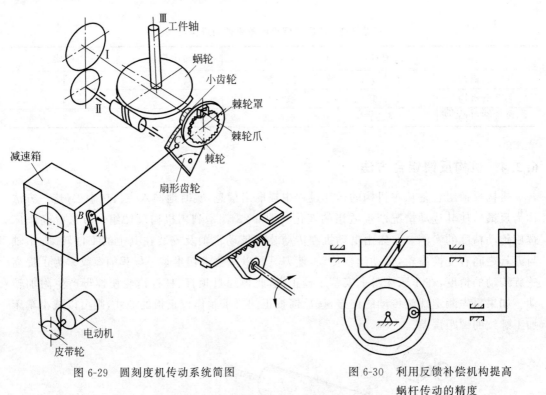

图 6-29　圆刻度机传动系统简图

图 6-30　利用反馈补偿机构提高蜗杆传动的精度

6.3　机构变异设计

变异设计是通过改变现有设计中的某些结构和参数,创造新的设计方案的创新设计方法。在机构设计工作中,创立全新的机构是很重要的,但是根据工作要求,对已有的机构加以适当的改变,或称为**变异**,达到使用要求,也是一种重要的设计方法,而且由于对这些机构有一定的使用经验,成功的机会更高一些。

机构变异的主要目的如下:
(1) 改变机构运动的不确定性;
(2) 开发机构的新功能;
(3) 研发新机构,改善机构的受力状态,提高机构的强度、刚度或精度。

为了实现上述目的,常采用的演化变异方法有:
(1) 利用构件的运动性质进行演化变异;
(2) 改变构件的结构形状和尺寸;
(3) 在构件上增加辅助机构;
(4) 改变构件的运动性质。
下面介绍几种常用的机构变异设计的方法和实例。

6.3.1 机架变异

1. 全转动副的四连杆机构机架变异

图 6-31 所示为由一种全转动副的四连杆机构改变机架得到的 4 种连杆机构。其中,图 6-31(a)和图 6-31(c)所示为曲柄摇杆机构;图 6-31(b)所示为双曲柄机构;图 6-31(d)所示为双摇杆机构。

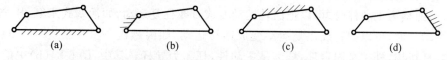

图 6-31 全转动副的四连杆机构改变机架得到的 4 种连杆机构

某光学仪器厂为了把棱镜边缘磨制成半圆形,需要设计一套装置,每 20s 正反转 180°。该厂研制的装置如图 6-32(a)所示。电动机输出的转速经带传动和蜗杆传动减速,传递到蜗轮 z_4 的转速为 3r/min。设计一个曲柄摇杆机构,其两极限位置如图 6-32(b)和图 6-32(c)所示,摇杆机构两极限位置之间的转角为 $\beta_1 - \beta_2$。设计一级齿轮传动机构,使其齿数为 $\dfrac{z_5}{z_6} = -\dfrac{180°}{\beta_1 - \beta_2}$,从而实现工作台正反转 180°的功能。

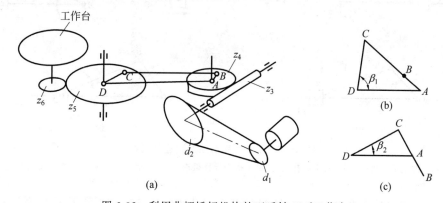

图 6-32 利用曲柄摇杆机构的正反转 180°工作台

双曲柄机构的运动特性如图 6-33 右上所示。连杆延长线上点 E 的运动轨迹近似是一条直线。这种机构可以用于起重、堆料或传递物件的设备。图 6-33 中,电动机带动圆盘转动,圆盘上的销在摇杆的槽中使其摆动。连杆的端点 E 装有推料头。摇杆在范围 α 内转动时,推料头在 $E' - E$ 范围内作近似直线运动,实现推料工作。

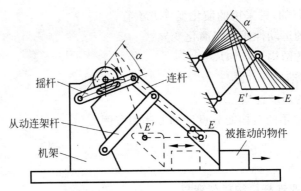

图 6-33 双摇杆机构运动特性及其应用——用于堆料设备

2. 含一个移动副的四连杆机构机架变异

含一个移动副的四连杆机构也是一种使用广泛的结构形式。图 6-34(a)所示为曲柄滑块机构,当曲柄为主动件时,可以把回转运动变成直线往复运动,如活塞式水泵、压缩机;当滑块为主动件时,可以把直线往复运动变成回转运动,如内燃机。图 6-34(b)~(d)所示都是曲柄导杆机构,杆 1 是固定件,杆 2 是主动件,杆 4 为导杆。其中,图 6-34(b)中的杆 2 和杆 4 都可以旋转 360°,这种机构用于旋转液压泵;图 6-34(c)中的杆 2 是主动件,杆 4 为导杆,只能作摆动,这种机构有急回的运动特性,用于牛头刨床或插床的主体运动机构;图 6-34(d)所示是曲柄摇块机构,一般以杆 1 或杆 4 为主动件,作转动或摆动,导杆 4 相对于滑块 3 作移动并与滑块一起绕 C 点摆动,此时 C 称为摇块。图 6-34(e)所示是移动导杆机构,一般以杆 1 为主动件,用于抽水机和液压泵。

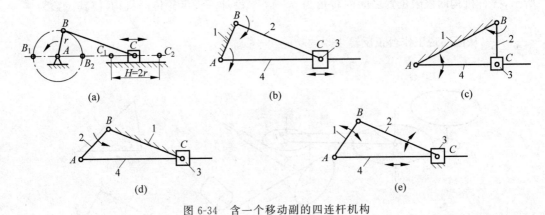

图 6-34 含一个移动副的四连杆机构
(a) 曲柄滑块机构;(b) 转动导杆机构;(c) 摆动导杆机构;(d) 曲柄摇块机构;(e) 移动导杆机构

图 6-35 所示是两种汽车自动卸料的机构。其中,图 6-35(a)采用了双摇杆机构(见图 6-31(d)),杆 AD 为车架,是静止件;AB 和 CD 是摇杆。当活塞从液压缸向右伸出时,使摇杆摆动,车斗左边抬起,使车斗内物品自动卸下;活塞向左缩回时,摇杆反转,车斗复原。图 6-35(b)采用了曲柄摇块机构(见图 6-34(d)),BC 为固定件(杆 2),杆 4 为活塞杆,也就是导杆液压缸为摇块,可以绕点 C 转动。当液压缸推动活塞杆向右上方伸出时,杆 1(车斗)绕点 B 转动,使物品自动卸下;活塞向左缩回时,杆 1 反转,车斗复原。

6 机构创新设计

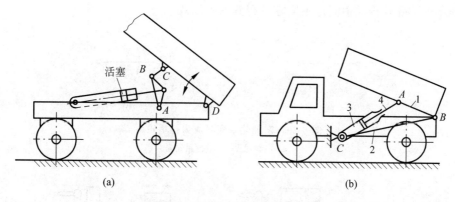

图 6-35 两种汽车自动卸料的机构
(a) 采用曲柄摇块机构＋双摇杆机构；(b) 采用曲柄摇块机构

3. 双滑块机构机架变异

图 6-36 给出了 4 种双滑块机构机架变异的结构。其中，图 6-36(a)所示为双滑块机构，常用于椭圆画图仪器；图 6-36(b)和图 6-36(c)所示为正弦机构，常用于压缩机(见图 6-37)；图 6-36(d)所示为双转块机构，常用于十字滑块联轴器(见图 6-38)。

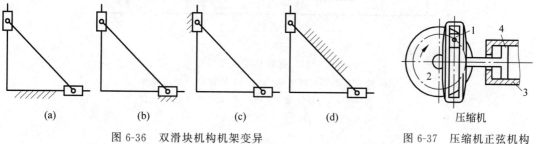

图 6-36 双滑块机构机架变异
(a) 双滑块机构；(b)、(c) 正弦机构；(d) 双转块机构

图 6-37 压缩机正弦机构

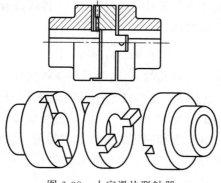

图 6-38 十字滑块联轴器

4. 其他机构机架变异

在机构设计中广泛运用机架变异的方法，如定轴轮系变异成为行星轮系(见图 6-39)。

图 6-40 示出了螺旋传动中固定不同零件得到的不同效果。

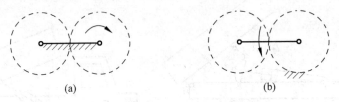

图 6-39 定轴轮系变异成为行星轮系
(a) 定轴轮系；(b) 行星轮系

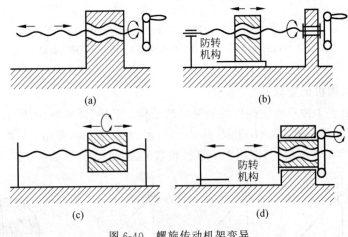

图 6-40 螺旋传动机架变异
(a) 螺母固定,螺旋转动+移动；(b) 螺旋转动,螺母移动；
(c) 螺旋固定,螺母转动+移动；(d) 螺母转动,螺旋移动

6.3.2 运动副尺寸变异

众所周知,曲柄滑块机构可以看作是曲柄摇杆机构的摇杆无限加长而形成的,这种方法不但指出了各种机构之间的关系和联系,而且提示了一种通过改变机构的参数形成另一种新机构的方法。下面介绍一些实例。

1. 扩大转动副尺寸

加大连杆机构销轴的直径和轴孔的直径,而不改变各构件之间的相对运动关系所形成的结构,常用于泵、压缩机、冲床等。图 6-41 所示是颚式破碎机的偏心轴机构。带轮带动偏心轴转动,动颚安装在偏心轴上,动颚下面有杆,以铰链与动颚和机座相连。在偏心轴转动时动颚作复杂的平面运动。在动颚和固定颚上均装有颚板。颚板的硬度很高而且有齿,两个颚板之间间隙的变化,使中间的物料破碎,被破碎的物料在重力作用下落下。

2. 扩大移动副尺寸

图 6-42～图 6-44 所示为 3 个扩大移动副尺寸的实例。

图 6-42 所示为一个由正弦机构构成的冲压机构。将移动副 C 的尺寸扩大,将转动副 A 和移动副 B 包括在其中。由于滑块的质量很大,可以产生很大的冲压力。

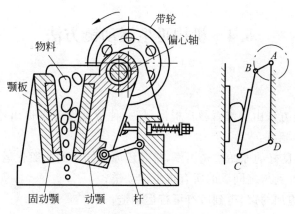

图 6-41 颚式破碎机的偏心轴机构

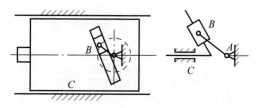

图 6-42 冲压机构移动副扩大——正弦机构

图 6-43 所示为一个由曲柄滑块机构构成的冲压机构。将移动副 C 的尺寸扩大,将转动副曲柄 AB 和转动副 A、B、C 都包括在其中。

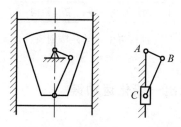

图 6-43 冲压机构移动副扩大——曲柄滑块机构

图 6-44 所示为一个往复凸轮分度机构。将移动副 B 的尺寸扩大,将转动副 A 和三角形凸轮及其与滑块接触的高副 C 均包括在其中。图 6-44(a)所示为锁紧位置,该机构工作时,滑块左右移动,推动三角形凸轮间歇转动,每次转过 60°;图 6-44(b)所示为滑块左移,推动凸轮顺时针转动。加大滑块尺寸,改善了机构的受力状态和动力效果。

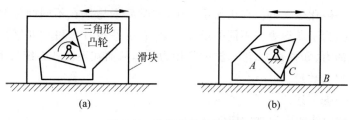

图 6-44 往复凸轮分度机构

6.4　机构再生运动链方法

6.4.1　概述

机构再生运动链方法由颜鸿森教授提出,是一种帮助设计者提出适用的新机构方案的方法。此法的主要步骤有:

(1) 从一个性能良好的原始机构出发,将其还原为同源的一般化运动链;

(2) 根据推理,得到与之同源的所有再生运动链;

(3) 通过筛选,施加约束,得到所有可行运动链;

(4) 再通过评价、选择,得到最适宜的机构。

图 6-45 简单说明了这一方法的主要步骤。

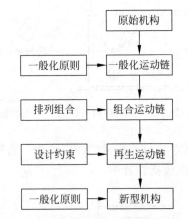

图 6-45　机构再生运动链法创新设计流程

6.4.2　确定原始机构及找出一般化运动链

1. 确定原始机构

设计师首先要确定一个原始机构,这一机构能够满足提出的功能要求。原始机构可以出自已有的设计、产品、样本、设计手册等,也可以是设计者按照使用要求,自行创新设计得到的。

2. 形成一般化机构

机构一般化的工作要求是把包含不同类型杆件与移动副的原始机构,转化成只含刚性连杆和转动副的一般化运动链。在机械系统中,力学要素施加在不同的位置也会带来系统结构的差异,因此,为了获得更多不同的设计方案,在一些设计中可用Ⅱ级杆组代替成对作用在两个构件上的力(如弹簧力、液压缸的作用力等),从而在不改变系统自由度的前提下增加运动链基本构型的数量。

机构一般化根据下述的一般化原则:

(1) 将非刚性构件转化为刚性构件;

(2) 将非连杆转化为连杆;

(3) 将高副转化为低副;

(4) 将非转动副转化为转动副;

(5) 将机构转化为运动链;

(6) 转化中保持自由度不变。

其中,高副、滚动副(纯滚动)、移动副,以及常见力学要素(如弹簧、液压缸等)的一般化可按表 6-3 的方式实施。

3. 形成一般化运动链

一般化运动链是将一个一般化机构释放机架和消除复合铰链而形成的。

图 6-46 所示为凸轮机构及其一般化运动链,图 6-47 所示为齿轮机构及其一般化运动链,图 6-48 所示为力作用构件及其一般化运动链,图 6-49 所示为夹持机构及其一般化运动链。

表 6-3 机构一般化图例

名称	图例	一般化	说明
弹簧			两构件之间的弹簧连接,用Ⅱ级杆组(A型)代替,在中间铰链标志 S
滚动副			两构件之间纯滚动接触,形成滚动副,用转动副 R 代替
高副			构件 1、2 组成高副,O_1 和 O_2 表示接触点曲率中心,以一杆(HS)、两转动副(O_1 和 O_2)代替
移动副			移动副用转动副代替并标 P
液压缸/气缸			两构件之间构成变长度杆,用Ⅱ级杆组代替,并在中间铰接点标 H
力			构件 1、2 之间作用力 F,该力的作用效果等价于弹簧力,可用Ⅱ级杆组代替,主动力标 F_p,阻力标 F_r

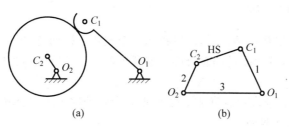

图 6-46 凸轮机构及其一般化运动链

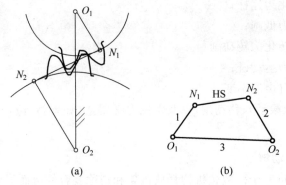

图 6-47 齿轮机构及其一般化运动链

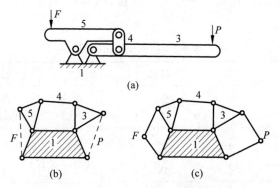

图 6-48 力作用构件及其一般化运动链

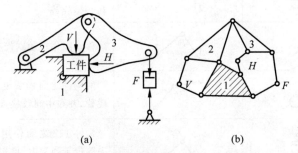

图 6-49 夹持机构及其一般化运动链

6.4.3 运动链连杆类配

将机构转化为一般化运动链后,可以得到一个或几个运动链,每一个运动链中包含不同数量的运动副和杆,这些运动链的总合称为**连杆类配**。运动链中的连杆类配可以表示为

$$LA(L_2/L_3/L_4/L_5\cdots L_n)$$

式中,$L_2,L_3,\cdots,L_n$ 分别表示具有 2 个运动副、3 个运动副……n 个运动副的连杆数量。

连杆类配分为以下两种:

(1) 自身连杆类配。指原始机构的一般化运动链(简称原始运动链)的连杆类配。

(2) 相关连杆类配。按运动链自由度不变的原则,由原始运动链推出与其有相同连杆

数和运动副数的连杆类配。据此原理,可以给出相关连杆类配应满足的两个方程式:

$$L_2+L_3+L_4+L_5+\cdots+L_n=N(连杆数量不变) \tag{6-1}$$

$$2L_2+3L_3+4L_4+5L_5+\cdots+nL_n=2J(运动副数量不变) \tag{6-2}$$

式中,N 为运动链中的连杆总数;J 为运动链中的运动副总数。

下面以六杆机构为例进行运动链连杆类配。

设:自由度 $F=1$,杆件数 $N=6$,运动副数 $J=7$,假设没有复合铰链。则

$$3(N-1)-2J=F=1$$

设具有 n 个运动副的杆件数量为 L_n,则

$$2L_2+3L_3+4L_4+5L_5+\cdots+nL_n+\cdots=2J=14$$

$$L_2+L_3+L_4+L_5+\cdots+L_n+\cdots=N=6$$

分析表明,如果其中一个杆件的运动副数量≥5,即使其余杆件的运动副数量均为最少(=2),也会使总运动副数量大于14,与假设出现矛盾,所以只可能有以下两种可能的解答:

$L_4=1,\quad L_2=5$

$L_3=2,\quad L_2=4$

以上两种类配方案可以表示为 LA=(5/0/1) 和 LA=(4/2)。由 LA=(5/0/1) 组成的运动链如图 6-50 所示,其左面 3 根杆没有相对运动,而形成一个桁架结构。因此,这一运动链实际上退化为一个自由度的四杆机构,不再是六杆机构,应该予以剔除。所以六杆机构的解答只有一种方案,即 LA=(4/2)。

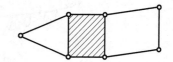

图 6-50 LA(5/0/1)组成的运动链

6.4.4 组合运动链和优化运动链

这一阶段包括以下工作:

(1) 根据机构综合理论,得到与一般化运动链杆件数量相同、运动副数量相同的全部可能的运动链。

(2) 特定化运动链。通过施加约束,筛选所有不符合设计要求的运动链。

(3) 优化运动链。通过对所有符合设计要求的运动链进行评价、比较,得到最适宜的机构。

根据六杆机构类配的一种形式,如 LA=(4/2),按其中两个三副杆是否直接铰接,可以形成两种基本组合运动链(A 型和 B 型),在此基本型的基础上还可以派生出两种组合运动链(C 型和 D 型),如图 6-51 所示。

A 型(见图 6-51(a))运动链的两个三副杆不直接铰接,也称为斯蒂芬孙型。

B 型(见图 6-51(b))运动链的两个三副杆直接铰接,也称为瓦特型。

C 型(见图 6-51(c))运动链是在 A 型或 B 型运动链的基础上,使连杆1、4 与连杆5 构

成复合铰链。

D 型(见图 6-51(d))运动链是在 C 型运动链的基础上,使杆 2、3 与杆 6 构成复合铰链。

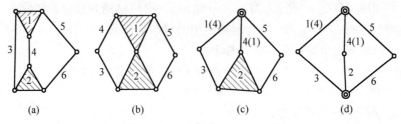

图 6-51 六杆机构组合运动链

(a) A 型;(b) B 型;(c) C 型;(d) D 型

6.4.5 实例分析

下面以摩托车尾部悬挂装置的创新设计为例,进一步说明机构类型的再生创新设计的步骤和方法。图 6-52 所示是五十铃摩托车悬挂装置的结构图和机构简图。

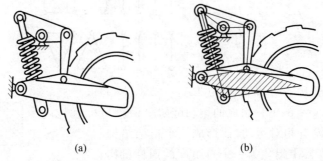

图 6-52 五十铃摩托车悬挂装置的结构图和机构简图

(a) 结构图;(b) 机构简图

机构简图如图 6-53(a)所示。用二级杆组替换图中的减振器,并去除机架,得到只包含刚性连杆和转动副的一般化运动链,如图 6-53(b)所示。由图 6-53(b)可知,此运动链为六杆运动链。按图 6-51(a)所示 A 型运动链和图 6-51(b)所示 B 型运动链,可以组合出多种机构,设计这些机构的约束条件有:

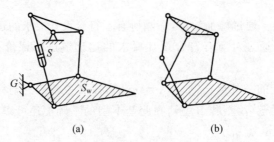

图 6-53 产生摩托车悬挂装置一般化运动链图

(a) 机构简图;(b) 一般化运动链图

(1) 必须有一个减振器 S；
(2) 必须有一个机架 G；
(3) 必须有一个用于安装车轮的摆动杆 S_w；
(4) 减振器 S、机架 G 和摆动杆 S_w 必须是不同的构件；
(5) 摆动杆 S_w 必须与机架 G 相邻。

通过施加以上约束，可以组成 6 种方案，如图 6-54 所示。

根据以上机构设计方案，可以得到图 6-55 所示的机构简图。这些机构设计方案在不同的摩托车悬挂装置设计中被采用。

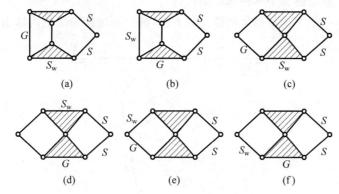

图 6-54　摩托车悬挂装置机构的 6 种设计方案

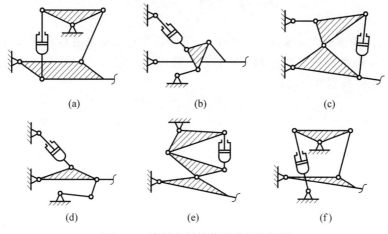

图 6-55　摩托车悬挂装置的机构简图

思　考　题

1. 如图 6-56 所示的气动压紧机构，构件 5 为压紧杆，气缸部件为动力源，要求气缸与机架固结或铰接。试按一般化原则将该机构转换为一般化运动链，简述具体转换步骤。

2. 图 6-57 所示为牛头刨床的机构简图。

(1) 试按一般化原则将该机构转换为一般化运动链；

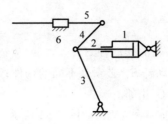

图 6-56　气动压紧机构

(2) 试判断该运动链属于哪种基本类型；

(3) 试给出不少于 3 种新的运动链变异方案，并绘制出相应的机构简图。

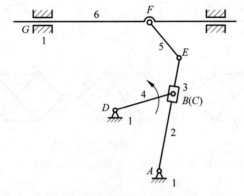

图 6-57　牛头刨床的机构简图

3. 窗户启闭操纵机构常采用六杆机构，试应用再生运动链法进行六杆机构设计。要求操纵机构的主动构件是一个能相对转动的构件（轴线不一定固定）；按不含移动副及含有一个移动副约束条件分别进行设计。

7 结构创新设计

7.1 结构设计的意义

机械结构是机械功能的载体,是功能实现的物质基础,是机械设计中各种分析过程的对象。**机械结构设计**是在原理方案设计和机构设计的基础上,确定机械装置的详细结构与参数的设计过程。结构设计过程要确定机械装置的结构组成及其装配关系,确定所有零件的具体形状、尺寸、精度、材料、热处理方式及表面状态。

机械结构设计是机械设计中最活跃的要素,其结果要能够可靠地实现给定的功能要求,满足在已有的工艺方法体系下的可实现性(可加工、可运输、可装配、可检验和最大限度的可回收利用),同时要满足安全性、经济性以及美观、环保等方面的要求。机械结构设计的多解性表明,存在众多满足设计要求的机械结构解。机械结构设计的目标是在众多的可行解中找到较好的解。本章分析寻求较好结构解的方法。

7.2 结构变异创新设计方法

创造性思维在机械结构设计中的重要应用之一是结构变异设计方法。

结构变异设计方法能使设计者从一个已知的可行结构方案出发,通过变异设计,得到大量的可行方案。

变异设计的目的是寻求满足设计功能要求的、独立的结构设计方案,以便通过参数设计得到优化的结构解。通过变异设计所得到的独立的设计方案数量越多,覆盖的范围越广泛,通过参数设计得到全局最优解的可能性就越大。

变异设计方法以已有的可行设计方案为基础,通过有序地改变结构的特征,得到大量的结构方案。变异设计的基本方法是通过对已有结构设计方案的分析,得出描述结构设计方案的技术要素的构成,然后再分析每一个技术要素的合理的取值范围,通过对这些技术要素在各自的合理取值范围内的充分组合,就可以得到足够多的独立的结构设计方案。

例如,图 7-1 所示为一种销连接结构,销的材料、

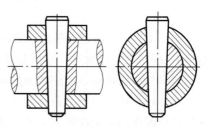

图 7-1 销连接结构

形状、尺寸、位置、方向、数量等参数构成了描述销连接结构方案的技术要素,对这些技术要素在合理的取值范围内进行变异,就可以得到多种新的销连接结构方案。

7.2.1 工作表面的变异

在构成零件的多个表面中,有些表面与其他零件或工作介质直接接触,这些表面称为零件的工作表面。零件的工作表面是决定机械装置功能的重要因素,其设计是零部件设计的核心问题。通过对工作表面的变异设计,可以得到实现同一功能的多种结构方案。

工作表面的形状、尺寸、位置等参数都是描述它的独立技术要素,通过改变这些要素可以得到关于工作表面的多种设计方案。

图 7-2 描述的是通过对螺栓和螺钉的头部形状进行变异所得到的多种设计方案。其中,图 7-2(a)~(c)的头部形状使用一般扳手拧紧,可获得较大的拧紧力矩,但不同的头部形状所需的最小工作空间(扳手空间)不同;滚花型(见图 7-2(d))和元宝型(见图 7-2(e))的头部形状用于手工拧紧,不需专门工具,使用方便;图 7-2(f)~(h)的扳手作用于螺钉头的内表面,可使螺纹连接结构表面整齐美观;图 7-2(i)~(l)分别是用十字形螺丝刀和一字形螺丝刀拧紧的螺钉头部形状,拧紧过程所需的工作空间小,但拧紧力矩也小。可以想象,有许多可以作为螺钉头部形状的设计方案,不同的头部形状需要用不同的工具拧紧,在设计新的螺钉头部形状方案时要同时考虑拧紧工具的形状和操作方法。

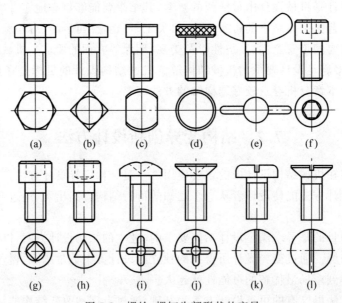

图 7-2 螺栓、螺钉头部形状的变异

图 7-3 所示为通过接触面互换的方法所实现的凸轮挺杆机构变异。在图 7-3(a)所示的结构中,挺杆与摇杆通过一球面相接触,球面固定在挺杆上,当摇杆的摆动角度变化时,摇杆端面与挺杆球面接触点的法线方向随之变化。由于法线方向与挺杆的轴线方向不平行,挺杆与摇杆间作用力的压力角不等于零,会产生横向力,横向力需要与导轨支撑反力相平衡,支撑反力派生的最大摩擦力大于轴向力时会造成挺杆卡死。如果将球面变换到摇杆上,如图 7-3(b)所示,则接触面上的法线方向始终平行于挺杆轴线方向,有利于防止挺杆被卡死。

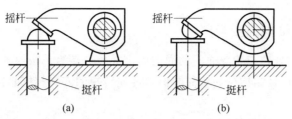

图 7-3 摇杆与挺杆工作表面位置的变换

图 7-4 所示为 V 形导轨结构的两种设计方案。在图 7-4(a)所示结构中,上方零件(托板)导轨断面形状为凹形,下方零件(床身)为凸形,在重力作用下摩擦表面上的润滑剂容易自然流失。如果改变凸、凹零件的位置,使上方零件为凸形,下方零件为凹形,如图 7-4(b)所示,则有利于改善导轨的润滑状况。

图 7-5 所示为棘轮-棘爪结构图,描述棘轮-棘爪结构的技术要素包括轮齿形状、轮齿数量、棘爪数量、轮齿位置和轮齿尺寸等。图 7-6 表示通过对这些要素的变异得到的新结构,其中,图 7-6(a)~(c)表示对轮齿形状进行变异的结果,图 7-6(d)和图 7-6(e)表示对轮齿数量进行变异的结果,图 7-6(f)和图 7-6(g)表示对棘爪数量进行变异的结果,图 7-6(h)和图 7-6(i)表示对轮齿位置进行变异的结果,图 7-6(j)和图 7-6(k)表示对轮齿尺寸变异的结果。

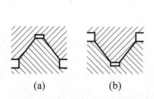

图 7-4 V 形导轨结构的两种设计方案

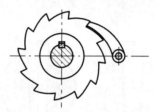

图 7-5 棘轮-棘爪结构图

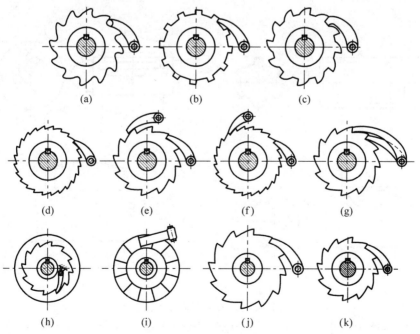

图 7-6 棘轮结构的变异

7.2.2 轴毂连接结构的变异

轴毂连接结构实现轴与轮毂之间的周向固定并传递转矩。按照轴与轮毂之间传递转矩的方式,可以将轴毂连接结构分为依靠摩擦力传递转矩的方式和依靠接触面形状,通过法向力传递转矩的方式。

根据物理原理进行连接的方法称为**锁合**。依靠接触面的形状,通过法向力传递转矩的方式称为**形锁合连接**。图 7-7 所示的各种非圆截面都可以构成形锁合连接,但是由于非圆截面不容易加工,所以应用较少。应用较多的是在圆截面的基础上,通过打孔、开槽等方法构造出不完整的圆截面,通过变换这些孔或槽的尺寸、数量、形状、位置、方向等参数可以得到多种形锁合连接。图 7-8 所示为常用的通过不完整的圆截面构成的形锁合连接结构。

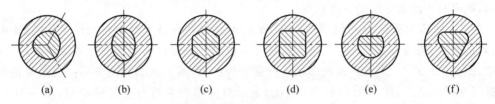

图 7-7 非圆截面轴毂连接
(a) 摆线;(b) 椭圆形;(c) 六角形;(d) 正方形;(e) 带切口圆形;(f) 三角形

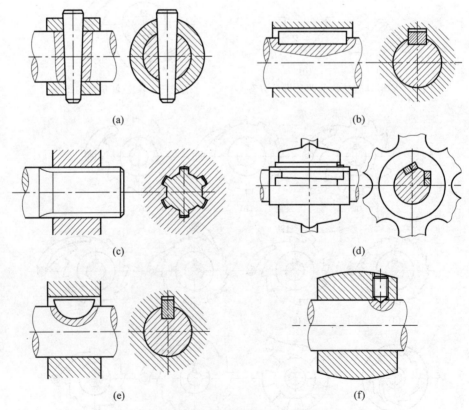

图 7-8 不完整圆截面形锁合连接
(a) 销连接;(b) 平键连接;(c) 花键连接;(d) 切向键连接;(e) 半圆键连接;(f) 紧定螺钉连接

依靠接触面间的压紧力所派生的摩擦力传递转矩的轴毂连接方式称为**力锁合连接**。圆柱面过盈连接是最简单的力锁合连接,它通过控制轴和孔的公差带位置关系获得轴与孔的过盈配合,装配后的轴与孔结合紧密,接触面间产生较大的法向压力,可以派生出很大的摩擦力,既可以承担转矩,也可以承担轴向力。但是过盈连接对加工精度要求高,装配和拆卸都不方便,在配合面端部引起较大的应力集中。为了构造装、拆方便的力锁合连接结构,必须使被连接的轴和孔表面间在装配前无过盈,装配后通过调整等方法使表面间产生过盈,拆卸过程则相反。

基于这一目的,不同的调整结构派生出不同的力锁合轴毂连接形式,常用的力锁合连接方式有楔键连接、弹性环连接、圆锥面过盈连接、紧定螺钉连接、容差环连接、星盘连接、压套连接、液压胀套连接等,其中有些是通过在结合面间楔入其他零件(楔键、紧定螺钉)或介质(液体)使其产生过盈,有些则是通过调整使零件变形(弹性环、星盘、压套),从而产生过盈。常用的力锁合轴毂连接方式的结构如图 7-9 所示。这些连接结构中的工作表面包括最容易加工的圆柱面、圆锥面和平面,以及可用大批量加工方法加工的专用零件(如螺纹连接件、星盘、压套等)表面,这是通过变异设计方法设计新型连接结构时必须遵循的原则,否则即使新结构在某些方面具有一些优秀的特性,也难以推广使用。在以上各种连接结构中没有哪一种结构是在各方面的特性都较好的,但是每一种结构都在某一方面或某几方面具有其他结构所没有的优越性,正是这种优越性使它们具有各自的应用范围和不可替代的作用。任何一种新开发的新型连接结构,只有具备某种优于其他结构的突出特性才可能在某些应用中被采用。

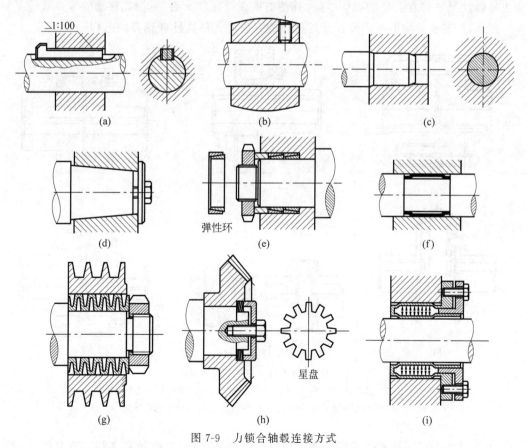

图 7-9 力锁合轴毂连接方式

(a) 楔键连接;(b) 平端紧定螺钉连接;(c) 圆柱面过盈连接;(d) 圆锥面过盈连接;
(e) 弹性环连接;(f) 容差环连接;(g) 压套连接;(h) 星盘连接;(i) 液压胀套连接

7.2.3 联轴器连接方式的变异

联轴器连接两轴,并在两轴间传递转矩,两轴之间的不同连接方式可以构成不同的联轴器类型。

刚性联轴器在两轴之间构成刚性连接。图 7-10 所示的套筒联轴器就是一种刚性联轴器。刚性联轴器具有较强的承载能力,但是对所连接的两轴之间的位置精度有较高的要求。

为了使联轴器可以适应所连接两轴之间存在的位置及方向误差,可以将联轴器分解为两个分别安装在所连接两轴端的半联轴器,将两个半联轴器通过弹性元件相连接,构成有弹性元件的挠性联轴器。由于不同材料在性能上的差别,选用不同的弹性元件材料对联轴器的工作性能也有很大的影响。可选做弹性元件的材料有金属、橡胶、尼龙等。金属材料具有较高的强度、刚度和寿命,所以常用在要求承载能力大的场合;非金属材料的弹性变形范围大,载荷与变形的关系非线性,可用简单的形状实现较大变形量,但是非金属材料的强度差、寿命短,常用在要求承载能力较小的场合。由于弹性元件的寿命短,使用中需要多次更换弹性元件,在结构设计中应为更换弹性元件提供可能和方便,为更换弹性元件留有必要的操作空间,并使更换弹性元件所必须拆卸、移动的零件数量尽量少。图 7-11 表示了使用不同弹性元件材料的有弹性元件挠性联轴器的结构。

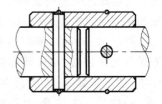

图 7-10 套筒联轴器

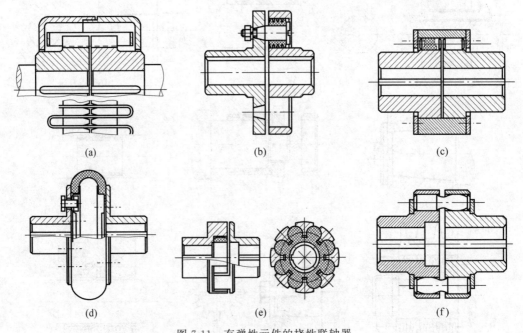

图 7-11 有弹性元件的挠性联轴器

(a) 蛇形弹簧联轴器;(b) 弹性套柱销联轴器;(c) 弹性柱销齿式联轴器;
(d) 轮胎联轴器;(e) 梅花形弹性联轴器;(f) 弹性柱销联轴器

可以将两个半联轴器通过特定的运动副相连接,使两个半联轴器之间具有某些运动自由度,从而使联轴器可以适应所连接两轴之间存在的位置及方向误差。

图 7-12 所示的平行轴联轴器用连杆通过两组平行铰链连接两个半联轴器,使两个半联轴器之间具有两个方向的移动自由度,以适应两轴之间的径向位置误差。

图 2-15 所示的万向联轴器通过两组正交的铰链连接两个半联轴器,使联轴器具有调整两轴角度误差的能力。

图 7-13 所示的双万向联轴器将两个万向联轴器通过移动花键连接,可以适应两轴之间任意方向的角度误差和位置误差。

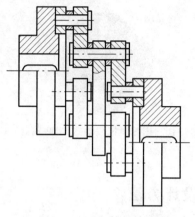
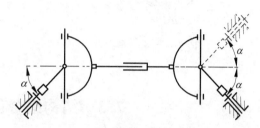

图 7-12 平行轴联轴器　　　　图 7-13 双万向联轴器

图 2-16 所示的十字滑块联轴器通过两个移动副连接两个半联轴器,可以适应两轴之间的径向位置误差。

图 7-14 所示的鼓形齿式联轴器的两端通过鼓形外齿轮与内齿轮啮合,使得联轴器可以适应所连接两轴之间任意方向的误差。

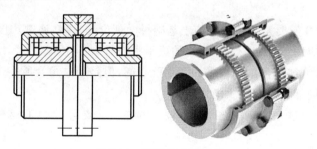

图 7-14 鼓形齿式联轴器

图 7-15 所示的液力耦合器通过充满其中的液体连接泵轮和涡轮,泵轮在输入轴的带动下转动,并通过腔内的叶片将输入的能量转变为液体的动能,液体通过涡轮腔内的叶片推动涡轮转动,通过涡轮所连接的输出轴对外做功输出能量。

图 7-16 所示的钢球碰撞联轴器的工作原理与液力耦合器相似,只是把工作介质换为钢球,通过钢球在主动半联轴器和被动半联轴器叶片之间的碰撞在两个半联轴器之间传递动力。如果用电场、磁场、气体或松散物质替换其中的工作介质,就可以派生出其他类型的联轴器。

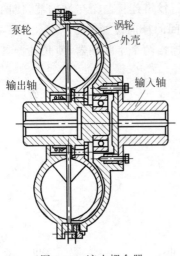
图 7-15　液力耦合器

图 7-16　钢球碰撞联轴器(半联轴器)

7.3　结构组合创新设计方法

组合创新是通过将已有的技术要素进行组合以实现创新的方法。它具有以下特点：

(1) 由于已有的技术要素数量庞大，所以组合创新方法具有非常广阔的应用空间。

(2) 由于已有技术要素的可用性在其现有的应用领域中已经得到证明，一些技术性、工艺性问题已经在应用中得到解决，这些技术要素比较成熟，使用这些技术并不要求使用者对技术细节有深入的了解，所以组合创新方法与其他创新方法相比是一种使用容易、成功率比较高的方法。

(3) 由于原始技术要素的创新有赖于基础科学理论的发展，通常难度较大，这使得在成功的创新成果中，应用组合创新方法取得的成果占有较大的比重。

虽然组合创新方法所使用的技术元素是已有的，但是通过组合所实现的功能是新颖的，通过适当的组合，同样可以有重大的发明。

应用组合创新方法的关键问题是选择使用哪些技术要素，怎样将这些要素进行组合。

7.3.1　同类组合

最简单的组合方法是在同一个产品中将同一种技术要素简单重复地应用，以满足人们的特殊需求。

日本松下电器公司申请的第一项专利是带有两个相同插孔的电源插座，它的发明起源于松下幸之助在家中与妻子同时需要使用电源插座的情况下受到的启发。发明原理非常简单，但是由于它满足了大量用户的需求，因而在商业上获得了巨大的成功。

图 7-17 所示的双人自行车使两个人可以同时骑行一辆自行车。在具体结构上还分为双人前后骑自行车和双人左右骑自行车。双色或多色圆珠笔上可以同时安装多个不同颜色的笔芯，使得有特殊需要的人减少了携带多支笔的麻烦；多面牙刷将多组毛刷设计在同一个牙刷头上，两侧的毛刷向中间弯曲，中间的一束毛刷顶部呈卷曲状，使用这种牙刷刷牙时

两侧的毛刷可以包住牙的两个侧面,中间的短毛可以抵住牙齿的咬合面,可以同时将牙的内侧和外侧及咬合面刷干净,提高了工作效率。

万向联轴器可以在两个存在方向误差的轴之间传递运动和动力,但是它的瞬时传动比不恒定,传动中会产生附加动载荷。将两个同样的万向联轴器按一定方式连接,组成双万向联轴器(见图 7-13),既可以实现在两个交错轴或平行轴之间的传动,又可以使瞬时传动比恒定。

在船舶制造中,瘦长的船身底部造型可以使船的行驶阻力减小,但同时也使船的稳定性和灵活性降低。图 7-18 所示的双体船造型将两个同样形状的瘦长船体组合在船甲板的底部,既减少了行驶阻力,又保证了船的稳定性和灵活性。

图 7-17　双人自行车

图 7-18　双体船

V 带传动设计中增加带的根数有利于提高承载能力,如图 7-19(a)所示,但是随着带的根数增加,由于多根带的长度不一致,带之间的载荷分布不均匀性加剧,使多根带不能充分发挥作用。图 7-19(b)所示的多楔带将多根带集成在一起,通过带的制造工艺保证了带长的一致性,提高了承载能力。

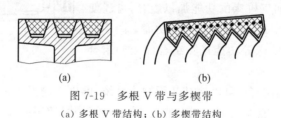
图 7-19　多根 V 带与多楔带
(a) 多根 V 带结构；(b) 多楔带结构

具有多个 CPU 的计算机可以在一定的计算机制造水平下获得较高的运算速度；具有多个发动机的飞机不但可以获得更大的动力,而且具有更高的可靠度。

图 7-20 所示为大尺寸螺钉预紧结构。由于大尺寸螺钉的拧紧很困难,此结构在大尺寸螺钉的头部设置了几个较小的螺钉,通过逐个拧紧小螺钉,可以对大螺钉施加预紧力,起到与拧紧大螺钉同样的作用。

7.3.2　异类组合

人们在工作、学习及其他活动中经常同时产生多种需要,如果将能够满足这些需求的功能组合在一起,形成一种新的商品,使得人们不会因为缺少其中某一种功能而影响活动的进

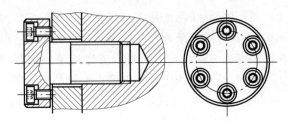

图 7-20　大尺寸螺钉预紧结构

行,这将会使人们工作、学习、生活更加方便,同时,商品生产者也将获得相应的利益。

例如,人们在使用螺丝刀时因被拧紧的螺钉头形状、尺寸的不同,常需要同时准备多种不同形状、尺寸的螺丝刀。根据这种需求,有人发明了多头螺丝刀,即一把螺丝刀配备多个可方便更换的头部,使用者可根据所需要的形状和尺寸很方便地随时更换合适的螺丝刀头。人们刷牙时总是同时需要使用牙刷和牙膏,根据这种需求,有人将牙膏与牙刷进行组合,设计出自带牙膏的牙刷。扫地时需要用笤帚和簸箕,于是市场上出现了用以同时存放这两件工具的置物架。

有些不同的商品具有部分相同的成分,将这些不同的商品加以组合,使其共用这些相同成分,可以使总体结构更简单,价格更便宜,使用也更方便。

例如,收音机与录音机的有些电路及大的元器件是相同的,将这两者组合,生产的收录机体积远小于二者的体积之和,价格也便宜许多。

数字式电子表与电子计算器的晶体振荡器、显示器和键盘都可以共用,所以现在生产的很多计算器都具有电子表的功能,很多数字式电子表也具有计算器的功能。

将多种机械切削加工机床的功能加以组合,可以使其共用床身、电动机、机械传动及电器部分功能。图 7-21 所示为将车床、铣床、钻床等功能进行组合而成的组合机床。

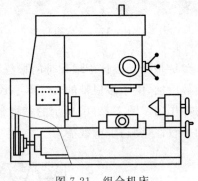

图 7-21　组合机床

将冷冻箱与冷藏箱组合,可以使其共用制冷系统、温度控制系统及散热系统。

有些不同商品的功能人们不会同时使用,将这些不同时使用的商品功能组合在一起,可以节省空间。

夏季人们需要使用空调,冬季则需要使用取暖器,冷、暖空调将这两种功能组合在一起,既可以共用散热装置和温度控制装置,又可以节省空间,节省总费用。白天人们需要用沙发,睡觉时又需要用床,沙发床的设计将这两种功能合二为一,节省了对室内空间的占用。老年人外出行走时需要拐杖,坐下休息时需要凳子,有一种带有折叠凳子的拐杖使老年人外出很方便。

7.3.3　功能附加组合

有些商品的功能已被消费者普遍接受,通过组合可以为其增加一些新的附加功能,适应更多用户的需求。

人们使用铅笔时难免写错字,一旦写了错字就需要使用橡皮进行修改。为了适应人们的这种需要,有人设计出了带有橡皮的铅笔,它的主要功能仍是书写,由于添加了橡皮,使它除书写之外还具有一种附加功能。

自行车的主要功能是代步,通过在自行车上添加货架、车筐、里程表、车灯、后视镜等附件,使它同时具有载货、测速、照明、辅助观察等功能。

现在的汽车设计中人们不断地为其添加雨刷器、遮阳板、转向灯、打火机、车载电话、收音机、空调、导航器等附加装置,使汽车的功能更加完善。

家用空调器的主要功能是制冷,现在生产厂家在原有空调器制冷功能的基础上增加了暖风、换气、空气净化、温度显示等附加功能,实现一机多用。

为婴儿喂奶时需要判断奶水的温度,新生婴儿的家长因为缺乏经验,判断奶水温度既费时又不准确。为解决婴儿家长的这种需求,有人将温度计与婴儿奶瓶加以组合,生产出具有温度显示功能的婴儿奶瓶。

类似的应用还有添加治疗牙病药物的牙膏、添加维生素、微量元素和人体必需氨基酸的食品,加入多种特殊添加剂的润滑油等。

7.3.4 材料组合

有些应用场合要求材料具有多种特征,而在现有的材料中很难找到一种同时具备这些特征的材料。通过某些特殊工艺将多种不同的材料加以适当组合,可以制造出满足特殊需要的材料。

V带传动要求制作带的材料具有抗拉、耐磨、易弯、价廉的特征,使用单一材料很难同时满足这些要求,通过将化学纤维、橡胶和帆布等材料适当组合,设计出了现在被普遍采用的V带材料。

建筑施工中需要一种抗拉、抗压、抗弯、易施工且价格便宜的材料,通过钢筋、水泥和砂石的组合很好地满足了这种要求。

通过锡与铅的组合,得到了比锡和铅的熔点更低的低熔点合金。通过镍和钛的组合,得到了具有形状记忆功能的特殊合金。通过将不同材料适当组合,人们设计出了满足各种特殊要求的特种材料,例如,具有特殊磁转变温度的铁磁材料,具有极高磁感应强度的永磁材料,具有高温超导特性的超导材料,具有耐腐蚀性的不锈钢材料,具有多种优秀品质的轴承合金材料。

供电系统要求所使用的导线具有电阻率低、机械强度高、容易焊接、耐腐蚀和成本相对较低的特点,铜具有良好的导电性和耐腐蚀性,并容易焊接,但是其机械性能较差,而钢铁具有机械性能好、价格便宜的优点。根据这些特点,人们设计出铁芯铜线,这种导线的芯部用钢材制作,表面用铜材料制作。高频交流电流有集肤效应,电流主要经导线的表面流过,焊接性和耐腐蚀性也主要由表面材料表现,而处于表面的铜材料正好同时具有这方面的优点。通过这种组合,充分地利用了两种材料的优点,并巧妙地掩盖了各自的缺点,满足供电系统对电线的使用要求。

将某些在外界环境变化时可以产生信息输出的材料(感知材料)与在信息刺激下可以产生动作的材料(机敏材料)以适当的方式组合,可以人为合成某些可以在环境参数变化时产生动作的材料(智能材料),用这类材料制造的结构可以在环境条件变化时自动做出反应。

例如,图 2-12 所示的天窗自动控制装置中的弹簧用智能材料制成,其长度可随温度变化而自由伸缩,随着室内温度的变化,弹簧使天窗自动打开或关闭,用以调节室内温度。用智能材料制造人造卫星天线,制成后将其折叠成较小体积,以利于卫星发射。天线送入太空后,在太阳能的作用下被加热,自动展开成工作形状。通过人工合成的相变纤维在不同温度下呈现不同的结构,使用这种材料制成的服装在低温下可以保暖,在高温下有利于散热。

7.4 引入新的结构要素

机械结构设计通过结构要素的组合,实现机械功能。随着新材料、新工艺的发展,会不断出现一些新的结构要素,通过合理采用这些新的结构要素,可以更巧妙地实现给定的机械功能,使机械功能更简单、更可靠,成本更低。

7.4.1 弹性(柔性)结构

机械结构通过运动副将构件连接成为运动链,进而构成机构,机构中的一些构件相对于另一些构件做确定形式的相对运动。机构的运动越复杂,需要的运动副数量、构件数量和零件数量越多,机构的构造就越复杂,机械结构的实现也就越困难。尤其对于尺寸微小的机械装置,更限制了复杂结构的应用。为适应机械结构提高运动精度和运动稳定性、简化结构、减小体积的要求,近年来出现了利用材料的弹性变形实现机械运动的新型结构形式,这类结构通过零件整体或局部的弹性变形,实现零件的一部分结构相对于另外一部分结构的运动。由于相对运动发生在同一零件内部,减少了零件数量,简化了结构,使得结构的实现和使用更方便;由于减少了运动副,消除了由于运动副的摩擦、磨损、间隙等因素对机构运动精度和灵敏性的影响,提高了结构的性能。

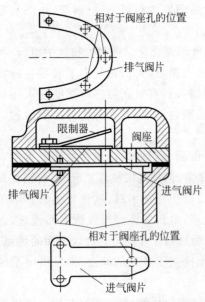

图 7-22 空气压缩机配气系统结构图

四冲程内燃机工作中配气系统要定时打开和关闭吸气门、排气门。内燃机采用一套凸轮-挺杆机构控制吸、排气门的定时开启和关闭,用一套齿轮机构实现曲轴与凸轮轴之间的正时传动。

与内燃机有类似工作要求的空气压缩机配气系统设计中采用了如图 7-22 所示的结构,结构中采用具有良好弹性的薄金属片(图中的进气阀片、排气阀片)取代内燃机配气系统中的气门和气门弹簧,依靠活塞在气缸中运动所形成的内、外压差打开、关闭阀片。结构中省去了凸轮-挺杆机构和正时齿轮机构,极大地简化了结构。

精密微动工作台要求具有很高的位移分辨率、位移精度和重复精度,滑动导轨和滚动导轨在工作中出现的爬行现象使得它们很难满足这些要求。图 7-23 所示的弹性导轨微动工作台通过弹性导轨的变形实现工作台的水平位移,弹性导轨无摩擦、无间隙,运动阻尼极小,可以获得极高的运动精度,当输入端刚度远小于导轨刚度时,可以获得极高的位移分辨率。

铰链是机械系统中的一类常用结构,铰链结构通过铰链销轴连接两个或多个零件构成转动副。由于铰链需要由多个零件组装而成,因此限制了它在一些微小结构中的应用和结构性能的提高。柔性铰链结构的采用为以上问题的解决提供了有效的途径。

计算机使用的软盘驱动器中多处采用铰链结构。早期的软盘驱动器设计中所有铰链均采用图 7-24(a)所示的普通铰链结构,不但结构复杂、占用空间大,而且铰链的制造误差、配合间隙和磨损等因素会严重影响铰链的工作性能。现在的软盘驱动器中多处重要的铰链采用图 7-24(b)所示的柔性铰链结构,不但简化了结构,而且消除了由于铰链间隙造成的运动误差。

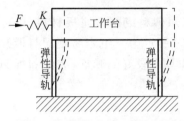

图 7-23 弹性导轨微动工作台示意图

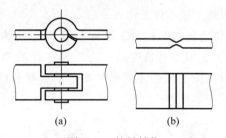

图 7-24 铰链结构
(a) 普通铰链结构;(b) 柔性铰链结构

压电陶瓷材料由于其所具有的逆压电效应,经常被用作微小型机械结构的原始驱动元件。但是压电陶瓷驱动元件所能产生的驱动位移很小,为了得到能够满足使用要求的驱动位移,通常需要通过杠杆机构将驱动位移放大。图 7-25 所示为与压电陶瓷驱动元件配合使用的位移放大机构,结构中通过多个柔性铰链构造的多级杠杆机构,可以将压电陶瓷元件产生的微小位移放大,使输出端获得较大的驱动位移。

光盘驱动器工作中为了适应光盘表面缺陷引起的轴向跳动以及由于光盘径向定位误差造成的偏心,读取光盘信息的过程中要求激光头可以沿光盘的轴向和径向做出姿态调整。图 7-26 所示为激光头的姿态调整结构,通过多组柔性铰链,激光头获得两个方向的移动自由度。姿态调整的动力由驱动线圈产生的磁场与固定在激光头部件上的磁铁之间的作用力提供。

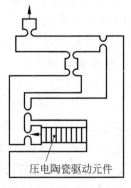

图 7-25 位移放大机构

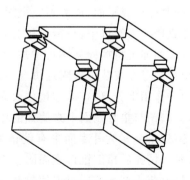

图 7-26 激光头的姿态调整结构

7.4.2 快速连接结构

机械结构设计需要通过连接的手段将零件组合成构件、部件和整个机器。连接结构不但应保证被连接件之间的准确定位和可靠固定,而且应使连接操作简单、方便。对于需要经常拆卸的连接,还应考虑拆卸的方便,使连接零件可以重复使用,并尽量减少装配和拆卸操作对结构的损伤。结构设计还应考虑在机械装置退出使用时,结构的各部分之间容易拆卸分解,有利于对有用成分的回收利用,减少对自然环境的破坏。

图 7-27 所示为一组螺纹连接结构(见图 7-27(a))与快速连接结构(见图 7-27(b))的对比。快速连接结构通过使零件发生弹性变形的方法实现连接的装配与拆卸,操作简单、迅速,对被连接零件无伤害。

快速连接结构要求零件具有较好的弹性,经常采用塑料或薄金属板材料,也可以通过增大变形零件长度的方法改善零件的弹性。图 7-28 所示为一组容易装配与拆卸的吊钩结构,由于吊钩零件参与变形的材料长度较大,结构具有较好的弹性,装配和拆卸都很方便。

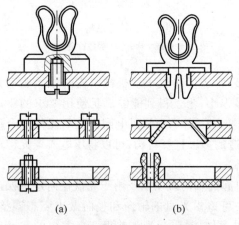

图 7-27 螺纹连接结构与快速连接结构的对比
(a) 螺纹连接结构;(b) 快速连接结构

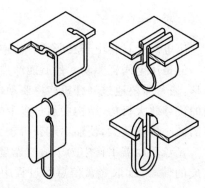

图 7-28 容易装、拆的吊钩结构

图 7-29 所示为另一组可快速装配的连接结构。图 7-29(a)所示结构采用较大导程的螺纹,将螺栓两侧面切成平面,成为不完全螺纹,将螺母内表面中相对的两侧加工出槽形,安装时可将螺栓直接插入螺母中,只需要相对旋转较小的角度即可将螺纹连接拧紧,拆卸时也只需旋转约 1/4 圈即可将螺栓从螺母中取出。图 7-29(b)所示结构将螺母做成剖分结构,安装时将两个半螺母在安装位置附近拼合,再旋转较少圈数即可将其拧紧。为防止剖分的螺母在预紧力的作用下分离,在被连接件表面加工有定位槽。图 7-29(c)所示结构将销底部安装一横销,靠横销与垫片端面上螺旋面的作用实现拧紧。为防止松动,在拧紧位置处设有定位槽。图 7-29(d)所示为外表面带有倒锥形的销钉连接结构,销钉外径与销孔之间为过盈配合,销钉装入销孔后靠倒锥形表面防止连接松动。图 7-29(e)所示为另一种快速装配的销连接结构,销钉装入销孔的同时迫使衬套变形,外表面卡紧被连接件,内径抱紧销钉,使连接不能松动。

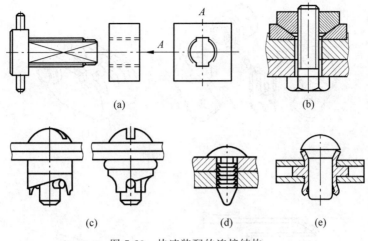

图 7-29 快速装配的连接结构

7.4.3 组合结构

通过合理的结构设计,可以将多种功能组合到一个零件上,起到减少零件数量、简化装配关系、降低制造成本的目的。

为了防止螺纹连接的松脱,通常需要采取防松措施。弹簧垫圈是一种被广泛应用的螺纹连接防松零件,它要求在安装螺栓或螺母的同时安装弹簧垫圈,如图 7-30(a)所示。图 7-30(b)所示的螺栓-垫圈组合结构将螺栓和弹簧垫圈的功能集成在一个组合零件上,减少了零件数量,方便了装配。

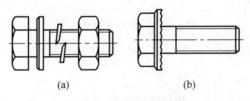

图 7-30 螺栓防松结构
(a) 原结构;(b) 组合结构

图 7-31 所示为某种包装机中的一个支架构件。其中,图 7-31(a)所示为原设计结构,由 11 个零件组成;图 7-31(b)所示为改进后的设计结构,将所有功能组合在一个零件上,零件通过精密铸造后一次加工成形,极大地节省了加工工时,降低了成本。

按通常的结构设计方法,指甲刀应具有图 7-32(a)所示的结构。通过将多个零件的功能集中到少量零件上的组合设计方法,指甲刀演变为图 7-32(b)所示结构。

图 7-33 所示为 3 种自攻螺钉结构,它们或将螺钉与丝锥的结构集成在一起(见图 7-33(a)),或将螺钉与钻头的结构集成在一起(见图 7-33(b)、图 7-33(c)),使螺纹连接结构的加工与安装更便捷。

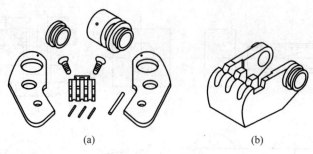

图 7-31 支架构件
(a) 原结构；(b) 组合结构

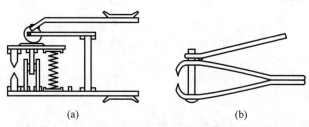

图 7-32 指甲刀整体结构设计
(a) 原结构；(b) 组合结构

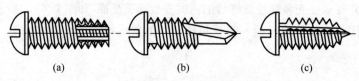

图 7-33 3种自攻螺钉结构

7.4.4 智能结构

在结构设计中零件材料的主要功能是承担载荷和传递运动，这类材料因此称为**结构材料**。与之不同的还有一类材料，称为**功能材料**。

对外界的刺激（应力、应变、热、光、电、磁、化学、辐射）具有较显著的感知功能的材料称为**感知材料**，用这类材料可以制作各种传感器，可以在外界环境条件变化时产生信息输出。在输入信息刺激下可以产生机械动作的材料称为**机敏材料**；在外界环境变化时可以产生机械动作的材料称为**智能材料**。

应用智能材料所构造的结构称为**智能结构**。智能结构可以根据外界条件的变化产生机械动作，使得机械装置的控制功能更简单。图2-12所示的天窗自动控制装置就是一种智能结构。图5-13所示的电饭锅温度控制装置也是一种智能结构。

压电材料是一种典型的智能材料，图7-34所示是一种压电喷头智能结构，受到驱动电源的电压刺激时，陶瓷会产生机械动作，导致墨水腔的体积变化，从而使墨水喷出。如果采用驱动电机控制墨水腔的体积，则结构会复杂很多。

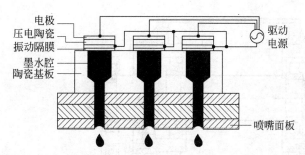

图 7-34　压电喷头的智能结构示意图

7.5　引入新的逻辑方法

在结构设计中,通过合理地采用一些逻辑方法,有助于化解设计中所遇到的技术冲突,巧妙地解决技术难题。以下是一些常用的逻辑方法。

7.5.1　自加强

通过合理的结构设计,可以使结构所受到的工作载荷对某些功能的实现起到强化的作用,这种逻辑方法称为自加强。

图 2-19 所示的高压容器罐口密封结构中,图 2-19(a)所示结构使罐内的工作压力损害罐口密封效果,而图 2-19(b)所示的结构使罐内的工作压力加强罐口密封效果。

图 7-35 所示的油封密封结构中,如果油封右侧为相对高压区域,则油封在压差作用下的变形有利于加强密封效果。

图 7-36 所示的装配式锥齿轮结构中,轮缘与轮毂的结合方式使得齿轮啮合处的轴向力有助于增强轮缘与轮毂之间传递转矩的能力。

图 7-35　油封密封结构

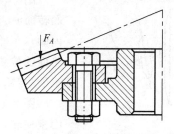

图 7-36　装配式锥齿轮结构

图 7-37 所示为某轴承实验台装配图。轴系右端为实验轴承,实验中需要对其施加很大的径向载荷。如果选择载荷施加方向为自下向上,则使箱体与底板之间的连接直接承受这一工作载荷;如果选择如图所示的通过多级杠杆向下拉伸的载荷施加方式,则工作载荷对箱体与底板之间的连接、杠杆支架与底板之间的连接都起到自加强的作用,可以使用较小的连接件实现可靠的连接。

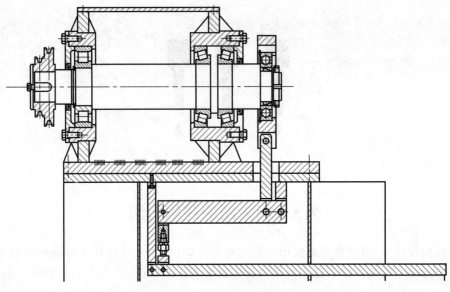

图 7-37　轴承实验台装配图

7.5.2　自稳定

机械装置在工作过程中不可避免地会出现一些干扰因素,使得装置偏离理想的工作状态。通过合理的结构设计,可以在这种干扰因素出现时,系统产生一种与干扰因素作用方向相反的作用,纠正或抵消干扰因素的作用,使装置的工作状态保持稳定,这样的逻辑方法称为自稳定。

图 2-20 所示的自行车前轮转向结构在前轮发生偏转时,前轮与地面之间的摩擦力有助于纠正偏转,使前轮保持正确的行驶方向。

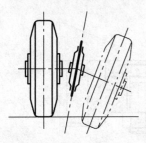

图 7-38　汽车前轮转向结构示意图

图 7-38 所示为汽车前轮转向结构。当前轮由于干扰因素而转向时,前轮绕主销转动,由于主销相对于路面倾斜(主销内倾),车轮转向的同时相对于车身的位置下降,车身相对于路面的位置被抬高,汽车总势能增大,车身有恢复较低势能状态的趋势,这种作用使前轮恢复向前行驶的正确方向。

图 2-13 所示的柴油机调速器,当发动机工作中由于干扰因素使转速升高时,飞球因离心力增大被甩开,推动推力盘及供油拉杆右移,使喷油泵柱塞转动,供油量减小,使发动机恢复正常转速。

7.5.3　自补偿

机械结构可能存在由于各种因素(制造、装配、变形、磨损)所引起的工作误差,如果在工作误差出现的同时会伴生一些与之方向相反的因素,补偿或完全抵消这些误差,使总误差较小,这种设计方法就称为自补偿。

图 7-39 所示为凸轮机构的工作示意图。挺杆的运动由凸轮机构控制,凸轮和挺杆在工

作中均不可避免地会发生磨损,这两处磨损都会对挺杆的运动产生影响。在图 7-39(a)所示的结构中,凸轮和挺杆的磨损对挺杆运动的影响互相叠加;而在图 7-39(b)所示结构中,两处磨损的影响互相抵消,使磨损后的总误差较小。

螺纹车床的螺纹加工精度与车床自身丝杠的螺纹精度有重要关系。为了在车床的丝杠精度一定的条件下提高所加工工件的精度,可以通过为螺旋传动机构增加一个与误差规律相反的附加运动的方法对误差进行校正。图 6-28 所示为采用附加运动方法校正丝杠螺距误差的原理图。

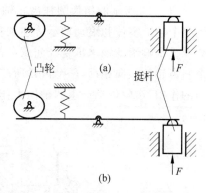

图 7-39 凸轮机构的工作示意图

首先通过测量的方法获得丝杠螺距误差的规律(螺距误差曲线),将误差曲线按需要的比例放大,得到校正曲线,按照校正曲线做成凸轮(图中校正尺)。车削螺纹时,在刀架移动的过程中,校正尺推动顶杆,顶杆通过杠杆齿轮将附加运动传递给螺母,使螺母相对于丝杠作微小角度的转动;螺母的转动使其产生相对于螺杆的附加移动,附加移动的方向与螺距误差方向相反,大小相等,恰好补偿由于丝杠的螺距误差造成的刀具运动误差,实现较高的加工精度。

图 7-40(a)所示的量具与工件材料的热膨胀系数不同,在不同的温度下可能得到不同的测量结果。为消除由于温度变化产生的测量误差,使得在不同的温度下得到相同的测量结果,可采用图 7-40(b)所示的结构。假设工件长度为 L_a,测头长度为 L_c,量具体内侧长度为 $L_b=L_a+L_c$,工件热膨胀系数为 α_a,测头热膨胀系数为 α_c,量具体热膨胀系数为 α_b,$\alpha_a > \alpha_b > \alpha_c$。在已知工件参数和量具体参数的条件下,合理选择测头材料和长度,使得所选参数满足

$$L_c = L_a \frac{\alpha_a - \alpha_b}{\alpha_b - \alpha_c}$$

即可使得测头的热膨胀量补偿工件与量具体热膨胀量的差值,得到正确的测量效果。

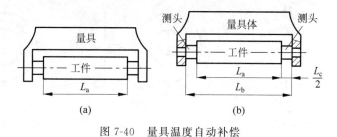

图 7-40 量具温度自动补偿

7.5.4 自平衡

机械装置工作时,在进行有用功的转换和传递的过程中,会伴随产生一些有害因素,使装置承受一些不做功的力的作用。通过合理的结构设计,可以使机械装置中不同部分产生的有害因素互相抵消,尽可能减小不做功的力的作用范围,有利于提高结构承担有效载荷的能力。

图 2-17 所示的斜齿圆柱齿轮轴系结构中,齿轮传动产生的轴向力经齿轮传递给轴,再经多个轴上零件和滚动轴承传递到箱体,这些零件都要承受轴向力的作用,而轴向力的作用会严重影响滚动轴承承受径向载荷的能力。在图 7-41 所示的双斜齿轮轴系结构中,由于两个斜齿轮的旋向相反,两个齿轮所产生的轴向力互相抵消,滚动轴承和轴上零件均不受轴向力的作用,齿轮传动产生的轴向力作用范围被限制在齿轮内部,使滚动轴承的承载能力得到提高。

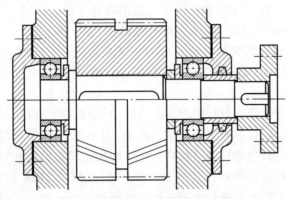

图 7-41 双斜齿轮轴系结构

图 7-42 所示为叶片泵中的叶片受力情况。在图 7-42(a)所示结构中,介质的作用力会使叶片根部产生较大的弯曲应力;在图 7-42(b)所示结构中,叶片向一侧倾斜,使得叶片在高速旋转中产生的离心力对叶片根部产生的弯矩与介质的作用力产生的弯矩方向相反,二者可以部分地相互抵消,提高了结构的承载能力。

图 7-43(a)所示的行星齿轮结构中,齿轮啮合使中心轮和系杆受力;在图 7-43(b)所示结构中,在对称位置布置 3 个行星轮,使行星轮产生的作用力在中心轮和系杆上合成为力偶,减小了有害力的作用范围,有利于提高相关结构的承载能力。

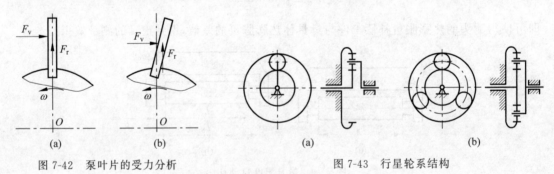

图 7-42 泵叶片的受力分析   图 7-43 行星轮系结构

7.5.5 自适应

对于具有多个自由度的运动链,如果原动机数量与运动链的自由度数量相等,则运动链可以有确定形式的运动。

图 7-44 所示的机械手具有 5 个手指,每个手指具有 3 个关节,共有 15 个自由度。如果采用 15 个原动机驱动这种机械手,会使机构过于复杂。通过适当的结构设计,可以使自由

度数量大于原动机数量的运动链也能具有确定形式的运动。

图 7-45 所示为具有两个关节（两段手指）的机械手指示意图。运动链具有两个自由度，要求用一个原动机驱动，并要求机构实现确定的运动规律。在原动机的驱动下，两节手指首先共同转动，当下面的手指节接触到物体后停止转动，上面的手指节继续相对于下面的手指节转动，直到接触到物体。

图 7-44 仿真机械手

图 7-45 机械手指示意图

要实现这样的运动规律就需要使得转动下面的关节比转动上面的关节消耗的能量更少，运动链会按消耗能量最少的方式实现运动。在上面的关节处安装弹簧、设置阻尼等方法都可以实现给定的运动逻辑关系，实现自适应地抓取任意形状的物体。

另一种自适应机械手如图 7-46 所示，4 个手指在 1 个原动机驱动下运动，4 个手指可以以任意顺序运动，当某 1 个手指接触到物体后即停止运动，其余手指继续向前运动，直到所有的手指都接触到物体后机械手停止运动。通过这种自适应结构，使机械手可以抓取任意形状的物体。

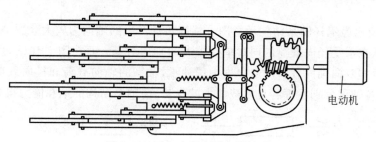

图 7-46 四自由度自适应机械手

图 7-47 所示为火车车轮制动机构示意图。通过 1 个气缸驱动 4 个制动元件运动，通过自适应机构可以适应 4 个车轮及其摩擦材料不同的磨损状况。

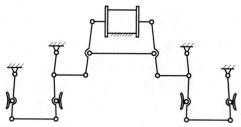

图 7-47 火车车轮制动机构示意图

7.5.6 载荷分担

载荷是造成结构失效的重要因素。为了提高重要零件的承载能力,提高工作的可靠性,可以通过合理的结构设计使部分载荷由其他零件分担。

图 7-48 所示为机床主轴变速箱输入轴与带轮连接的两种结构设计方案。其中,图 7-48(a)将带轮与输入轴直接连接,带轮将压轴力和转矩直接作用于轴,使轴同时承受交变的弯曲应力和扭转切应力的作用,交变的弯曲应力成为影响轴强度的重要因素,从而影响结构整体的承载能力。图 7-48(b)将压轴力通过滚动轴承作用于套筒,套筒具有较大的抗弯截面模量,作用在套筒上的弯曲应力为静应力,轴只承受由转矩产生的扭转切应力作用,结构整体的承载能力得到提高。

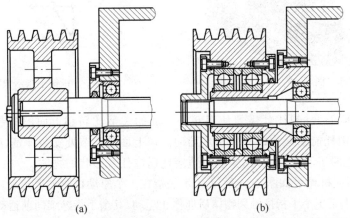

图 7-48　机床主轴变速箱输入轴与带轮连接的两种结构设计方案

图 7-49 所示为蜗杆轴系结构示意图。蜗杆传动产生的轴向力较大。图 7-49(a)所示的结构使得轴承在承受径向载荷的同时承受较大的轴向载荷;而在图 7-49(b)所示的结构中增加了专门承担双向轴向载荷的双向推力球轴承,轴系的轴向载荷和径向载荷分别由不同的轴承承担,各轴承分别发挥各自承载能力的优势,使轴系结构的承载能力得到提高。

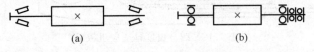

图 7-49　蜗杆轴系结构示意图

7.5.7 阿贝原则

1890 年,阿贝(Abbe)提出了关于测量仪器设计的一项重要原则:"若使量仪给出正确的测量结果,必须将仪器的读数线尺安放在被测尺寸的延长线上。"阿贝原则是指导测量仪器及其他精密仪器设计的重要指导性原则,如图 7-50 所示。

假设引导测量仪器测头及读数线尺移动的导轨存在直线度误差,可将导轨简化为一段圆弧,由于测头与读数线尺不沿同一条直线布置,当测量仪器沿导轨(圆弧)移动时,测头与读数线尺的移动距离不相同,引起测量误差。测量误差与导轨的直线度误差(导轨曲率)有

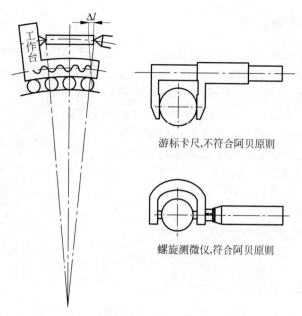

图 7-50　阿贝原则

关,与测头和读数线尺之间的距离有关。由图 7-50 可见,游标卡尺的设计不符合阿贝原则,所以不能达到较高的测量精度;螺旋测微仪的结构符合阿贝原则。

符合阿贝原则的测量仪器可以实现较高的测量精度,但是由于被测要素与读数线尺沿同一条直线布置,所以测量仪器的长度尺寸较大;而不符合阿贝原则的测量仪器在同样的测量范围条件下可以占用较小的空间。

7.5.8　合理配置精度

机械系统的总体精度由系统内各环节的精度构成,但是不同环节的精度对系统总体精度的影响程度不相同。在结构设计中,应为不同环节设置不同的精度,为敏感环节设置较高精度,这样可以通过较经济的方法获得较高的总体工作精度。

在机床主轴结构设计中,提高主轴前端的旋转精度是重要的设计目标。主轴前支点轴承和主轴后支点轴承的精度都会影响主轴前端的旋转精度,但影响的程度不同。由图 7-51 可见,前支点误差 δ_A 所引起的主轴前端误差为

$$\delta = \delta_A \frac{L+a}{L}$$

后支点误差 δ_B 所引起的主轴前端误差为

$$\delta = \delta_B \frac{a}{L}$$

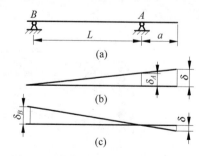

图 7-51　轴承精度对主轴精度的影响

由此可见,前支点的误差对主轴前端精度的影响较大。所以在主轴结构设计中,通常为前支点设置具有较高精度的轴承。

7.5.9 利用误差传递规律

由多级传动机构组成的传动系统在将输入运动传递到输出级的同时,也会将各级传动机构所产生的误差向后续机构传递。

图 7-52 所示为由 3 级机械传动组成的减速传动系统逻辑关系图。其中,i_1、i_2、i_3 分别代表第 1 级、第 2 级和第 3 级的传动比。第 1 级减速传动机构的输入角速度为 ω_1,输出角速度除包括对 ω_1 的变换以外还包括本级传动所产生的误差 δ_1,即

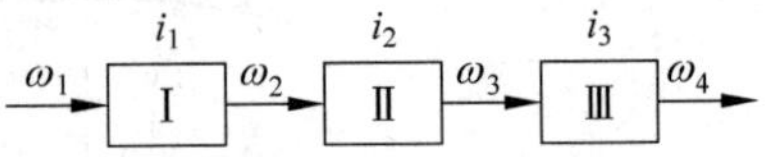

图 7-52 多级传动系统

$$\omega_2 = \frac{\omega_1}{i_1} + \delta_1$$

同理,第 2 级传动的输出角速度为

$$\omega_3 = \frac{\omega_1}{i_1 i_2} + \frac{\delta_1}{i_2} + \delta_2$$

最后一级传动的输出角速度为

$$\omega_4 = \frac{\omega_1}{i_1 i_2 i_3} + \frac{\delta_1}{i_2 i_3} + \frac{\delta_2}{i_3} + \delta_3$$

在输出角速度中包含各级传动所产生误差的叠加,但是各级传动的误差对输出误差的影响不相同。如果合理地分配各级传动的传动比,合理选择各级传动零件的精度,可以用较经济的设计实现合理的精度。通过分析误差的构成可以发现,如果为多级传动的最后一级选择较大的传动比,则会使前面各级传动所产生的误差对最后的输出运动作用甚小,只要为最后一级传动零件选择较高的精度,即可提高整个传动系统的传动精度。

7.5.10 误差均化

在机构中如果有多个作用点对同一个构件的运动起限制(引导)作用,则构件的运动精度高于任何一个作用点单独作用时的精度。

图 7-53 所示为螺旋测微仪的测量误差与基准螺纹的螺距误差的对比图。由于螺母上有多圈螺纹同时对测头的运动起引导作用,使得测量误差(测头的运动误差)小于螺纹本身的螺距误差。

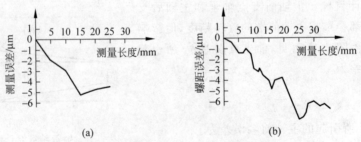

图 7-53 螺旋测微仪测量误差与基准螺纹的螺距误差对比
(a) 测量误差;(b) 螺距误差

图 7-54 所示的双蜗杆驱动机构由两个具有相同参数的蜗杆共同驱动同一个蜗轮转动,由于误差均化作用,蜗轮的运动误差小于任何一个蜗杆单独驱动的误差。

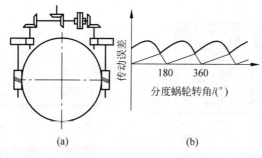

图 7-54　双蜗杆驱动机构
(a) 机构简图；(b) 传动效果

密珠轴承设计是应用误差均化原理的成功实例。

向心密珠轴承的内圈外表面和外圈内表面均为圆柱面，无滚道。滚动体直径小，而且数量较多，滚动体沿轴向交错排列，每个滚动体在套圈表面的滚动轨迹互不重叠。图 7-55 所示为向心密珠轴承保持架孔排列方式。

由于套圈表面为简单的圆柱表面，所以可以实现较高的加工精度。轴承的径向载荷由各滚动体共同承担，由于滚动体直径小，且套圈工作表面无滚道，滚动体与套圈接触点的综合曲率半径较小，由于滚动体数量较多，每个滚动体所独立承担的载荷都较小。当某个滚动体直径较小，滚动体或套圈表面有凹陷缺陷时，只影响到一个滚动体不能正常承担载荷，对轴承整体的运动基本无影响；当某个滚动体

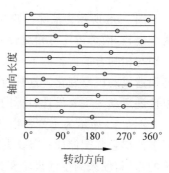

图 7-55　向心密珠轴承保持架孔排列方式

直径较大，滚动体或套圈表面有凸起缺陷时，由于接触点的综合曲率半径较小，会产生较大的接触应力和应变，有利于纠正几何缺陷对轴承运动精度的影响。测试表明，这种结构的密珠轴承可以实现较高的回转精度，但是承载能力较小。

7.5.11　零件分割

为保证运动副正常工作，很多运动副(如齿轮、螺旋等)工作表面间需要必要的间隙。但是由于间隙的存在，当运动方向改变时，工作表面的变换会使被动零件的运动方向改变滞后于主动零件，进而产生回程误差。

回程误差是由间隙引起的，而间隙是运动副正常工作的必要条件，间隙会随着磨损而增大，减小(或消除)运动副的间隙可以减少(或消除)回程误差。

图 7-56 所示为普通车床托板箱进给螺旋传动间隙调整结构。在结构中将螺母沿长度方向分割为两个部分，当由于磨损使螺纹间隙增大时，可以通过调整两部分螺母之间的轴向距离使其恢复正确的间隙。调整时首先松开图中左侧固定螺栓，拧紧中间的调整螺栓，拉动楔块上移，同时通过斜面推动左螺母左移，使螺纹间隙减小，从而减小回程误差。图 7-57 所示的螺旋传动间隙弹性调整结构将楔块改为压缩弹簧，可以实时地消除螺纹间隙的作用，消除回程误差。

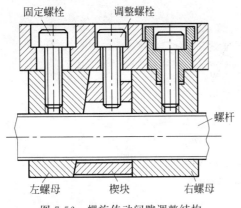
图 7-56 螺旋传动间隙调整结构

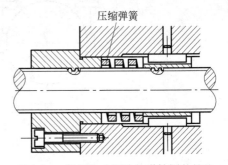
图 7-57 螺旋传动间隙的弹性调整结构

图 7-58 所示为消除齿轮啮合间隙的齿轮结构。结构中将原有齿轮沿齿宽方向分割成两个齿轮,两个齿轮可相对转动。两个齿轮通过弹簧连接,由于弹簧的作用,使得两个齿轮分别与相啮合的齿轮的不同齿侧相啮合,弹簧的作用消除了啮合间隙,并可以及时补偿由于磨损造成的齿厚变化。这种齿轮传动机构由于实际作用齿宽较小,承载能力较小,通常用于以传递运动为主要设计目标的齿轮传动装置中。

图 7-59 所示为千分表齿轮传动系统示意图。当表头沿某个方向移动时,固定于齿轮 z_4' 上的蜗卷弹簧储能;当表头的运动方向改变时,各齿轮改变转动方向。但是由于蜗卷弹簧的作用,原来的主动齿轮变为被动齿轮,使得各个齿轮的工作齿侧不改变,始终用同一齿侧工作,虽然存在齿侧间隙,但不会引起回程误差。

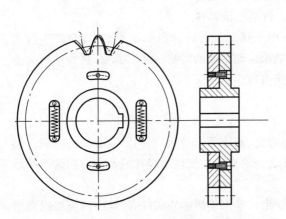
图 7-58 消除齿轮啮合间隙的齿轮结构

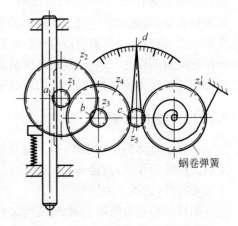
图 7-59 千分表齿轮传动系统示意图

7.6 引入新的设计理念

设计问题具有多解性,设计者需要从众多可行解中选择较好的解。对较好解的选择取决于对"好"的评价标准。

随着人类社会实践的发展,人们的生活方式和社会观念在发生变化,人们对于"好"的标准认识也在不断发生变化,这种变化会影响到消费者对商品种类及消费方式的选择。

设计理念是设计者努力追求的理想目标,是设计者关于优秀设计的评价标准。设计理念主导设计者对设计方案的选择和优化方向,设计者要注意根据消费者观念的变化及时引入新的设计理念,作出符合消费者需求的好设计。

7.6.1 宜人化设计

多数机器设备需要由人操作。在早期的机械设计中,设计者在处理机器(工具)与使用机器的人之间的关系时认为,操作机器的人应服从操作机器的需要,通过选拔和训练可以使人适应任何复杂的机器设备的操作需要。随着机械设计和制造水平的提高,机器的复杂程度、工作速度不断提高,机器的操作对人的知识和技能水平的要求也越来越高,人已经难以适应操作这种机器的要求,由于操作不当造成的事故越来越多。据统计,在第二次世界大战期间,美国飞机所发生的飞行事故中有90%是由操作不当造成的。这些事实使人们认识到不能要求操作者无限制地适应机器的要求,而应使机器的操作方法适应人的生理和心理特点,只有这样才能使操作者在最佳的生理及心理状态下工作,使人和机器所组成的人-机系统发挥最佳效能。这是一种新的设计理念,称为宜人化设计。

宜人化设计要求机器的操作要适应人的生理和心理特点。

1. 适合人的生理特点的结构设计方法

人在对机器实施操作时需要通过肌肉用力对机器做功,肌肉工作时的状态直接影响它所能够提供的力的大小以及动作的准确程度。正确的结构设计可以使操作者的肌肉在长时间的持续操作中不容易疲劳,保持对每一项操作做出准确有力的动作。

1) 减少肌肉疲劳的设计

人体肌肉在对外做功的过程中需要消耗能量,这种过程的持续进行需要流动的血液不断向肌肉输送能量物质(糖和氧),并把不断产生的生成物(二氧化碳和水)带走。如果血液流动不通畅,不能携带足够的氧,则糖在缺氧的条件下不能够完全分解,不但释放的能量较少,而且会产生不易排泄的乳酸,乳酸在肌肉中的累积会引起肌肉的疲劳和疼痛,使肌肉发力迟钝,力量减小,准确性下降。长期工作在这种状态下还会对肌肉造成永久性损伤。机械设计应避免或减少使操作者肌肉处于这种状态的时间。

当操作者长时间保持一种操作姿势时,身体中部分肌肉长时间处于收缩状态,使血管中的血液流动受阻,无法保障血液向肌肉输送足够量的氧,肌肉的这种工作状态称为**静态发力状态**,处于静态发力状态的肌肉越多,静态发力肌肉的紧张程度越严重,肌肉就越容易疲劳。

图7-60所示为长时间使用两种具有不同形状手柄钳子的对比试验结果。两组各40人,分别使用具有不同形状手柄的钳子进行12周操作,使用直手柄钳子的组内先后有25人出现腱鞘炎等症状,而且发病人数持续增加;使用弯曲手柄钳子的组内只在试验初期有4人出现类似症状。

表7-1列举了几种按照减少操作者肌肉静态发力的要求,对常用操作工具进行的改进设计。改进后的设计使操作者的操作姿势更自然,减少或消除了肌肉的静态发力紧张程度,使得操作者可以长时间工作而不易疲劳。

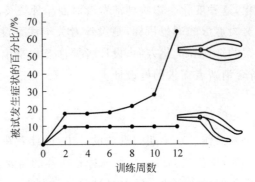

图 7-60 使用不同形状钳子的试验结果

表 7-1 常用工具的改进设计

工具名称	改 进 前	改 进 后
夹钳		
锤子		
手锯		
螺丝刀		
键盘		

操作中的肌肉静态发力是很难完全避免的,但是通过控制静态发力的范围和程度,可以有效地防止操作疲劳。

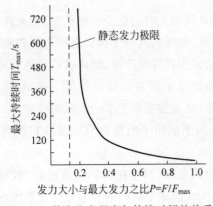

图 7-61 静态发力程度与持续时间的关系

相关试验表明,人在静态发力状态下能够持续工作的时间与静态发力的程度有关。当人用最大的能力静态发力时,肌肉的极度紧张使血液流通几乎中断,发力过程只能维持很短时间。随着静态发力水平的降低,发力能够持续的时间不断加长,当静态发力程度降低到小于最大发力水平的 15% 时,血液流通基本正常,肌肉可以长时间保持发力状态而不疲劳,所以称静态发力水平为最大发力水平的 15% 为**静态发力极限**,如图 7-61 所示。机械设计应使操作者身体各部分肌肉的静态发力水平均低于静态发力极限。

如果操作中不可避免地会使某些肌肉处于较严重的静态发力状态,应允许操作者在操作中自由变换姿势,例如既允许站立操作,又允许坐姿操作,操作者通过不断变换操作姿势,使不同的肌肉轮流得到休息,缓解疲劳。

2) 使肌肉容易发力的设计

操作者操作机械设备时需要用力,当人的肢体处于不同姿势、向不同方向用力时,发力的能力有很大差别。试验表明,多数人的右手臂发力能力大于左手臂,向下发力的能力大于向上发力,向内发力的能力大于向外发力,拉力的能力大于推力,沿手臂方向发力的能力大于垂直于手臂方向。

对机械装置的操作不但要求足够的操作力,而且要求一定的操作精确性和动作灵敏度。人体不同部位肌肉的发力能力不同,动作的精确性和动作灵敏度差别也很大。设计与操作有关的机械装置要合理地确定操作力、操作范围、操作精确性和操作灵敏度的要求,据此确定能够满足设计要求的操作姿势。

人体站立时,手臂操作可以提供较大的操作力,适应较大的操作范围,体力消耗也较大,下肢容易疲劳,站立姿势操作的动作精确性较差。

图 7-62 所示为人体下肢在不同方向的操纵力分布情况。下肢能够提供的操纵力远大于上肢,下肢所能产生的最大操纵力与脚的位置、肢体姿势和施力方向有关,脚的施力方向通常为压力,下肢动作的准确性和灵敏度较差,不适于做频率高或精确性要求高的操作。

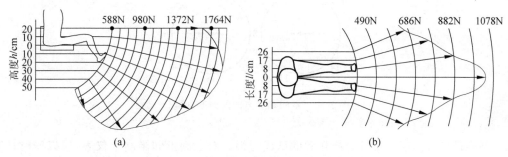

图 7-62 人体下肢在不同方向的操纵力分布

在设计需要人操作的机械装置时,首先要选择操作者的操作姿势,一般优先选择坐姿,特别是动作频率高、精度高、动作幅度小的操作,或需要手脚并用的操作。当需要施加较大的操纵力,或需要的操作动作范围较大,或因操作空间狭小、无容膝空间时,可以选择立姿。操纵力的施力方向应选择人容易发力的方向,发力的方式应避免使操作者长时间保持一种姿势。当操作者必须以不平衡姿势进行操作时,应为操作者设置辅助支撑物。

2. 适合人的心理特点的结构设计方法

1) 减少观察错误的设计

对于具有复杂运行逻辑的机械装置,操作者需要及时、准确、全面地了解装置相关部分的运行参数,对运行状况做出判断,产生对装置的运行实施控制的决策,并做出控制动作。

操作者正确了解装置的运行参数是做出正确判断并实施控制的前提条件。机械装置较多地使用仪表向操作者显示运行参数。使用最多的是视觉显示器,其中又以显示仪表的应用最广泛。

操作者通过观察仪表了解机器的运行参数。为了使观察者能够方便、正确地读取仪表所显示的内容,需要正确地选择显示仪表的显示形式、刻度分布、摆放位置以及多个仪表的组合方式。

试验表明,不同形式的仪表刻度盘对观察者正确读取数据的影响有很大差别。表 7-2 所示为相关试验的结果。在同一台设备上应尽量选用相同形式的仪表,将仪表刻度按相同方向排列,以方便操作者正确认读。图 7-63 所示的仪表排列方式虽然能够节省空间,但是由于两个仪表采用相反的刻度排列方向,增加了认读的困难,使误读率增加。

表 7-2 不同形式刻度盘的误读率比较

刻度盘	开窗式	圆形	半圆形	水平直线	垂直直线
形式					
误读率/%	0.5	10.9	16.6	27.5	35.5

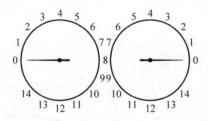

图 7-63 不同刻度方向的刻度盘组合

刻度排列方向应尽量符合操作者的认读习惯。对于圆形和半圆形仪表,应以顺时针方向作为刻度值增大方向;对于水平直线形仪表,应以从左到右的方向为刻度值增大方向;对于垂直直线形仪表,应以从下到上的方向为刻度值增大方向。

2) 减少操作错误的设计

操作者在了解机械装置运行参数的基础上对其运行状态作出判断,产生对装置的控制决策,操作者通过对控制器施加控制动作的方法实施控制决策。

当设备存在多个控制器时,设计应使操作者可以在无视觉帮助或较少视觉帮助的条件下快速、准确地分辨出需要操纵的控制器,要使不同控制器的某些属性具有较明显的差异。经常被用来区分不同控制器属性的有控制器的尺寸、位置、形状和质地。

可以采用不同形状的控制器手柄,通过操作者手的触觉区别不同的控制器。由于触觉的分辨率低,不容易分辨细微的差别,所以控制器手柄的形状不宜太复杂,不同控制器手柄的形状差异应足够明显。

通过控制器的不同位置区分不同的控制器也是经常采用的一种有效方法。试验表明,人在不同方向上对位置的敏感程度不同。图 7-64 所示为相关试验的结果,沿垂直方向布置开关,当间距大于 130mm 时摸错率很低,在水平方向达到同样效果应使布置间距大于 200mm。

操作者在通过控制器调整设备运行情况的同时,需要通过显示器及时了解调整的效果并修正控制策略。当有多个控制器和多个显示器时,控制器与显示器的相对位置关系应符合人的操作习惯,应考虑使操作者容易辨认控制器与显示器的对应关系,减少误操作。

图 7-65 所示为一组相应试验的示意图。在灶台上放置 4 套相同的灶具,在控制面板上并排放置 4 个灶具的控制开关,当灶具与控制开关以不同方式摆放时使用者出现操作错误的次数有明显差别。每种方案各进行了 1200 次试验,方案(a)的误操作次数为零,其余 3 种方案的误操作次数分别为方案(b)76 次,方案(c)116 次,方案(d)129 次。试验同时还显示了操作者的平均反应时间与错误操作次数具有同样的顺序关系。

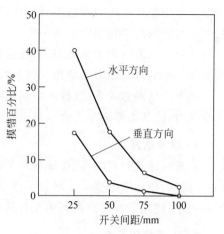

图 7-64 盲目操作开关的准确性

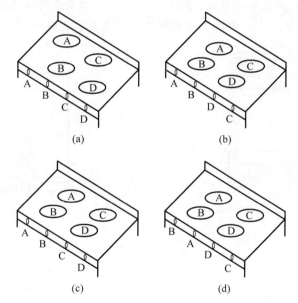

图 7-65 控制器与控制对象相对位置关系对比试验

控制器与显示器位置关系应一致,控制器应与相应的显示器尽量靠近并将控制器放置在显示器的下方或右方(方便右手操作)。控制器的运动方向与相对应的显示器指针运动方向的关系应符合人的习惯模式,通常旋钮以顺时针方向调整操作应使仪表向数字增大方向变化。

7.6.2 绿色设计

制造业在将资源转化为可利用的工业产品和消费产品的过程中,为人类创造了巨大的财富,同时也产生了大量的废弃物,造成对环境的破坏。

企业用花样翻新的产品不断创造着新的时尚,这促使人们无节制地消费,这种消费观念加剧了对资源的消耗和生态的失衡。

全社会越来越清楚地认识到,社会经济增长必须走可持续发展的道路,使经济的发展与资源和环境的承受能力相协调。这就产生了绿色设计的理念。

绿色设计理念认为,设计除应满足今天的社会需求以外,还应考虑自然生态环境的长期承受能力,使其能够满足人类长期生存的需要。绿色设计包括以下的内容。

1. 材料选择

在选择结构材料时,在保证材料工作性能的前提下,还应考虑在产品全寿命周期内低能耗、低成本、低污染的要求。尽量选择原料来源广泛、生产过程耗能低、生产和使用过程对环境污染小、使用后容易回收利用或容易自然降解的材料。

2. 延长使用寿命

通过合理的结构设计延长零部件的使用寿命,在结构中可能会由于磨损影响性能的部位设置必要的调整环节,在设备使用过程中可以通过调整的方法恢复结构的性能;在无法通过调整的方法恢复使用功能的位置,设置可进行局部更换或局部修复的结构,使零件可以恢复正确的工作状态,延长使用寿命。图7-66所示滑动轴承结构可以通过调整的方法恢复轴承正确的配合间隙;图7-67所示为可调间隙的滚动轴承结构。

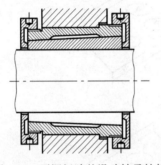
图7-66 可调间隙的滑动轴承结构

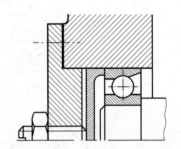
图7-67 可调间隙的滚动轴承结构

3. 可拆卸设计

装配结构应可以拆卸,容易拆卸,使得失效的零件可以单独被更换,报废设备中的零件可以互相分离,不同的材料可以分别回收利用。结构拆卸越容易,拆卸成本越低,企业对结构进行维修和对报废产品进行回收的积极性就会越大。图7-68所示为滚动轴承的定位结构,设计时应使轴承可以通过安全的方法拆卸,拆卸后的轴承仍可使用。

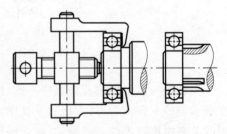
图7-68 滚动轴承的定位结构

4. 回收设计

设计应使结构中的不同材料容易分离,材料种类应容易识别(特别是塑料),材料种类应减少并减少不必要的装饰性加工,如电镀、喷涂等。

图7-69所示为骨架式油封的不同结构。其中,图7-69(a)所示的内包骨架结构在油封

失效后不容易将骨架与橡胶分离；图 7-69(b)和图 7-69(c)所示油封结构中的钢骨架和橡胶材料很容易分离，有利于材料回收再利用。

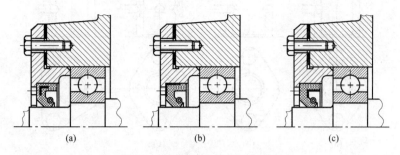

图 7-69　骨架式油封的不同结构
(a) 内包骨架油封结构；(b) 外露骨架油封结构；(c) 内衬骨架油封结构

5. 包装设计

绿色包装技术包括选择包装材料、设计包装结构和包装废弃物回收处理。包装设计应符合减量化(reduce)、回收重用(reuse)、循环再生(recycle)和可降解(degradable)的原则。产品包装应尽量选择无毒、无公害、可回收或易于降解的材料。产品应简化包装，既减少对资源的浪费，又减少对环境的污染和废弃物的处置费用。

7.6.3　方便装配的设计

结构设计的结果需要通过装配加以实现，机械装置经过维修后也需要通过重新装配恢复功能。结构设计中考虑装配的需要，降低装配难度，可以有效降低成本，提高装配质量。

1. 避免装配错误

只有通过正确的装配才能使结构实现给定的功能。好的设计有利于减少以致避免装配错误的发生。

图 7-70 所示为螺纹连接双螺母防松结构。结构中下面的螺母受力较小，可采用较薄的螺母；上面的螺母受力较大，应采用较厚的螺母，如图 7-70(a)所示。但是实践表明，这样的设计常被使用者误解，结构在经过维修后常将两个螺母反装，影响防松效果。为了避免装配错误，现在的机械设计中普遍采用两个厚度相同的螺母构造双螺母防松结构，如图 7-70(b)所示。

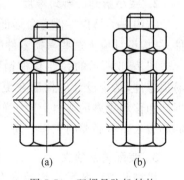

图 7-70　双螺母防松结构

图 7-71(a)所示的滑动轴承右侧有一个与箱体连通的注油孔，如果装配中将滑动轴承的方向装错，会使滑动轴承和与之配合的轴之间得不到润滑。由于装配中有方向要求，增加了装配过程中辨别方向的工作量和难度。如果改为图 7-71(b)所示的结构，零件成为对称结构，虽然不会发生装配错误，但是总有一个孔实际不起作用。若改为图 7-71(c)所示的结构，增加环形储油区，不仅使两个油孔都能发挥作用，而且避免了发生装配错误的可能性。若改为图 7-71(d)所示的结构，使得反向无法装配，也可以避免装配错误。

不同的零件应有容易辨别的明显差别，否则装配中很容易造成错误。

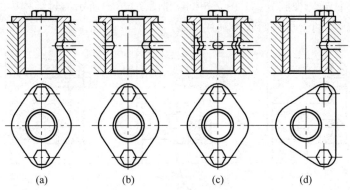

图 7-71 减少装配差错的结构设计

图 7-72(a)所示的两个零件外形相同,材料不同,装配中很难区别。为使得在装配中容易分辨两个零件,避免发生装配错误,可以采用图 7-72(b)所示的设计,使相似的零件有明显的差异。

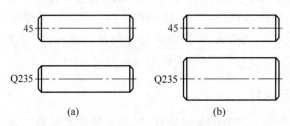

图 7-72 相似零件具有明显差别

2. 减小拆卸(维修)难度

结构中的易损零件寿命远低于设备整体的工作寿命,在工作中需要多次更换失效的零件,结构设计应为这些易损零件的更换创造方便条件。

图 7-73 所示的弹性套柱销联轴器中的弹性套是易损零件,结构设计应保证在更换弹性套时不必同时拆卸和移动更多的零件,应为弹性套及相关零件的拆卸和装入留有必要的工作空间。

3. 装配关系独立

机械装置的装配结构越复杂,不同结构要素之间的装配关系关联程度越高,就会使得在拆卸某个零件时必须将相关的零件也同时拆卸,使拆卸的难度和工作量加大。

图 7-74(a)所示的滑动轴承结构通过左侧的螺母实现滑动轴承与轴的固定以及轴与箱体的固定,当需

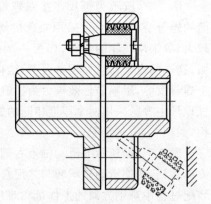

图 7-73 弹性套柱销联轴器

要更换滑动轴承时,必须在箱体两侧同时操作,将滑动轴承与轴之间的装配关系和轴与箱体之间的装配关系同时解除才能完成拆卸。如果改为图 7-74(b)所示的装配结构,更换滑动轴承时只需要在箱体一侧进行操作,只需要解除轴与轴承之间的装配关系,使维修工作更方便。

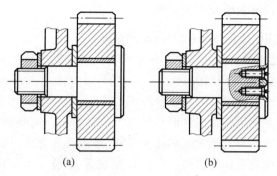

图 7-74 滑动轴承装配结构设计
(a) 原设计；(b) 改进后的设计

在机械设计中，很多工作参数最终依靠调整来实现。当进行维修时，如果必须破坏某些经过调整所确定的装配关系，维修后需要重新调整这些参数，这就增加了维修工作的难度和工作量。结构设计中应使这些结构中各部分的装配关系互相独立，降低维修工作中必须对已有装配关系的破坏程度，使维修更容易。

图 7-75(a) 所示轴承座结构的装配关系不独立，更换轴承时不但需要破坏轴承盖与轴承座的装配关系，而且需要破坏轴承座与机体的装配关系。轴承座与机体之间的相对位置关系是通过调整确定的，更换轴承后需要重新调整轴承座在机体上的位置。图 7-75(b) 所示的结构中轴承座与机体的装配关系和轴承盖与轴承座的装配关系互相独立，更换轴承时不需要破坏轴承座与机体的装配关系，而轴承盖与轴承座之间有止口定位，装配后不需要调整，使维修中更换易损零件的操作更方便。

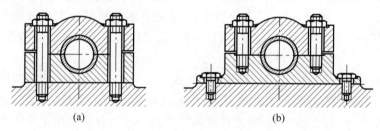

图 7-75 装配关系独立的结构设计
(a) 装配关系不独立；(b) 装配关系独立

7.6.4　3D 打印设计

3D 打印是指采用打印头、喷嘴或其他打印沉积技术来制造物体的技术。通常情况下，3D 打印也常用来表示"增材制造"技术。20 世纪 80 年代末，清华大学的颜永年教授将 3D 打印技术带回我国，被称为"中国 3D 打印第一人"。从广义的原理来看，以设计数据为基础，将材料自动化地累加、连接起来成为实体结构的制造方法，都可视为增材制造技术。国内以清华大学、北京航空航天大学、西安交通大学、西北工业大学和华中科技大学为代表对此开展了大量研究。近年来，增材制造技术取得了快速的发展。不同材料与工艺结合形成了多种增材制造技术。其中的代表性工艺为：光敏树脂液相固化成形、选择性激光粉末烧结成形、薄片分层叠加成形和熔丝堆积成形。

1. 光敏树脂液相固化成形（stereolithography, SL）

光敏树脂液相固化成形又称光固化立体造型或立体光刻。1995年，西安交通大学团队开发出国内首台SL光固化3D打印机。

SL工艺是基于液态光敏树脂的光聚合原理工作的，图7-76所示为SL工艺原理图。液槽中充满了光敏树脂，光敏树脂被激光照射的地方就会固化。成形开始时，工作平台在液面下一个确定的深度，液面始终处于激光的焦点平面，聚焦后的光斑在液面上按计算机的指令逐点扫描，光敏树脂也就逐点固化。当一层扫描完成后，工作平台下降一个高度，已经成形的层面上又布满一层液态树脂，刮平器先将黏度较大的液态树脂刮平，然后再进行扫描，新固化的一层牢固地粘在上一层，如此重复就能得到一个三维实体原型。

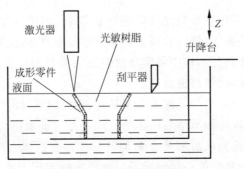

图7-76 SL工艺原理图

SL工艺是目前研究最多也是发展最快的工艺之一，用这种方法得到的零件精度高，能达到或小于0.1mm。此外，该工艺表面质量好、原材料利用率将近100%，能制造形状特别复杂（如空心零件）、特别精细（如首饰、工艺品等）的零件。制作出来的原型件，可以快速翻制各种模具。

图7-77所示是通过SL工艺加工得到的复杂零件造型，其材料为光敏树脂。光敏树脂材料3D打印的成品细节很好，表面质量高，可通过喷漆等工艺上色。此外，光敏树脂具有黏度低、固化收缩小、固化速率快、固化程度高等特点。这种材料多用于打印对模型精度和表面质量要求较高的精细模型及复杂的设计模型，例如，手板、手办、首饰或者精密装配件等，但不适合打印大件的模型，对大件模型需要拆件打印。

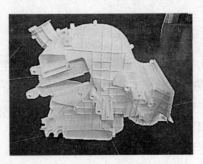

图7-77 SL工艺加工得到的复杂零件造型

2. 选择性激光粉末烧结成形(selective laser sintering,SLS)

选择性激光粉末烧结成形又称为选区激光烧结,华中科技大学是我国最早从事快速成形的研究单位之一,在 SLS 理论、工艺和装备等诸多方面取得了重要成果。

SLS 工艺是利用粉末材料(金属粉末或非金属粉末)在激光照射下烧结的原理(见图 7-78)成形。此法采用二氧化碳激光器作为能源,在工作台上均匀铺上一层很薄(0.1~0.2mm)的粉末,激光束在计算机控制下按照零件分层轮廓有选择性地进行烧结,一层完成后再进行下一层烧结。全部烧结后去掉多余的粉末,再进行打磨、烘干等处理获得所需的零件。

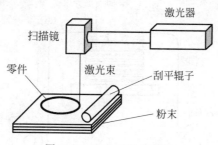

图 7-78　SLS 工艺原理图

SLS 工艺的特点是材料适应面广,可以制造塑料、陶瓷、石蜡、金属等各种材料的零件,任何烧结后能够黏结的粉末都有被用作 SLS 原材料的可能性。此外,SLS 工艺无须加支撑,因此可以烧结制造空心、多层镂空的复杂零件。

随着材料科学的发展,人们逐渐在 SLS 工艺中采用高分子材料。图 7-79 所示为 SLS 工艺制作的方向盘,高分子材料成形温度低,用较小的功率即可进行烧结,并且没有金属粉末烧结时较难克服的"球化"效应,因此,高分子粉末是目前应用最多也是应用最成功的 SLS 材料。其中,如果向尼龙材料中加入玻璃微珠、碳纤维等,则可以使成品零件在拥有高强度、高耐磨性、易加工的同时,也具有高的尺寸稳定性能和抗热变形性能。

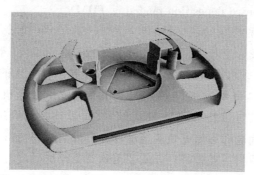

图 7-79　SLS 工艺制作的方向盘

3. 薄片分层叠加成形(laminated object manufacturing,LOM)

薄片分层叠加成形又称为叠层实体制造或分层实体制造,因为常用纸作为原材料,故又称为纸片叠层法。国内以清华大学和华中科技大学等为代表对此开展了相关研究。

图 7-80 所示为分层实体制造工艺原理图。用二氧化碳激光器在最上面、刚黏结的新层

上切割出零件截面轮廓与工件外框,并在截面轮廓与外框之间多余的废料区域内切割成上下对齐的网格,以便于清除;激光切割完成后,工作台带动已经成形的工件下降,与带状片材分离;供料机构转动收料轴和供料轴,带动料带移动,使新层移到加工区域;工作台上升到加工平面;热压辊热压,工件的层数增加一层,高度增加一个料厚;再在新层上切割截面轮廓。如此反复,得到三维的实体零件。

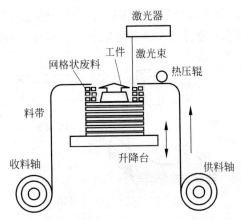

图 7-80　分层实体制造工艺原理图

LOM 工艺只需要在片材上切割出零件截面的轮廓,而不用扫描整个截面,因此易于制造大型、实体零件。零件精度较高(误差<0.15mm),同时由于多余材料在加工中起到支撑作用,因此无须额外加支撑。

与金属材料相比,陶瓷的熔点更高,导热性更差。如何将陶瓷颗粒结合在一起并固定零件的形状,是陶瓷增材制造技术研究的关键问题。基于冻结浆料的分层实体制造避免了激光对坯体内部的破坏,结合冷冻加工技术可以加工出具有多孔结构的陶瓷坯体。

4. 熔融沉积成形(fused deposition modeling,FDM)

熔融沉积成形是一种将各种热熔性的丝状材料(蜡、ABS 和尼龙等)加热熔化成形的方法,又被称为熔丝成形或熔丝制造。清华大学下属的企业于 2000 年推出了基于 FDM 技术的商用 3D 打印机,近年来也涌现出多家将 3D 打印机技术商业化的企业。

FDM 工艺是利用热塑性材料的热熔性和黏结性,在计算机控制下层层堆积成形。图 7-81 所示为 FDM 工艺原理。材料先抽成丝状,通过送丝机构送进喷头,在喷头内被加热熔化,喷头沿零件截面轮廓和填充轨迹运动,同时将熔化的材料挤出,材料迅速固化,并与周围的材料黏结,层层成形。此外,FDM 工艺需要对支撑材料进行去除。

该工艺不用激光,因此使用、维护简单,成本较低。用蜡成形的零件原型可以直接用于熔模铸造。用 ABS 工程塑料制造的原型在产品设计、测试与评估等方面获得广泛应用。

FDM 工艺具有独特的优势,这种工艺材料成本低廉,建模方便,打印机结构简单,往往一个小团队便可以组装完成,因此高校常用基于 FDM 工艺的 3D 打印机教学。FDM 工艺的一大优点是可以成形任意复杂程度的零件,经常用于成形具有很复杂的内腔、孔等零件。图 7-82 所示是 FDM 工艺加工的"风力仿生兽"主体,其不仅结构复杂,还有大量的活动"关节",使用 FDM 工艺只需要建模正确,将模型导入制造程序后,就可以自动进行"打印",可

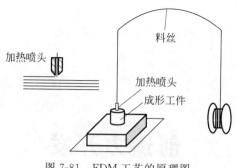

图 7-81 FDM 工艺的原理图

以大大节省时间。但需要注意的是,FDM 需要支撑结构,越复杂的产品支撑结构越多、越复杂,对支撑结构的去除也就越难。

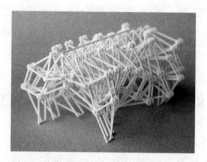

图 7-82 FDM 工艺加工的"风力仿生兽"主体

思 考 题

1. 功能表面的设计是零部件设计的核心问题。通过对功能表面的变异设计能得到可实现同一技术功能的多种结构方案。例如压簧、拉簧和板簧均可以产生压紧力压紧某零件,三者之间有什么不同?设计时需要注意哪些问题?

2. 根据景区需要,某公司需要设计一种多人(3~5人)自行车,你认为重点要解决什么问题?请给出合理方案并画出关键结构的草图。

3. 生活中有哪些不合理的机械结构设计?你会怎么改进?请举出至少 3 例,并给出解决方案。

8 创造力开发

"创新是一个民族进步的灵魂,是国家兴旺发达的不竭动力……一个没有创新能力的民族难以屹立于世界先进民族之林。"在越来越激烈的市场竞争中,培养具有创造力的人才是关系到国家前途和民族命运的大事。那么,什么是创造力?是否每个普通人都有创造力?创造力是不是可以培养?如何培养?本章将着重就以上问题进行阐述。

8.1 创造力的含义和特征

创造学起源于 20 世纪上半叶,关于创造主体,即人的创造力研究和开发一直是创造学的研究重点。人的创造力的开发是创造教育最有意义的成果。尽管如此,关于创造力至今还没有一个统一的定义,具有代表性的定义可以分为能力说、总和说、本领论和正向合力系统说等。其中,能力说的观点为大多数研究者所认同,他们一般认为创造力是一种能力(或称心理能力)或多种能力的总和。例如,"人的创造力是指人能够主动地实现新颖的社会价值或个人价值的能力"。另外,也有一种观点认为,创造力是人天生就具有的狭义创造力和通过后天培养所获得的狭义创造能力的总和,或称广义创造力。狭义创造力是人的一种自然属性,是隐性的,是无法具体测定的。狭义创造能力则是显性的,是必须经过后天的学习和训练才能够显现出来的一种社会属性。狭义创造能力是可以测量的,与知识和素质的关系极其密切。因此狭义创造力只有显现出来才能表现为狭义的创造能力。这种观点较好地阐释了创造学研究中一些自相矛盾的论点。本书中如无特殊说明,所指创造力即为广义创造力。

创造力具有以下一些基本特征:

(1) 主体性。即创造力的主体是人,只有人才具有创造力。

(2) 首创性。它是创造力的本质性特征。

(3) 多因素性。创造力的训练和开发受到智力、知识、环境及人格特征、精神、灵感等诸多非智力因素的影响,所以是多因素的。

(4) 方向性。创造力应该是有利于社会进步和体现社会价值、有利于创造活动的"正向力"。

(5) 综合性。创造力是多种能力的综合。

8.2 创造力的基本属性

广义创造力的定义反映出创造力具有的两个基本属性,即普遍性和可开发性。创造力的普遍性就是指创造力是每一个正常人都具有的一种自然属性,它是创造学的第一条基本原理。而人脑中的创造力并不是在任何情况下能够自发地体现出来的,理论和实践证明,人的自然属性的创造力可以通过专门的学习和训练,通过创造教育的实施而被激发出来,这是创造学的第二条基本原理。

8.2.1 创造力的普遍性

随着人们对自身研究的不断深入和创造学研究的不断进步,创造的神秘感已经被逐渐打破。每个正常人都具有创造力,它是人类数百万年来智力进化的结果。

创造力的普遍性可以通过对人脑结构功能的分析从理论上进行说明。

图 8-1 显示出人脑的结构与功能关系。19 世纪的生理学家和外科医生就已经发现人的大脑各个部位具有不同的功能,其中,身体右侧的感觉通过神经传递给人脑的左半球,而左侧的感觉则传递给人脑的右半球。这就是所谓的特殊定位说。根据这一学说,人们认为,大脑的左侧集中了占主导地位的逻辑和语言中枢,管理人类右侧身体和右手活动,被认为是"优势半球"。相应地,人的右脑一直被认为缺乏高级功能,是"劣势半球"。

图 8-1 人脑的结构与功能关系

20 世纪 80 年代,获得 1981 年诺贝尔生理学或医学奖的 R. W. 斯佩里教授通过研究,进一步阐明了人脑左半球除具有抽象思维、数学运算及逻辑语言等重要机能外,还可以在关系很远的资料间建立想象联系。在控制神经系统方面,人脑的左半球也起着积极和主要的作用。更重要的是,斯佩里教授发现并纠正了人们对右脑的偏见。他的研究表明,人脑的右半球同样具有许多高级功能,如对复杂事物的理解能力、整体的综合能力、直觉能力、想象能力等。另外,右半球还是音乐、美术及空间知觉的辨识系统。通过运用放射性示踪原子研究大脑工作状态发现,进行创造性工作时,放射性示踪原子在右脑区域比较密集,即显示右脑是主要承担创造性工作的脑区。这些研究成果表明,人类大脑虽然在功能上有所分工,但也是功能互补、相辅相成、紧密配合的有机统一体。目前,人们对右脑的开发较少,因此每个人都还具有很大的潜力。

总之,从人脑的生理机构看,创造力是人们普遍具有的一种自然属性。

8.2.2 创造力的可开发性

人人都有创造力。但是,在现实生活中,每个人表现出的创造力却是有很大差别的。这是因为,虽然人的创造力普遍性是人的自然属性,但是只有通过后天的学习、训练才能够更显著地表现出来。即创造力可以通过专门的学习或训练,通过创造教育的实施而被激发出来。创造力的这种可开发性,被称为创造学第二基本原理。

创造力的可开发性可以从理论和实践上加以证明。在创造力的普遍性理论中,通过对人脑的生理结构进行分析,在理论上直接说明了人的创造力可开发性是具有物质基础的。另外,研究表明,人的创造力和人的思维技巧、创造方法和掌握信息的种类与数量密切相关。这种关联性可以表示为

$$S = KS_1 S_2 \cdots S_n \tag{8-1}$$

式中,S 为主体创造出的新信息;K 为系统综合系数,表示综合的有效性和巧妙性;S_1,S_2,$\cdots$,S_n 为大脑中原存储的信息和新获得的信息的总量及种类。

由式(8-1)可以看出,有两条途径可以提高人的创造力。首先,通过创造原理和创造技法的创造学教育,可以提高信息综合系数 K 值。例如,美国通用电气公司长期坚持对员工进行创造学教育。他们的实践证明,那些参加过创造学培训的员工,其获得的发明创造和发明专利是没有接受创造学教育员工所提出的发明创造人均数量的 3 倍。我国上海第三钢厂,通过对技术和管理人员进行创造学教育,两年提出创新性建议 2000 余条,付诸实施后,获得直接经济效益 3000 余万元。其次,通过多种常规教育途径,可以获得增强创造力的丰富信息及不断更新的知识(S_1,S_2,$\cdots$,S_n),它反映出创造力开发与知识结构是密切相关的。此部分内容将在 8.4.1 节中专门阐述。

8.3 创造力开发的内容、途径和一般方法

人的创造力作为一种客观存在(即普遍性),在现实生活中并不是自然显现的。事实表明,创造力可以在人脑中蕴藏几年、十几年甚至是几十年。只有得到应有的开发,才能使创造力显现出来。从这个意义上,创造力开发就是要使存在于人脑中的这种创造力由隐到显、从小到大、由不知到知晓、由不完善不发达到更完善更发达。因此,创造力开发的具体内容可以分为以下 3 个方面:

(1) 创造力的发现。包含对创造力的唤醒、挖掘、启发、解放等含义。强调对自己的重新审视,认识到自己或人类确实具有尚待开发的创造力。认识到这一点,使得人们在社会实践中可以更加主动、自觉地发挥这种能力。

(2) 创造力的培养。在发现和确认创造力的基础上,对创造力实施建设、提高、发展的综合性措施,以使创造力有效地得到提高,这在创造力开发中具有重要的地位,也是可操作性最强、工作面最广、教学量最大的部分。

(3) 创造力的整合。在发现的基础上、在培养的过程中才能发现自己确实存在创造力。但如果仅是自发的、纯兴趣的、自生自灭的,就会使其处于无序状态。以低效方式创造不仅艰辛,而且常遭遇失败。这就需要对创造力进行整合,即对原始状态的创造力加以健全、理顺和完善。

创造力开发活动最早开始于 20 世纪 30 年代的美国。1931 年,内布拉斯加大学教授 R. P. 克劳福德首次在大学中开设创新思维课程;1935 年,美国电气工程师 H. 奥肯给全美电气工程师协会会员创办了第一个工程师创造能力训练班;随后 1937 年,A. R. 史蒂文森在通用电气公司首次在工业企业中为技术人员开设了创造工程课程。到 20 世纪中期,创造性开发活动在全美得到广泛普及,许多一流的大公司,如 IBM 公司、美国无线电公司、道氏化学公司、通用汽车公司,以及军队和政府部门都相应地成立了创造能力培训机构,开展创造能力培训并取得显著的成果。1984 年美国有关研究中心的研究报告指出,通过创造能力训练,最好成绩可以使受训者的创造力测试成绩平均提高 47%。

在日本,20 世纪 30 年代末引入创造学及国外创造力开发经验,到 20 世纪 60 年代走上独立发展的道路,其创造力开发活动的范围比美国有过之而无不及。它不仅包括学校研究团体和工业企业,还进一步在社会各阶层推广,在国内掀起"全民皆创"的开发全民创造力热潮。主要表现在以下几方面。

第一,注重对人们创造力的开发。

日本政府认为,为了振兴国家,必须立足本国,必须依靠开发本国国民的智慧和创造力。因此,在 1960 年政府便制定了《国民收入倍增计划》。其中四大目标之一即是"培训人才"。该计划指出:"我国技术的进步,过去经常是依赖引进外国技术。今后,绝不能只停留在这种消化、吸收外国技术的地位,必须发展本国的技术。""本计划实施期间最为重要的事项是保证提供数量充足、质量优秀的科学技术工作者和专门人才。"20 世纪 80 年代,日本政府又把发展独创的新的科学技术视为国策,把提高人们的创造力作为通向新世纪的道路。1986 年中曾根康弘谈到日本经济腾飞经验时说,日本土地狭小、资源缺乏,靠什么在世界上立足、靠什么与人竞争呢? 主要是靠开发国民的创造力。日本创造学家高桥诚 1984 年的调查表明,那时约有 40% 的日本企业已经实施了开发职工创造力的创造教育活动。

第二,普遍开展设想活动,这是"全民皆创"的一个重要表现。

日本许多企业把职工的创造性设想和发明专利看作企业的重要实力。例如,本田科研公司经理对前去参观的客人讲的第一句话就是:"本公司每年拥有 105 万件提案(即设想),是第一流的公司。"丰田汽车公司表示:"本公司每年有 40 万件提案,而同一时期美国福特公司仅有 6 万件。"帝人公司更是将创造力看成用人的首要标准。其总经理说:"用人,第一要有创意;第二,他追求创意。只要是有创意的人,马上聘为干部。"号称一年有 200 万件设想的松下电气公司,有一个职工一年中竟然提出了 17626 个设想。

日本发明学会为此每年都要举办一次发明设想竞赛,第二年 5 月揭晓,一等奖奖金达 50 万日元。这些设想一旦被工厂采用,设想者还可得到 3% 的销售额,数额往往比奖金高出几百倍。

此外,有些企业还开展所谓"一日一案",即提倡职工立足本职每天提出一个设想的活动,使得职工每天都生活在一个强烈的创造性氛围中。而职工之间的相互启发、相互激励、相互切磋、相互促进,使更多的创造机遇或灵感降临,也造就了中松义郎这样的"对世界做出巨大贡献的第一发明家"。

由于设想运动不仅可以丰富职工的生活内容,充实精神生活,而且还可以获得可观的经济效益,所以日本的大小企业都普遍开展设想活动,广泛悬赏征求创造发明设想。日本的企业家强调,企业的发明创造不能只依靠少数天才,而要发动每一个员工,挖掘每个人的创造力,这样才能获得最大的经济效益。有的公司不但鼓励职工提出与业务相关的各类设想,而且也欢迎那些公司业务范围以外的设想方案。这些都极大地激发了职工的积极性和创造性。

第三,电视台广泛举办发明设想专题节目。

为推动发明设想运动,日本东京电视台从1981年开始创办"发明设想"节目,引起日本发明设想热。人人都希望自己的设想能够公诸社会,对社会产生价值,这种通过电视媒体传播发明设想的活动真正使创造活动实现了"集思广益",实现了全民化。虽然这些设想有些层次不高,但是其带来的经济效益却是不可低估的,它对国家的经济发展也起到了巨大的推动作用。

第四,发明节和星期日发明学校。

日本把每年的4月18日定为"发明节"。这一天要集中表彰和纪念成绩卓著的发明家。而由几位发明家倡议成立的星期日发明学校,不仅吸引了在职职员、企业管理人员,还有许多家庭主妇来参加。通过聘请发明家作教师,采用生动活泼的教学形式,培养了一批有成就、有建树的发明家。例如,吉泽台助因为发明了密封的袋装毛巾,每年可获利7000万日元。

第五,重视小发明。

日本非常重视和鼓励小发明,把小发明同样提到相当高的地位看待,并且制定了名为"实用新案"的法律保护小发明。正是无数的小发明创造,使得日本成为一个发明大国。据统计,1989年世界各国百万人专利申请量日本为2580件,名列第一。位居第二的德国仅为530件。以日立公司为例,全公司7万余名员工,在1983年申请的小发明专利就达25000件。无数的小发明、小创造为大的发明创造铺平了道路,奠定了基础。

在大量的发明创造实践活动以外,日本的创造学研究者还出版了大量的创造学论著,开发出不少具有日本特色、适合日本国情的创造技法,如KJ法、NM法、CBS法等。同时,日本的创造学会每年不断组织创造学学术讨论会,创办专门的创造学刊物,如《创造》《创造的世界》《创造学研究》等,为创造学的研究和发展提供了交流和推广的平台。

在我国虽然有关创造学的研究可以追溯到很早的年代,但真正意义上的创造学学科在我国起源较晚,可以认为是在20世纪80年代,其标志是在1983年6月召开的中国创造学研究会筹备委员会的成立。随后在创造学理论研究、创造学教育、创造力开发实践等诸多方面取得了显著成绩。不仅定期召开创造学研究的研讨会,还组织了大、中、小学的创造学教育和创造力开发实践活动,在厂矿企业推广创造学理论等。其中,全国推广创造学重点单位之一的东风汽车公司,1987—1988年派出40名骨干到沈阳、上海等地学习,回厂后举办了有万余人次参加的各类培训班200多期。该公司在1987—1993年,通过创造学的学习和推广,共实现合理化建议110.8万件,技术革新3.2万件,应用创新技法成果1100余项,获第26届世界新技术展览会银牌奖2项,国家发明奖1项,国家级和省部级科技进步奖54项,国家专利400余项。

经过 40 余年的创造学教育实施,我国在创造学教育与全民创新意识培养方面取得显著成效。据 WIPO(世界知识产权组织)2024 年 1 月发布的 2022 年最新知识产权数据统计结果,2022 年全球有效的专利数量为 1730 万件,数量最高的是中国(420 万件),其次是美国(330 万件)和日本(200 万件)。另外,2023 年,中国以 69610 件提交了最多的 PCT(专利合作条约)专利申请,其次是美国(55678 件)和日本(48879 件)。

通过以上国内外创造力开发的理论和实践经验,可以归纳出创造力开发的主要途径,包括:

(1) 推广和实施创造教育。创造教育专指学校在校学生的创造教育,主要形式是开设创造性课程和学科的渗透。与传统教育相比,实施创造教育有很大难度。主要表现在,创造教育需要有与之配套的教学系统,如需要有创造性的教师、创造性的教材、创造性的教学方法和相应的管理方法以及创造性的评价标准和考核标准等。虽然有一定难度,但实践证明,实施创造教育是开发创造力最根本和最有效的途径。例如,我国最早研究和实践创造学教育的中国矿业大学,1983 年学校将"创造学原理"与地质专业的一门专业课结合,明显地提高了教学质量。截至 1997 年已经将普通创造学课程列为全校本科专业的公共基础必修课,并正式招收了创造学专业方向硕士研究生。除此之外,还针对不同对象开设出创造学类系列课程。据 1997 年的统计,学习过创造学课程的学生共计有发明创造 500 余项,获国家专利 32 项,获江苏省及全国各类发明创造比赛奖多次。

(2) 将创造力开发融入继续教育和职业教育中。各类从业者可能比在校学生更感到创造力的重要性,因此将创造教育纳入继续教育中的成人教育及各类专业明确的职业教育中具有更广阔的发展前景。

(3) 面向社会开展创造力开发培训。从日本的创造教育经验中不难看出,面向社会广泛开展创造力开发培训不仅具有可行性,而且会产生巨大的社会效益和经济效益。

(4) 积极宣传和普及创造学知识。利用多种形式向社会广泛宣传和普及创造学知识,使全社会认识到创造力开发的基本属性,特别是创造力开发的可行性,激励全民增强创新意识。这里特别应该注意的是,政府部门的政策引导、领导干部对创造力开发战略意义的认识水平都关系到创造力开发的发展。日本的经验证明,政府的政策导向、企业领导人的管理方针对全民和企业的创造力开发起到巨大的推动作用。另外,积极宣传创造性人物,以他们的亲身体验和创造成就作为典范可以具有很好的示范作用,超过任何说教。

(5) 开展创造发明的各类竞赛活动,推动创造学教育在全民中的开展。在竞争和展示中激发创造力开发的主动性、积极性是世界各国的成功经验,许多国家不惜重金举办世界性的发明博览会或举行竞赛,把最优秀的创造成果吸引来,用成果说话是最好的创造力开发。

(6) 培养创造者的个性素质。爱因斯坦曾经说过:"智力上的成就在很大程度上依赖性格的伟大,这一点往往超出人们通常的认识。"因此,在创造力开发的过程中,注重培养与创造力有关的个性素质也是十分重要的。例如,在思想品德教育方面,在开发创造力之初,就应该教育创造者树立为国家和民族利益进行创造的理想,只有在崇高理想的支持下,才能使创造者具有勇敢和献身精神、坚毅和刚强的品质等。另外,健康的心理和身体、广博的知识、艺术品位等都是创造者需要具备的一些基本个性素质。

有了上述多种途径,在创造教育实施的过程中还要掌握正确的方法。创造力开发有 3 种基本模式:①早期的观摩式或经验传授式创造力开发,主要通过总结发明家成功的经验,提炼归纳出发明的范例和技巧,让学习者在观摩发明范例、学习传授的经验和技巧中开发创造力;②创造性工程式创造力开发,主要以讲授创造技法和发明方法开发创造力;③创造性教育式创造力开发,例如,美国大学中许多专业课程运用创造性思维技巧进行了改革和改造。无论哪种模式在具体操作中也要遵循一定的方法。这里为大家介绍两种典型方法。

1. AUTA 方法

AUTA 是英文单词 awareness(意识)、understanding(理解)、techniques(技法)和 actualization(实现)的字头缩写,即 AUTA 创造力开发方法包括的 4 个环节。该方法由美国创造学家和教育心理学家 G. A. 戴维斯提出。这 4 个环节也是创造力开发的 4 个步骤,概括了有关的创造学原理,为强化创造意识和态度、提高创造思维能力、掌握创造技法提供了合理安排教学内容和教学活动的框架。这个框架合理、有效,具有较大的影响力。

(1) 意识。提高创造意识是创造力开发的第一步。创造意识一般指根据客观需要而产生的强烈不安于现状,执意于创造的要求和内在驱动力。启发创造意识的目的在于,通过教学使学习者了解发明创造对社会历史发展的巨大作用和创造力在个人成长中的重大意义。讲授创造发明的有关历史知识和创造力在著名人物成长过程中的作用等内容。此阶段主要是提高对创造力开发的认识。

(2) 理解。理解创造力的特点、性质和创造过程的规律性,使学习者增长创造学知识,澄清一些模糊认识。教学的主要内容包括创造性人才的特征、创造过程、创造力结构、创造力测试等。它是创造力开发的知识准备阶段。

(3) 技法。讲授各种创造技法。戴维斯将创造技法分为两类:一类是通用技法,如智力激励法、检核目录法、组合创造法、缺点列举法、特性分析法、形态分析法等;另一类是个人最擅长、最习惯且易见成效的创造思维方法和技法。两类技法没有严格的界限,最好将它们相互融合,从而形成有个人特色的常用技法。讲授中采用轻松活泼的方式,辅之相应的练习,充分调动学生的主动性、积极性。此阶段是 AUTA 方法的核心环节,重点是掌握方法。

(4) 实现。自我实现是一种积极、健康的心理状态,有了这种心态,一个人就可以在生活的各方面表现出灵活性、开放性和创造性,释放出自身的潜能,成为一个实现自身价值的人。自我实现是 AUTA 方法的最后阶段和理想结果。

AUTA 方法的最大特点在于它的首、尾阶段,即意识和实现。在创造力开发中首先要克服的就是意识障碍,如"创造是神秘的""创造是天才的领地""我没有创造力"等。如果没有在创造力开发训练中首先提高创新意识,其他方面的知识、技法的教学都会事倍功半。"实现"运用了马斯洛的需要层次理论,将人的最高层次需求,即自我实现作为创造性开发训练的最终理想结果,提高了创造性开发活动在人类生活中的重要地位。

2. 奥斯本-帕内斯创造性解题训练方法

根据奥斯本创造过程理论,美国创造学家帕内斯制定了创造性解题方法(CPS),此方法通过大量的训练计划应用,被认为是最佳的教学方法之一。CPS 方法分为 5 个阶段,即事实发现、问题发现、设想发现、解法发现和接受发现。在 5 个阶段中都首先要求发散思维,随后进行收敛思维。此方法的教学目标可概括为以下 6 个方面。

(1) 使学习者善于发现问题。在给定的"困境"中,学习者应该能够提出许多值得探讨的具体问题,详细描述问题的要素。

(2) 使学习者能够确定问题。给定一个复杂的问题情境,学习者应该能够辨认出所陈述问题的背后还有哪些潜在的或实质性的问题;提出"为什么",能否扩展或重新定义问题;变换动词来重新定义问题;试提出几个可能的子问题。

(3) 能够打破习惯性思路。给定一个比较平常的情境,在描述后要求学习者:提出习惯性的解决方法;评价这些方法的有效性;鼓励提出有新意的解决方式;从有新意的方式中选出更成功的方式;制订并实施利用新方式的方案。

(4) 学习者应学会推迟判断。在考察一个复杂的问题情境时,学习者应能够:提出尽可能多但不追求完美的答案;提出答案自己不作评价;忍住不去评价他人的答案。

(5) 学习者应能看出新的关系。设计复杂情境,以此来刺激学习者,使他们能:发现事物或经历之间的相似性;辨别事物或经历之间的差异性;为比较事物或经历之间的关系提出设想。

(6) 学习者应能评价行动后的结果。识别各种不同的评价标准;为解决问题提出许多可能的评价标准;对于评价标准要有推迟判断能力。

与 CPS 方法的 5 个阶段相对应,上述教学目标中(3)~(5)与"设想发现"密切相关,只有打破习惯性思维,学会推迟判断,看出新的关系,才有可能提出创造性设想。其他几个阶段,如"事实发现"和"问题发现"大致与目标中的(1)和(2)相关联;"解法发现"和目标(6)相关联。"接受发现"处于 6 个目标之外,是最后的实施阶段,要求学习者能够找出使别人能够接受其解决方法的办法来,并使其实施,最后制订实施解法的计划。

奥斯本-帕内斯方法的阶段和步骤都非常合理、明确,而且重点突出。与之相联系的教学目标有较强的可操作性,便于开展训练,因此会取得比较好的应用效果。

在创造力开发训练中,除上述两种较系统的方法外,还可以针对性地进行一些专项训练。虽然只侧重某一个方面,但针对性强、效果好,因此在创造力开发训练中占有一席之地。下面列举 4 种方法。

方法 1 提高认识问题能力的训练

此专项训练的目的在于提高发现问题、表述问题的能力和技巧。一般的做法是将学习者组成若干人的小组与相关人员一起讨论,通过观察、分析、讨论及筛选等步骤发现存在的具体问题。

方法 2 树立创造的积极态度的训练

创造力开发中除人的智力因素外,非智力因素如自我形象、态度等都有着不容忽视的作用。梅根鲍姆开设的改变自我形象开发创造力课程,采取自我教学方法,要求学习者在遇到问题和解决问题时,对自己做 3 种陈述。这种方法明显地提高了学习者在创造力测验中的流畅性和独创性。具体内容如下:

1. 心理能力的自我陈述

面对所遇到的问题,我能够、我必须做什么?

我要以另外的方式把分解出来的要素组合起来。

做些不同的类比。

用奥斯本智力激励法试试。

不要墨守成规,设法搞点新的东西。

将陌生的东西看成熟悉的东西,将熟悉的东西看成陌生的东西。

怎样利用这次的挫折使自己变得更有创造力？

现在可以放松了，休息一下，新设想都可能跳出来。

哈哈！好，我找到新设想了！

太有意思了！

这个不错的设想等一会儿和别人分享。

2. 返回幼稚状态的自我陈述

放松控制，让思绪随意漂浮；

自由联想，听其自然，绝对松弛，让思绪流淌、回旋；

回想过去的经历，把它当成另一种情况；

在心里使自己回到幼稚状态、童年时光；

感觉自己好像是创造活动的旁观者，设想正通过"他"产生出来；

让一个设想引出另一个设想；

几乎像做梦，设想有另一个自己的生命。

3. 态度和人格的自我陈述

我要有创造力，我要有独创性；

我要摆脱常规；

想那些别人没有想到的东西；

只要不断地要求自己，我就会有创造力；

设想的数量越多，越有助于提高质量；

摆脱自己内部的心理障碍；

推迟判断；

不管别人说什么，他们说对说错都没关系；

想出的第一个设想不算数，下一个一定会更妙；

不要做否定性的自我陈述。

方法3　提高说服力的训练

说服别人支持自己的创造性设想是使发明创造得以实施的重要条件之一，也是创造力开发的一个方面。例如，通过情景模拟，让学习者为得到经费而练习各种表达方法。佛罗里达创造性解题课题中专门有一个单元是说服他人的训练，由确定目标、寻找说服对象、制定说服策略、口头表达和写作等步骤组成。

方法4　思维训练模式

英国创造学家德博诺提出并推行的一套课程，简称CDRT，分为扩展思路、组织思维、论证思维、创造性思维、信息运用、思维缜密化6个部分。这种方法在30多个国家得到应用。

在我国，创造力开发的方法是非常丰富的，并且在许多单位的创造性开发实践中形成了行之有效的模式。例如，中国运载火箭研究院的JLZTH方法，有介绍、练习、总结、提出、培训5个环节；中国国防工业科技继续教育协会创造力开发研究组提出的LFL方法，以理论、方法、练习为3个基本模块。我国的创造力开发方法还需要进一步地总结、交流和推广。

8.4 影响创造力开发的基本因素

创造力开发不仅要研究其具体实施途径和方法，还需要关注与创造力开发相关的主要因素，从而在创造力开发过程中使人们主动地认识创造力的内涵，有效地进行开发。

创造力和人的智力、能力密切相关，而且也受到社会环境、个人素质等方面的影响。有专家学者将影响创造力开发的因素总结为4个方面：知识因素、能力因素、素质因素和社会因素。

8.4.1 知识因素

知识是创造的基础，是创造的必要条件。从虚无是创造不出新东西来的，没有知识或知识较少的人不可能做出重大发明。然而，知识绝不是创造的全部要素。知识和创造力之间是既统一又矛盾的辩证关系。

1. 不是知识越多，创造力就越强

一个人的知识积累越多，可能在头脑中的约束越多，形成创造中的"禁区"也多，结果往往会束缚其创造力的发挥，阻碍其创造活动的开展。发明历史上有一些典型的事例可以说明。

例如，飞机的发明。人们从很早以前就梦想能像鸟一样插上翅膀飞行。据《前汉书·王莽传》中的史料记载，2000多年前的汉朝，我国就有了最早的人力飞行试验。汉朝为了攻打匈奴，王莽广泛征募有特殊技能的人。一天，来了一位打猎的青年，说自己会飞，可以从空中侦察匈奴。王莽说："好，那就请你飞起来让我看看吧。"这位自称会飞的青年用大鸟的羽毛做了一副大翅膀，用绳子绑在两臂上，他的头和身上都披戴着羽毛，把翅膀、羽毛用环和带子系住，只见他把两翼左右平伸像老鹰一样，从高空滑翔下来，飞了几百步远。这是我国史书上记载的最早的人力飞行试验，这位勇敢的青年可以算是近代滑翔机的创造者了。19世纪末，随着科学技术迅速发展，在世界范围掀起了研制飞机的热潮。这时，许多大科学家纷纷站出来表示质疑。法国著名天文学家勒让德认为，要制造一批比空气重的机械装置使它们在天空中飞是不可能的；德国大发明家西门子也发表了类似的看法。由于他们的崇高威望，这些言论严重阻碍了制造飞机理想的实现。之后，能量守恒定律发现者之一、著名的德国物理学家赫姆霍兹又从物理学的"科学角度"论证了要使机械装置飞上天的想法纯属"空想"。这个"科学"结论使德国的金融和工业集团撤销了原先对飞机研制事业的支持。其后，美国天文学家纽康根据大量数据进行计算，"证明"飞机不仅不能飞上天，而且它根本不能离开地面。然而，1903年，名不见经传的美国人莱特兄弟首次将飞机飞上了天。虽然他们没有上过大学，但他们思想活跃，富于创造，凭着勇于探索未知领域的大无畏精神，在科学技术上获得了巨大的成功。

再如，元素周期表的发现。1869年，门捷列夫提出元素周期律，他的理论遭到众多著名科学家的反对。他的导师、"俄罗斯化学之父"斥责他："到了干正事、在化学方面做些工作的时候了！"有人挖苦："化学是研究业已存在的物质的……而他却研究鬼怪——世界上不存在的元素，想象出它的性质和特征，这不是化学，而是魔术，等于痴人说梦！"当时的英国化学学会会长质问："是否尝试把元素按字母的顺序排列，这样可能得到更精彩的符合！"因此,元素周期律被发现后,迟迟得不到科学界的公认。直到他所预言的元素一个个被发现,才无可辩驳地证明了他的理论的正确性。

形成上述现象的原因之一在于,传统的教育大多是以传授知识为主的教育,一个人受的这种教育越高,其知识的拥有量也越多,但是并没有创造力的相关开发,因此这些拥有的知识不能成为创造力的评价指标。

2. 知识少的人,创造性不一定就弱

创造力开发的实践证明,即使是知识不很丰富或并不具有所谓的专业知识的人,在接受一定的创造教育后,也可以表现出较强的创造能力,也会有发明创造成果。

比如,掌握知识比较少的中小学生。2005年8月,中国规模最大、层次最高的青少年科技创新大赛在北京开幕,从全国1500万参赛者中挑选出的509名小小"发明家"与来自美、德、韩、日等国家的青少年共同上演了一场"头脑的风暴"。他们的发明包括会读书的机器人、能自动报警的蓝牙保安腕表、自动化停车管理系统、头部控制的计算机输入系统、为2008年奥运会乒乓球运动员提供的科学选材的研究……在北京市海淀区展览馆展出的这些十来岁的孩子"万里挑一"的奇思妙想和优秀创意,令人叹为观止。又如,上海12岁的小姑娘徐琛,从生活中看到小弟弟因为好奇不慎因普通电源插座而触电的情景,产生了发明防触电电源插座的想法。经过自学和不断尝试,"防触电插座"终于诞生了。在上海市第二届青少年创造发明比赛和第二届全国青少年创造发明比赛中,她都获得了一等奖。而且,在第三届世界青少年创造发明作品展览中,她的作品还成为3件最佳作品奖之一。日本创造发明特许厅厅长对她的发明赞不绝口:"中国小朋友把人们在日常生活中经常遇到的但又容易忽视的矛盾解决了。这个防触电插座不仅设想好,构思巧,做得也好!"另外,企业中、农村中不少没有接受过高级传统教育者也做出了许多发明和创造。山西农民赵跃荣28岁就有49项发明成果;北京工人吴作礼虽然只有小学文化,却先后有30多项发明。还有,有些领域的发明创造常常是由所谓的"外行"发明的。例如,地质学中著名的大陆漂移说就是由德国的气象学家魏格纳提出并论证的。显微镜、照相机、彩色胶卷、电报等这些与工程学科密切相关的发明都是由一些文职人员经过努力发明的。

这些事实表明,知识较少的人或者不具备某些专业知识的人,有时思维反而活跃、想象丰富,不受专业中的某些条条框框束缚,因而更具有创造力。创造学研究表明,有时否定条件知道得很多的人反而提不出新的设想。贝弗里奇在《科学研究的艺术》一书中曾说:"如若研究的对象是一个仍在发展的学科,或是一个新问题,或问题虽已解决,但是一种新的看法,这时对内行最有利。但是,如若研究的是一个不再发展的学科,这一领域的问题业已解决,那么就需要一种新的革命的方法。而这种方法更可能由一个外行提出。内行几乎总是对革新的思想抱着怀疑的态度,这正说明已有的知识成了障碍。"因此,从创造学的角度并不主张人们盲目地获取知识,也不提倡知识越多越好,更何况现代科学的发展,使它的每一个分支都变得如此庞大。据统计,在基础理论方面,学科已达400余种;在技术理论方面,学科已达500余种,整个学科门类已超过2000个。一个人即使孜孜不倦学习一生也不可能掌握所有的知识。显然,构建一个适合于创造的最佳知识限度和最佳知识结构是一个重要的问题。

3. 构建合理的知识结构,为开发每个人的创造潜能奠定基础

虽然知识的多少不能决定一个人的创造活动多少和能力的强弱,但是知识的多少决定了一个人创造的层次和水平。或者说,知识少的人一般不能进行高层次、高水平、高科技的创造。比如,无论我们怎样开发创造力都不可能期待一个小学生发明、制造出宇宙飞船。因此,要做出高水平、高层次的发明创造,必须具备一定的知识水平和合理结构。例如:

(1) 具有坚实的基础理论知识。在知识迅速膨胀的年代,不可能等待准备好所有需要的知识再去创造。在创造中应随时地、有针对性地补充需要的新知识,因为最终解决创造问题还是要靠相应的科学知识。掌握的基础知识越扎实,拓展新知识就越方便。

(2) 掌握一门专业知识。专业知识是创新人才知识结构的主体。通过掌握一门专业知识,不但可以具备从事一类专业工作的能力,而且可以了解从事一般科学或技术工作的原则和方法。

(3) 掌握包括哲学在内的人文社会科学知识。重要的科学和技术创新离不开哲学和社会科学的思维。人类完整的知识体系是由两大部分组成的:一部分是关于自然对象和现象的知识,即自然科学;另一部分是关于人类社会、人的活动和人的思维的知识,即人文社会科学。这两种知识相互影响,相互促进,如"车之两轮,鸟之两翼",缺一不可。没有良好而深厚的人文社会科学传统,就不可能有自然科学的卓越成就。在清朝中叶以前,中国在自然科学、生产技术及经济发展方面,曾经有长达 1000 多年的时间处于世界领先水平。人们津津乐道的科学成就——"四大发明",从一个侧面反映了中国古代的科学技术水平。当时先进的科学技术,与中国具有优良而发达的人文传统是分不开的。在 20 世纪初,德国逐步成为世界科学的中心,许多著名的科学家云集在那里,这在很大程度上得益于德国辩证法和唯物论哲学的发展,也得益于长期形成的尊重知识、尊重科学的传统。法学、伦理学、社会学、新闻学等研究如何规范和引导人们的社会生活,调节人际关系,解决人们之间的各种各样的矛盾,维护正常的社会秩序,保护人们的正当权益,提高人们的精神境界,对于科学技术的研究和创新具有重大的影响。

8.4.2 能力因素

根据《现代汉语词典》(第 8 版)的解释,能力是指能胜任某项任务的主观条件。创造能力是人的一种后天社会属性,包括:自学能力、观察能力、发现能力、想象能力、团队协作能力、社交能力等。

1. 自学能力

对于创造者来说,学校教育所获得的知识如前所述不是过于繁杂,就是不一定完全实用,或者太少不够用。科学技术飞速发展,今天我们需要的很多技术是我们在学校接受教育时还没有出现的。因此,为了某一个创造目标的实现必须依靠自学。真正的创造者,因为要创造前人所没有的知识或事物,所以一定要具有很强的自学能力。例如,笛卡儿、法拉第、爱迪生、拉马克等这些大科学家和发明家都主要是靠自学成才的。当前的创新教育或素质教育中必须注重培养学生的自学能力。著名作家叶圣陶曾经说过:"教就是为了不需要教。"钱伟长在教学中十分强调提高自学能力和总结、思考、结合实际的学习方法,他曾指出:"我们必须改变那种认为只有通过老师才能学到知识的陈旧教育思想,要使学生从'不教不会'变成'无师自通'的人。"这些都深刻说明了培养学生自学能力的重要性。

2. 观察能力

观察是具有一定目的的、有组织的、主动的知觉。全面、正确、深入地观察事物的能力称为观察能力。观察能力对于发明创造者和科学研究来说都是重要和最基本的一种能力。对于创造者,突破惯性的观察和学会正确地观察是特别应该重视的。

突破惯性的观察是我们通过日常生活获得创新和发现的起点。我们在生活中会有各种各样的习惯,研究表明:人们一天生活起居中99%的动作都是下意识的、习惯性的。人的观察也具有一定的惯性,我们往往对眼睛看到的东西熟视无睹,因此造成创造材料的缺失,形成所谓的"功能固定"障碍。例如,看到苹果落地,大部分人按照观察惯性来看仅仅是苹果落地了,或者可能会观察苹果的大小、成熟度,很少有人会观察苹果落地的过程。而牛顿就突破了这种观察的惯性,从而提出"万有引力定律"。突破惯性的观察训练可以尝试从我们身边一些熟识的事物开始,如水、电、门,甚至我们的身体,看看它们是如何和我们发生关联的,是如何影响你的生活的。通过突破惯性的观察你会发现原来习惯于存在的这些事物或现象,存在许多奇异之处。而且,对于新现象的发现也会为创造者带来创新的愉悦感,成为求知和创新的动力。

正确观察就是要求创造者应该按照所观察的点全面展开,尝试探寻事物的真貌,这样才能够透过事物的表面,看到事物的发展规律,为创新提供更多的信息。要做到正确观察首先要注意排除错觉的影响。如图8-2所示,观察图中的两条粗线段,总会觉得下一条比上一条长,但实际上两条线段一样长。其次要坚持观察的客观性、细致性、全面性和重复性。最后要及时注意并抓住偶然发生的意外现象,特别是一般人很容易忽略的地方更要加以仔细观察,观察时始终带着"是什么""为什么"这两个问题,以提高观察能力,激发创造意识。

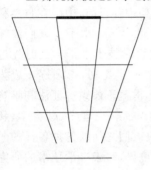

图8-2 人的视觉误差实例

事实证明,只有在正确的思想、专业理论及创造性思维的指导下,观察才会成为创造的源泉。爱因斯坦说过:"你能不能观察眼前的现象,取决于你运用什么样的理论。理论决定着你到底能够观察到什么。"否则,就会像歌德所讲的那样,"我们看到的,只是我们知道的",从而很难从观察中做出创造性的判断。

3. 发现能力

发现能力对于创造力开发是极其重要的。一个人观察到一种现象,并不意味着他发现了它。例如,天文学家勒莫尼亚在1750—1769年曾经12次观察到天王星。但由于受到"太阳系的范围只到土星为止"的传统观念影响,使得天王星多次被看见,但没有被确认为太阳系的行星之一,从而错过了一个新的发现。最后由赫舍尔在1781年确定,使勒莫尼亚失去了一次重大发现的机会。

发现能力包括发现问题的能力、发现异同的能力、发现可能的能力和发现关系的能力。

一切的发明创造都源于问题,没有问题就不会有发明创造。一个创造者应该能在普通的理论、普通的事物或普通的产品中发现问题,包括已知的问题和未知的问题、细小的问题和重大的问题、理论上的问题和现实中的问题等。有意识地发现问题。特别要注意那些人们普遍认为已经解决了的,或者认为根本不存在的问题上去发现问题。实践证明,越是这样的地方越是隐藏着一些尚待深化认识的问题。例如,汉字激光照排系统的发明。汉字作为世界上最浩繁的文字长期以来一直采用铅字印刷技术,铅字排版效益低且会对工人的健康造成伤害。20世纪80年代由计算机文字信息处理专家王选主持研发了汉字激光照片系统,这项伟大发明是中国自主创新的典型代表。它的产业化和应用,废除了中国沿用数百年的铅字印刷,使中文印刷业告别了"铅与火",大步跨进"光与电"的时代。因此,只要认真地、创造性地挖掘问题,就可能发现一些重要的、关键性的和突破性的问题。

发现事物之间的异同,也是创造力开发的一个重要途径。为发现事物之间相同中的不同就要科学地做到"不理解最明显的东西"。当有人问爱因斯坦他的那些科学概念是怎么产生的时候,他明确回答是由于"不理解最明显的东西"。这样就可以从平常中看到不平常。类似地,发现事物之中的相同点,也可以发现事物的规律性。例如,马克思从不同商品中找到了它们的共性,认识到它们的本质,从而发现了价值规律。

客观世界是极其复杂的,一个事物中往往存在着许多的可能性,在解决问题时,要尽可能地挖掘事物众多的可能性,不应仅仅满足于找到一个满意的答案。由于人类知识整体水平的限制和每个人在掌握知识、考虑问题等方面的差异,往往会造成许多人认为不可能的事情恰恰发生了,例如,陆相生油理论,是中国著名地质学家李四光、潘钟祥于1941年创立并发展的石油勘探领域的新理念。其最终目的是摘掉中国贫油的帽子。中国是世界上最早发现和利用石油及天然气的国家之一。但自1878年近代石油勘探技术在中国出现以来,近半个多世纪,中国的石油工业几乎没有什么发展,其中一个重要原因是"中国陆相贫油"的观念束缚了人们的思想。中国科学家经过研究提出了:只要条件合适,陆相沉积也可能生成大油田的理论。此基础理论的突破,让我们发现了国内的油气资源。中国在大庆、大港、胜利等地连续建成大油田,陆相成油理论的作用功不可没。因此,作为创造者在创造中不能轻易相信所谓的"不可能"。在某种意义上,创造就是在被很多人认为不可能的事物中发现可能。

发现事物中的联系,甚至是可能毫不相关的事物之间的联系,是创造力开发的另一个重要方面。例如,铅笔和橡皮本是各自独立的事物,发现它们之间的密切关系并把它们组合成带橡皮的铅笔,成为一项带来巨大利润、风靡世界的发明创造。

4. 想象能力

爱因斯坦对想象力做出过极高的评价,他说:"想象力比知识更重要,因为知识是有限的,而想象力概括着世界上的一切,推动着进步,并且是知识进步的源泉。严格地说,想象力是科学研究中的实在因素。"心理学研究表明,想象力是每个人与生俱来的能力,因此从某种意义上讲,开发一个人的创造力就是帮助他恢复孩童时敢于想象、富于想象的能力。

想象力的开发要训练学习者学会分想、联想和串想。**分想**指的是大脑将储藏在内部形形色色的经验分离出一种或若干种以创造想象的方法。因此,在日常生活中应该注重积累自己的经验。**联想**是在分想的基础上通过若干对象赋予一种巧妙的关系,从而获得新的形象。例如,"木头"和"皮球"是两个完全不相关的概念,但只要经过一定的中间联想作媒介,彼此就可以建立起联想关系:木头—树林—田野—足球场—皮球。实验表明,每个词语平均可以用将近10个词语与其发生直接联想,假设1个词语每次和10个词语发生单向联系,经过第1步就可以有10个联想,到第5步就有100万次联想。所以联想可以在广泛的基础上运用,它为想象空间的训练提供了无限的可能性。但在联想训练中必须注意一个关键的原则,即联想并不是若干成分简单的对象的机械组合,而是这些成分本身在一个新的整体中发生质的改变,并表现出一种新的相互关系。中国元代天文学家、数学家、水利专家、仪器制造家郭守敬,通过联想思维,将古代的浑仪与望远镜结合发明了世纪望远镜。他利用浑仪的思想基础将镜筒改为垂直放置,再通过透镜将远处的物体放大,实现了更精确的天体观测。我们的想象活动不能满足于一个新的形象的建立。我们还需要将诸多的想象串在一起,即串想。所谓**串想**就是按照某一种思路为"轴心",将若干想象活动组合起来,形成一个有层次、有过程,并且是发展的想象活动。爱因斯坦在创立相对论时,至少"串联"了3个"想象":第1个想象是在所有相互做匀速直线运动的坐标系中,光在真空中的传播速度都是相同的;第2个想象是在所有相互做直线匀速运动的坐标系中,自然定律都是相同的;第3个想象是光线在引力场中发生弯曲。第3个想象就构成了相对论的理论基点。因此,在创造力开发过程中应适当引导学习者将所联想的要素进行分析整理,有机地"串联"起来,从而揭示更深刻的逻辑关系。

5. 团队协作能力

现代科学技术的发展表明,单个人要在今日做出重大的创造发明已不像19世纪以前那样容易了。它不仅是因为现代科学技术体系知识的庞大与繁杂,而且社会化的大生产分工越来越细,经营理念也越加全球化。例如,我国历史上首次获得诺贝尔奖的物理学家杨振宁和李政道。杨振宁在1949年进入普林斯顿高等研究院进行博士后研究工作,开始同李政道合作。1957年,与李政道一起,因发现弱作用中宇称不守恒而获得诺贝尔物理学奖。他们的大胆假设也得到实验物理学家吴健雄的实验证实,即在β衰变中宇称不守恒。至于宇宙飞船、人造卫星、原子弹等高科技含量的发明创造就需要成千上万专家、技术人员和工人群体攻关才能够完成。由此可见,要开发创造力,做出重大贡献,就必须具备发挥群体智慧的组织能力,包括组织、管理、协调群体并启迪其创造性思维的能力。

团队协作能力的培养要从日常生活的点滴做起。例如,开展更多的团队活动,增强团员之间的思想交流,互相帮助,体验合作的快乐,使大家深刻领悟"我为人人,人人为我"的集体主义思想内涵,从而自觉地摒弃自私自利、唯我独尊的个人主义作风。另外,在团队合作中加强目标管理,引导团队成员朝着共同的目标努力。

6. 社交能力

创造学的研究表明,一个创造性很强的创造者,往往会因为各种原因而与周围的人难以合拍或协调,从而使自己的创造活动增加了人为阻力,使自己的聪明才智得不到充分发挥。美国的钢铁大王卡耐基说过:"一个人的成功,只有15%是由于他的专业技术,而85%则要靠人际关系和他为人处世的能力。"虽然这个论点不完全准确,但从一个侧面也反映出人际关系在创造活动中的重要性。

在社交能力培养中,有专家提出以下几个原则,可以作为借鉴。

(1) 正直原则。指营造互帮互学、团结友爱、和睦相处的人际关系,从而具备正确、健康的人际交往的能力。

(2) 平等原则。指交往双方人格上的平等,包括尊重他人和自我尊严两个方面。古人云:"欲人之爱己也,必先爱人;爱人者,人恒爱之;敬人者,人恒敬之。"交往必须平等,这是人际交往成功的前提。

(3) 诚信原则。指在交往中以诚相待、信守诺言,这样才能赢得别人的拥戴,彼此建立深厚的友谊。马克思曾经把真诚、理智的友谊赞誉为"人生的无价之宝"。

(4) 宽容原则。在与人交往中,要做到严于律己,宽以待人,接受对方的缺点。俗话说"金无足赤,人无完人"。因此在交往中要有宽容之心。

(5) 换位原则。在交往中要善于从对方的角度认知对方的思想观念和处事方式,设身处地地体会对方的情感和发现对方处理问题的独特方式等,从而真正理解对方,找到最恰当的沟通方式和解决问题的方法。

(6) 互补互助原则。"尺有所短,寸有所长",在交往过程中要勇于吸收他人的长处,弥补自己的不足。

除上述的几种能力外,对于创造者还应该具备其他一些能力,如说服能力、写作能力、评价能力、设计能力、实践能力等,这些也都是十分重要的。

8.4.3 素质因素

素质因素主要是指除知识和能力外的创造者的其他主观方面的因素,可以分为智力因素和非智力因素。在传统教育中素质教育极少被提到,但是它们对于创造力开发和人的创造性活动是十分重要的。从某种意义上讲,这些素质因素在一些关键时刻并不低于知识与能力的重要性。

1. 智力因素

创造力开发需要一定的智力水平作为基础。一个人不具备较高的智力水平,他的创造力就不可能有高度的发展。吉尔福特等学者认为,智商120是创造力得到较高开发的一个条件。智力因素是创造力开发不可缺少的条件。

但是创造力和一般意义上的智力并不是同一种能力,智力高并不代表具有较高的创造力。1920年,美国斯坦福大学的推孟通过智力测验的方法,筛选出1528名智力超常儿童,他们的平均智商为151,他从1920年起对这些人连续进行长达35年的追踪研究,直到1956年去世。他去世后,他的同事继续追踪,并于1968年发表了长达40年的追踪报告。报告表明,这些人都具有良好的素质,受到良好的教育,获得良好的工作机会,从事专业性工作的比例达到普通人的8倍。他们虽然有些著作、论文、研究报告,但是,他们对国家、对社会的贡献都极为平凡。这说明,智商高的人不一定具有高水平的创造力。

人的一般意义上的智力(一般用智商来表征)与创造力的关系不是简单的线性关系。吉尔福特的研究结果如图8-3所示。1964年,美国佐治亚创造性行为研究中心主任托伦斯以未经选择的儿童作为研究对象,分析创造力与智力的关系,结果表明,智力与创造力的相关系数低于0.3,特别是"高智力与高创造力"的相关系数仅为0.1。中国和日本心理学工作者的研究也得出了相似的结论。

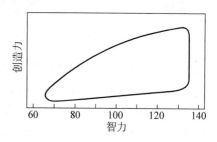

图 8-3 智力与创造力的关系

2. 非智力因素

除智力因素外,与创造性开发密切相关的非智力因素主要包括创造精神和意识、创造品德、创造人格、人文素养等。

创造精神和意识主要包括:探索、创新——创造精神的标志;求是、求佳——创造精神的精髓；勤奋、坚韧——创造精神的支点；忘我、献身——创造精神的根基；造福人类和社会——创造精神的灵魂。

创造品德主要是指创造的社会功能和创造的特征所规定和要求的，创造者所要具备的道德品质以及为达到此目的而需要进行的道德修养训练。创造者必须具有良好的道德品质，创造力开发不能只注意开发人的思维、能力、知识和经验，如果忽视了对创造者品质的要求，不仅会败坏创造发明的声誉，也会损坏创造者的尊严。在创造发明中像"多森原始人"这样的丑闻，是我们必须汲取的教训。这个事件中，由于创造者品质败坏，用化学药品和锉刀加工伪造假化石，从而使谎言蒙骗世人长达40年。

创造人格包括了动机、兴趣、性格等。动机是一个人发动和维持活动，并使该活动朝着一定目标进行的个性心理倾向，它在创造活动中有始发功能、维持功能、强化或消退功能、转化功能。动机是否对创造活动产生正面的作用，取决于其强度是否适宜。研究表明，中等强度的动机能使创造活动处于最佳状态。兴趣是人在力求认识事物时的积极态度所表现出来的一种个性心理倾向，它能有效地激励主体的创造活动。当主体处于兴趣状态时，他的大脑皮层兴奋状态得到增强，有利于提高创造水平。性格是主体在对现实的比较稳定的态度和习惯化了的行为方式中所表现出来的心理特征及其总和。良好的性格特征，如进取、坚毅、勇敢、勤奋、乐观、豁达、谦虚等，可以有力推动人类的创造活动。以勇敢为例，创造的对象都是未知世界，在那里探索特别需要大无畏的精神。俄国的赫曼在进行雷电试验时不幸殉难。诺贝尔的弟弟及4个助手在进行炸药试验时全部被炸死……据统计，从1900—1937年仅仅是为了研究医学、昆虫学而牺牲的就有20多人。在创造活动中，除了不怕牺牲的勇敢精神外，勇敢还体现在不要惧怕失败，要具有坚强的意志和敢于向逆境挑战的决心，以及百折不挠、坚忍不拔的毅力。研究表明，古今中外，凡是做出重大发现或发明的创造者，大多是意志坚强的人。像爱迪生，为了发明电灯，光是为了寻找一种合适的灯丝材料，前后试验了6000多种材料，而灯丝仅仅是电灯中的一个部件，若没有顽强的意志，爱迪生是绝对不会取得成功的。

人文素养是指创造力开发过程中，应关注创造者的人文素质修养。人文素质修养主要指在文学、历史、艺术、哲学等方面的文化修养水平，它是一个创造者不可缺少的精神财富和精神根基。

8.4.4 社会因素

创造力开发离不开社会环境、社会风气、社会决策、社会支持以及创造力开发的领导者因素等这些社会条件，它们共同构成了影响创造力的社会因素。

创造者都希望创造活动能够具有一个良好的环境。然而，古今中外的发明创造活动表明，如愿以偿的人很少。由于社会和历史的原因及传统势力和不良的思维习惯，使人们更乐于接受和理解已知的事物，对于创造者的创造活动往往持怀疑或否定的态度。一般对创造者活动造成不利影响的障碍主要来自以下两个方面：

(1) 来自领导。由于创造者的创造活动与已有的常规组织行为之间有时是矛盾的，因而有时可能得不到领导的支持。例如，企业或研究单位中，领导对下属的研究内容、研究方向、研究方法等规定得太死；学校对学生的课程限制得太死等，这些都会妨碍创造力的开发。

(2) 来自社会。人都生活在社会中，不理想的环境因素，如社会舆论、讽刺、嘲笑、挖苦、报复、嫉妒等，都会对创造力的开发带来极大的消极影响，甚至伤害创造者。

尽管社会环境中存在许多不利于创造力开发的因素，但从根本上，社会发展、人类进步离不开创造，离不开全民创造力的开发。因此，创造需要良好的环境，而优良的环境更需要自己去创造。做到这点，创造者个人的素质因素是极其重要的。一个敢于创造和善于创造的创造者，一定会在创造活动的实施过程中注重小环境的创造，这才称得上真正的创造，才能做到事半功倍。

创造环境的一个重要方面就是创造者要善于抓住机遇。

机遇是含义较广泛的概念。一般而言，机遇常含有机会的意思。在创造学中，**机遇**是指人们有意识、有计划、有目的地进行发明创造活动时出乎意料地遇到新的自然现象。机遇除具有环境成分外，也与创造者自身素质有密切的关系。

在人类创造发明史中，机遇是非常重要的。据统计，自1901年颁发诺贝尔奖以来，在自然科学各学科的获奖成果中，成果总数和可被认为是机遇发现成果数的比例是：物理学86∶3；化学77∶1；医学或生物学79∶4。由此可见，在创造力开发中不应忽视机遇的作用。

要抓住机遇，应该做到以下几点：

(1) 具有强烈的"问题意识"。几乎所有因机遇而有所创造的人头脑中都有强烈的"问题意识"。事先经过长时间的思考和探索，从而使他们保持着高度警觉，时时留意意外之事。即在科学研究及创造过程中，人的头脑应做好各种准备。机遇仅仅是为创造者提供了一个机会而已，能否抓住机遇则完全取决于创造者的自身素质。

(2) 要有敏锐的观察力和洞察力。机遇具有偶然性和易逝性，因此只有具备十分敏锐的洞察力的人才能及时抓住微不足道的偶然事件，通过深入细致的思考而真正抓住机遇。弗莱明在谈到青霉素的发明时说："我的唯一功劳是没有忽视观察。"敏锐的判断力能使人从各种线索中抓住有希望的线索，使人抓住有价值、有潜在意义的机遇。

(3) 要有科学的批判精神。要具备不受传统观念、权威、教条束缚的批判精神，需要广博的知识和经验作为基础，否则机遇也会从眼前溜走。例如，物理学家波尔在1930年发现从放射性元素镭的核内发出的 β 射线的粒子能量呈现连续分布，根据当时的量子理论它应该是跳跃的。于是玻尔认为质量守恒定律在微观世界无效了，在微观世界中占支配地位的是统计偶然性规律。然而波尔的学生泡利则认为，能量守恒原理是正确的，量子论也是对的，要解决这个矛盾必须走出传统观念的死胡同，于是他创造性地提出了"中微子"假说，1956年这个假说被实验证实。

了解了以上影响创造力开发的各种因素，就可以在创造实践中发挥有利的因素，扼制或改变不利的因素，从而尽快地发挥人的创造性。

思 考 题

1. 什么是创造力？其基本属性有哪些？
2. 基于创造力的基本属性，阐述创新并不神秘，人人都可以成为"发明家"。
3. 发散思维训练。

(1) 试阐述：物体的几何形状能产生哪些效应？

(2) 试阐述：实现零件（或物品）队列化都有哪些原理？

(3) 试阐述：钢球在机械设计中有哪些应用？

4. 观察人们使用某一类（或某一种）生活用品的过程，发现其存在哪些不足，然后试着提出改进方案。

5. 试通过"联想"将下面每组词语联系起来。

(1) 椅子—挂钟；

(2) 水晶—车床；

(3) 电源—水；

(4) 曲别针—扫帚。

6. 观察某一种植物或动物，找出其特点，想象人们可以利用其哪些特点进行创造，并基于你所掌握的知识给出初步的原理方案。

7. 哪些非智力因素会影响人们创造力的开发？我们应该如何克服这些影响？

9 创新失误分析

创新失误是指人们的创新活动没有达到预期的结果。

人们从事创新活动渴望成功,但是创新活动是探索性的实践活动,这种活动试图要通过从来没有人采用过的途径,寻求从来没有人得到过的结果。

创新活动的探索性决定了它是一种出现失误可能性很高的实践活动。引起创新失误的原因可能是多方面的,主要有以下几方面:

(1) 由于确定创新的目标不恰当,使得创新活动探索的目标是根本不可能存在的结果;

(2) 由于历史条件的限制,使得当前社会所具有的技术手段无法达到预期的目的;

(3) 由于对市场认识的错误,创造了不符合社会需求的产品;

(4) 由于调查研究不充分,重复了别人已经完成过的发明活动。

认识创新活动的规律,了解可能造成创新失误的原因,有利于减少无效的努力,提高创新活动的成功率。

9.1 失误的经验是宝贵的财富

人们渴望成功,但是在创新的路上失误是不可避免的。正确地对待失误,可以使失误的经历成为引导人走向成功的宝贵财富。

在探索成功的创新道路上,人们按照自己预先设定的路线进行探索活动。由于对所探索的未知世界不了解,所设定的路线可能是不正确的,可能导致探索失误。失误促使人反思,失误会使人清醒,正确地总结失误的经验教训,寻求更适宜的探索途径,可以使探索者避免在后续的探索中发生更多的失误,使得已经发生的失误对以后的探索(或以后的探索者)起到免疫作用。

人们通过创新实践,探索预期的结果。实际上,人们所预期的结果可能根本就不存在,在这种情况下,"得不到预期的结果"本身就是重要的创新结果。它表示着人类对世界认识的进步。

例如,世界历史上有很多著名的科学家从事过试图发明永动机的探索,经过长时间对多种可能途径的探索,得到的都是失败的结果。多方探索的失败启发了探索者,使探索者意识到,能量不可能被凭空创造,也不可能无端消失,能量只能从一种形式转化为另一种形式,在能量转化的过程中能量的总量是守恒的。对永动机的"无结果"的探索导致了能量守恒定律的提出。

由于麦克斯韦方程组在伽利略变换中不能保持形式不变,于是人们得出这样的结论:麦克斯韦方程组只适用于绝对静止的以太坐标系。为了寻找以太坐标系,迈克耳孙和莫雷应用迈克耳孙干涉仪进行了具有很高精度的实验,没有测量到能够证明以太坐标系存在的干涉条纹移动。寻找以太坐标系的"零结果"否定了人们假设的以太坐标系的存在,证明了光速不变的事实。通过爱因斯坦的创造性工作,根据力学相对性原理和光速不变原理,创立了狭义相对论的理论体系。

人类在发明和改进蒸汽机的过程中,从1690年法国人巴本提出活塞式蒸汽机的雏形开始,经历了近百年的探索过程,在这个过程中,每一位实践者都针对先行者在探索中暴露出的缺点和问题进行持续的探索,最终由瓦特在1778年利用反馈控制原理设计了离心调速器,完善了蒸汽机的设计。

有些创新实践活动需要在判定的范围内搜索合理的解法,搜索范围是有限的,每一次搜索的失败同时也都在缩小搜索的范围,都在向成功靠近。爱迪生在发明灯泡的过程中,为寻找合适的灯丝材料,进行了几千次的试验都失败了,正是这些失败的试验,证明这些材料是不适用的,并最终找到适用的灯丝材料。

美国通用汽车公司某试验室的一位负责人对一位做了1000次失败试验的技术人员说:你不要把这些试验都看成是失败,实际上你的进展很了不起,你已经发现了1000种方法是不适用的。

美国工程师卡尔逊在发明复印机的过程中曾经走过许多弯路。他曾经探索过很多种实现复印功能的方法,结果都失败了。他通过资料查询发现,前人关于实现复印功能的所有探索都试图利用化学原理实现复印功能,这使他意识到,或许实现复印功能的适宜方法不在化学领域。此后,卡尔逊开始在物理效应的领域中寻求实现复印功能的原理,并最终发明了静电复印机。

爱因斯坦曾经说过:"在科学上,每一条道路都应该走一走,发现一条走不通的道路,就是对于科学的一大贡献。"李政道教授曾指出:"如果你能把所有的错误都犯过之后,那最后得到的就是正确的结果了。"探索失误是走向成功道路上的必经之路,和成功的探索具有同等的意义。

从事创新活动的探索者需要正确地看待创新失误,从自己和别人的失误中获取有益的信息,提高创新的成功率。探索者把创新失误的信息传达给社会,传达给其他的探索者,也是对减少后来人探索失误的贡献,是具有高尚的科学道德的表现。

为了科学地对待失误,有效地利用探索失败的信息资源,日本科技厅于2000年6月成立了"活用失败知识研究会",并创立了"失败学",建立了"失败学数据库",利用数据库全面收集失败的信息,把失败的信息变成全社会的共同财富。研究会开发的软件利用失败学数据库的信息,通过真实地再现失败的全过程,使受教育者体验和感受失败,总结失败的经验教训。

人类对科学技术的探索是通过不断的失败走向成功的,通过认真地总结经验,使得每一次失败都成为通向胜利的路标。成功的探索实践可以使人增加自信,正确地对待失败可以使人保持清醒。对于探索者来说,"体验失败"在某种意义上说比"体验胜利"更有意义。

9.2 脱离社会需求导致创新失误

创新实践活动的基本特征之一是创新结果的实用性。创新实践的结果必须能够满足社会的某种需求,只有能够满足社会需求的创新结果才能得到社会的承认,才能得到社会的回报。有些从事创新实践活动的探索者没有充分、正确地获取关于社会需求的信息,做出的结果不能得到社会的承认,导致创新失误。

大发明家爱迪生一生取得发明专利权 1000 余项,其中的第 1 项专利就是一项因为脱离社会需求导致失误的发明。

爱迪生发现美国国会为每项议案进行投票需要花费很长时间。1868 年,他经过精心设计、制作和调试,终于试制成功了第一台自动投票记录器。爱迪生认为,如果议会采用他所发明的装置进行投票,议员们只要按动按键,记录器就可以自动、高速地把投票结果统计出来。为了试制这台装置,花费了他一个夏天的时间,花费了他几个月的工资,还向朋友借了 100 美元。试制成功后他在当年申请并获得了专利,这是他获得的第 1 项专利。爱迪生拿着他的发明来到华盛顿,兴高采烈地向接待他的议员介绍了他的发明,并说明如果使用他所发明的装置,将会有效地提高议会的工作效率。他认为议会一定会采用他的发明,但是在听完他的介绍以后,接待他的议员毫不客气地对他说:"小伙子,世界上的发明,我们最不欢迎的就是你发明的这个玩意儿!"

美国国会的表决过程中需要议员们就表决结果进行现场的讨价还价,进行政治交易,这种交易需要拖延时间,这是议会政治的需要,这种表决机制不希望加快投票表决的议程,即使在计算机技术高度发达的今天,仍然有很多国家的议会出于政治的需要,不采用自动投票系统进行表决。

爱迪生经历了第一次专利发明的失误,使得他明白了一个道理,作为一项创造发明,即使它在技术上是先进的,设计是正确的,只要不存在关于它的社会需求,就不会被社会所采用,这样的发明就是失败的发明。

有志于从事创新实践的人们要正确地捕捉有关社会需求的信息,并根据社会需求确定创新实践的目标。有些社会需求是明显的需求,有些则是还没有被需求者自身认识的隐性需求。及时地捕捉这种隐性需求,开发能够满足这类需求的产品或服务,就可以提前占领市场,使自己在竞争中处于有利地位。

捕捉隐性需求需要敏锐的洞察力。在捕捉隐性需求时不能只凭自己的一厢情愿,违背公众的消费心理,创造出无法被社会接受的"创新成果"。

在 1990 年前后,我国曾有多人申请关于双头火柴的实用新型专利。专利的内容是将原有火柴一端带有发火药的结构修改为两端都带有发火药的结构,每一根具有这种结构的火柴都可以使用两次。专利发明人认为,通过采用这种结构设计,可以在不改变原有生产工艺及设备的条件下进行生产,新的火柴在不改变原有用途和使用方法的条件下可以节省大量的优质木材。

设想要有效地使用这种双头火柴,就需要在第一次使用的过程中为第二次使用保留足够的火柴杆长度,保留长度应不少于现有火柴杆长度的 2/3,否则就会影响第二次使用的安全性,但是这样的要求必然影响第一次使用的有效性和方便程度。

如果在第一次使用中由于疏忽而没有将火柴杆完全熄灭,并将其与其他火柴杆放在一起,就可能会引燃其他火柴,造成火灾。虽然这种现象发生的可能性比较小,但是仍然对使用的安全性构成很大的隐患。

即使在第一次使用中为第二次使用保留了足够的火柴杆长度,在第二次使用时必须手持在前一次使用中被炭化的部分,因为要重复使用半根火柴而必须承受将手指染黑的后果,这将是多数使用者不愿意接受的。

为了使火柴能够被重复使用,被使用过一次的火柴杆必须被妥善保管。由于火柴杆的一端已经炭化发黑,保管不善就会污染火柴盒和相邻的火柴杆,为了避免这种情况,就不能将其重新放回到原来的容器中,这就为重复使用增加了很大的难度。

这项专利虽然立意很好,但是由于对它的使用还存在以上这些问题,所以被消费者接受的可能性很小,它没有引起商品开发者的兴趣也就很容易理解了。

某企业生产开式冲床(曲柄压力机)(见图9-1(a)),考虑到开式冲床床身受力情况不好,影响承载能力,将冲床床身结构改为双立柱闭式结构(见图9-1(b))。修改后的设计使床身受力更合理,承载能力显著增强。但是封闭的工作台面限制了操作空间,使得可加工零件的尺寸受到限制,只能加工小零件或细长形状的零件,而这种尺寸限制又与增大了的承载能力不匹配。由于这种新产品不符合市场对冲床工作参数的需求,使这项新产品开发失败。

资料室通过密集摆放的书架存放资料,书架下面的轮子使书架可以沿导轨移动。为提高资料存储能力,只在约20个书架间留有一道可供取用资料的缝隙(见图9-2),其余书架相互靠近,取用资料时通过摇动手柄移动书。针对这种应用环境,有人设计了一套机械装置,通过电动机驱动车轮移动书架,可以有效地减轻工作人员的劳动强度。

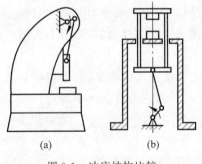

图 9-1　冲床结构比较

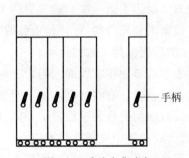

图 9-2　手动密集书架

但是在资料室管理中,对资料的安全性要给予特别的重视。使用电力驱动的方案存在引发火灾的危险,所以这项设计不能被资料室采用。

9.3　违背科学原理导致创新失误

创新实践的选题应该是通过努力可以实现的,如果选题所确定的目标违背了基本的科学规律,创新工作脱离了科学的轨道,这样的目标无论通过怎样的努力也是不可能实现的,这样的失误就是由创新选题违背科学原理造成的。

人类很早就萌发了想要制造这样一种机械装置的想法,这种机械装置一旦启动以后就不需要外加动力而能够永远运转下去,这种装置就是"永动机"。为了发明这种装置,几百年来,世界各国的有志之士们花费了大量的时间和经费,前赴后继地进行各种不同原理的永动机的探索和发明工作。虽然迄今为止的各种努力都失败了,但是仍无法阻止永动机发明者们的探索热情。各种科学信息都证明这种目标是根本不可能实现的,很多国家的专利管理部门都明确拒绝任何关于永动机的专利申请,但是现在仍然有人还在执着地继续这方面的探索工作。

人类最早发明的永动机是纯粹机械式的,其中一种很著名的结构类型是图 9-3 所示的摆球式结构,这种永动机模型曾被设计者多次提出。

设计者认为图 9-3 中位于轴心右侧的钢球离轴心较远,对轴心产生的力矩较大,当同样的球转到左侧时对轴心的力矩较小,所以转轴永远会受到顺时针方向的力矩作用,会不停地转动,不断地对外做功。

通过分析发现,虽然右侧的球对轴心的力臂较大,但是处于右侧的球数量较少,当装置摆动到某个特定位置时两侧球对轴心的力矩相等,装置不可能连续转动。

达·芬奇也曾设计过类似的滚球式永动机,如图 9-4 所示。根据设想,位于轴心右侧的球滚到距离轴心较远的位置,对轴心产生更大的力矩,这种作用会使这种装置会连续转动,但是实验的结果否定了这种设想,通过分析,达·芬奇敏锐地意识到,永动机是不可能实现的。

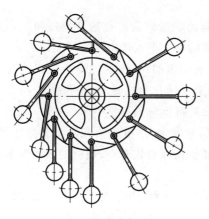
图 9-3 摆球式永动机

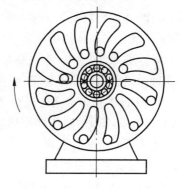
图 9-4 滚球式永动机

16 世纪 70 年代,一位意大利设计师提出一种水力驱动的永动机模型,如图 9-5 所示。上面水槽中的水从出水口落下,冲击水轮转动,可以带动水磨做功,同时通过一组齿轮带动螺旋涉水器转动,螺旋涉水器将流入下面蓄水池中的水重新提升到上面的水槽中,使得水可以在水槽和蓄水池之间循环流动,机器可以在水力的驱动下无休止地转动,同时对外做功。在实际的运转中,从水槽流下的水多,螺旋涉水器提升上来的水少,上面水槽中的水越来越少,直到机器停止转动。

浮力永动机是另一种永动机模型,如图 9-6 所示,链条张紧在垂直布置的两个链轮之间,链条的每个链节上连接着一个球体,轴心线左侧的球穿过一个容器,球体与容器底部的口径相配合,保证瓶内的液体不会向下部泄漏。设计者认为,位于容器内部的球体受到液体浮力的作用,位于轴心线右侧的球体不受浮力作用,所以链两侧的拉力不平衡,链会驱动链轮连续不断地沿顺时针方向转动。实际上,与容器底部"瓶口"处配合的球上、下表面所受到的压力差远大于"瓶口上面两个球所受到的液体浮力,"以后又先后出现过应用轮的惯性,利用毛细作用以及利用磁力作用的永动机模型,结果都失败了。

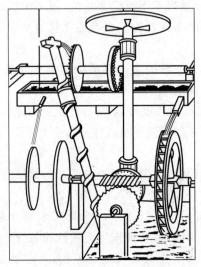
图 9-5 螺旋涉水器永动机模型

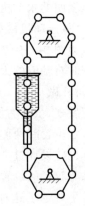
图 9-6 浮力永动机

发明永动机的失败使人类反思,从而发现了制约能量转换过程的自然规律——能量守恒和转换定律,并得出判断——能够凭空创造能量的第一类永动机是不可能的。

此后又出现了不违背能量守恒定律的第二类永动机的设计,这类设计希望热机能够从某个单一热源(如海洋、大气)吸收热量,并将热能完全转化为机械功,由于海洋和大气的热源庞大,这种永动机可以永不停息地运转。这类永动机被称为第二类永动机。

1824 年,法国工程师卡诺通过对理想热机的研究发现,热机必须在两个热源之间工作,热机的能量转化效率只取决于两个热源的温差,即使在理想状态下,热机的效率也不可能达到 100%,热量不可能被完全转化为功。

人们在总结卡诺原理的基础上,提出了热力学第二定律,开尔文把热力学第二定律表述为:不可能从单一热源取热,使之完全变为有用功而不产生其他影响。热力学第二定律宣布第二类永动机也是不可能的。

能量守恒定律和热力学第二定律的提出并没有完全阻止人们发明各种永动机的热情,现在仍有很多人在进行这方面的努力。但是一切违背科学规律的努力是一定要失败的。

在机械设计中,对设计对象的工作原理应用错误也会导致设计失败。

图 9-7 所示为一滚子接触疲劳试验机原理图,用于试验滚子在不同接触应力和不同滑动速度下的接触疲劳极限应力。其中,图 9-7(a)所示方案由于要求试验滚子 3 和 3′ 的中心距与驱动齿轮 z_a 和 z_b 的中心距相同,限制了向滚子加载。若将方案修改为图 9-7(b)所示,图中 1 为固定的轴承,2 为可以摆动的轴承,则通过轴承 2 可以对滚子进行加载,通过改变齿轮的齿数可以改变滚子之间的相对滑动速度。

9 创新失误分析

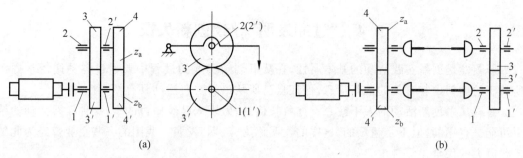

图 9-7 滚子接触疲劳试验机原理图

图 9-8(a)所示为一万能工具显微镜立柱结构。立柱支承在轴上,轴绕滑动轴承转动,显微镜安装在立柱上。通过手动转动蜗杆,驱动蜗轮,使立柱带动显微镜转动。由于蜗杆传动对蜗轮有轴向作用力,使显微镜产生沿轴向的移动和绕垂直于纸面的转动,影响显微镜的工作精度和使用的方便程度。改为图 9-8(b)所示的螺旋传动结构后,消除了轴向力,使结构更简单,使用更方便。

分析机械设计原理时不能只考虑理想工作状态下的行为,而且应充分考虑机械装置工作中可能出现的各种误差因素对工作状态的影响。

图 9-9 所示为一大型搅拌机的设计原理图。其中,图 9-9(a)所示方案中采用了一套自锁的蜗杆减速器。在理想情况下减速器驱动搅拌机运转。由于搅拌机有较大的惯性力,当有载荷波动时或在停车过程中,搅拌机会推动蜗轮继续转动,由于蜗杆传动具有自锁性,使蜗轮无法驱动蜗杆转动,导致发生蜗轮轮齿折断的事故。若将传动方案改为图 9-9(b)所示的齿轮减速器(不自锁),则能使大型搅拌机顺利运转。

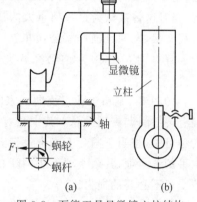

图 9-8 万能工具显微镜立柱结构

某企业设计了一台起重装置,由于负载较重,采用 3 个液压油缸共同驱动重物,为简化结构,用油缸兼作重物提升的导轨(见图 9-10(a))。由于多个油缸之间存在平行度误差,使得起重装置实际无法工作。后改为图 9-10(b)所示结构,消除了由于油缸不平行对运动的影响。但是由于各个油缸工作中存在流量误差,使各油缸之间工作不同步,装置仍无法运转。后改为单一螺旋传动驱动。

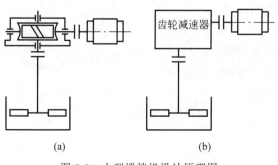

图 9-9 大型搅拌机设计原理图

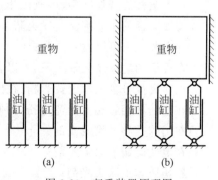

图 9-10 起重装置原理图

9.4 "过期发明"导致创新失误

新颖性是创新实践活动的基本属性,在从事创新实践的过程中要通过各种途径掌握与所从事的创新内容有关的最新信息,保证自己所从事的实践活动具有新颖性。

有些从事创新活动的人不注意掌握科技信息,做别人已经做过的事,这种实践活动的结果可能是有用的,但不是新颖的,这样的发明称为"过期"发明。我国的一些企业曾经为此付出过巨大的代价。

我国的一家保温瓶厂为了减少在保温瓶生产中对贵重金属的消耗,曾花费了几年的时间,动用大量的人力、物力和财力,成功解决了保温瓶生产镀膜工艺中"以镁代银"的工艺问题,当时这曾被认为是一项重大的技术突破,企业准备为这项发明申请国家奖励,后经查找专利文献,发现英国一家公司早在 1929 年就申请了这项工艺的专利,工艺过程完全相同。为了解决别人在 50 年前已经解决了的问题而组织技术攻关,使企业花费了本可不必要的代价。

1978 年,某市工业系统向国家申报了 40 项"赶超世界先进水平"的新产品、新技术。后经有关部门调查后确认:其中只有 2 项内容相当于国际上 20 世纪 70 年代的水平,在其余的项目中,相当于国际上二十世纪五六十年代水平的有 32 项,相当于二十世纪三四十年代水平的有 4 项,其余 2 项无法判断其所属年代。由于不注意科技信息工作,使企业和国家都蒙受了不必要的损失。

在互联网被广泛使用之前,全面检索科学与技术信息的过程很烦琐,难度和成本都很高。现在,互联网已经成为一种最便捷的大众化信息传播媒介,通过互联网和其他信息传播媒介可以很方便地检索到多种科学与技术信息,在从事创新活动的过程中,要注意充分利用各种信息传播媒介,及时了解与所从事工作有关的最新信息,防止由于重复他人工作造成的创新失误。

由于不注意科学与技术信息而重复他人的工作,是造成创新失误的重要原因。例如,前面提到的双头火柴的专利在国内就曾经被多次申请。

由于在专利申请中经常出现重复申请他人已注册专利的情况,很多国家的专利管理部门将那些经常被重复申请的专利汇编成册,提醒从事专利发明的人们注意。以下是日本专利局公布的一些曾经多次被人重复申请过的专利:

将火柴杆的端部削尖,可兼作牙签使用;

将火柴杆的两端都涂上发火药,可重复使用两次;

在火柴盒上可以发布广告;

在香烟的端部涂上发火药,可以省去火柴和打火机;

电话机拨号盘上涂上荧光粉,在黑暗环境下也能方便拨号;

在钥匙和钥匙孔上涂荧光粉,方便夜间开锁;

在门牌号码上涂荧光剂;

在电器旋钮上涂荧光剂;

在药瓶盖上涂荧光剂;

在烟囱顶上安装风向装置,使烟囱口可依风向转动,防止逆风;

可以自动流出护发液的梳子；

将领带的两面设计成不同图案，一条领带当作两条使用；

用缝纫机为信封封口，只要拉开缝口线即可方便地开封；

在电熨斗的手柄上安装自动开关，松手时自动断电；

铅笔内只装相当于总长度 2/3 的铅，既不影响使用，又可以节省铅芯；

……

这些发明都很有用，有些想法也很巧妙，但是这些内容都早已被人申请了专利，以后如果有人再进行这方面的探索，除了会做无效的付出以外，还可能侵犯他人的知识产权。

9.5 "不合时宜"导致创新失误

一项技术发明的实现需要必要的技术手段的支持，如果当时社会所具有的技术手段不足以支持发明的实现，即使有了很好的构思，也无法将构思转化为现实的功能。

英国著名数学家巴贝奇生于 1792 年，天资聪明，从小酷爱数学，1810 年进入剑桥大学学习数学和化学。巴贝奇在大学期间就发现英国的航海表中存在大量的计算错误，这些计算错误严重地影响了船舶在海洋中定位的准确性。如果要修正航海表中的这些错误，需要进行大量的数据计算工作。当时虽然已经有了帕斯卡和莱布尼茨设计的机械式计算机（见图 9-11、图 9-12），但是使用效果还不能满足大量计算的要求，因此，巴贝奇萌生了研制新的"会制表的机器"的想法。

图 9-11　帕斯卡设计的加法器

图 9-12　莱布尼茨设计的乘法器

巴贝奇希望通过这种新的机器能够完全代替人手工计算的工作，能够使计算更快捷，更准确。

1812 年，巴贝奇开始研制差分机，并开始进行制造。图 9-13 所示为巴贝奇设计的差分机模型，英国政府为支持这个项目提供了 1.7 万英镑的研制资金，1823 年制造完成其中的一小部分，如图 9-14 所示。这台差分机具有 3 个寄存器，每个寄存器有 6 个部分，它可以用来编制平方表和其他表格，可以做多项式加法，运算精度达到 6 位小数。

图 9-13　巴贝奇设计的差分机模型

组装后的差分机运行后的计算准确性达到了设计要求，但是政府提供的经费用完了，巴贝奇还花费了自己的 1.3 万英镑。他希望政府能够继续提供经费的支持，但是由于需要的经费过多，政府表示不再予以资助，差分机的计划夭折了。现在，在伦敦皇家学院博物馆里还能看到巴贝奇设计的图纸和没有来得及组装完成的差分机。

差分机还没有完成，巴贝奇在1834年就开始进行性能更强大、计算精度更高的解析机（分析机）的设计。

巴贝奇设计的解析机模型如图9-15所示。在解析机中采用了与差分机相似的齿轮式存储器，用于存储数据，采用专门的运算机用于计算，同时采用控制器用于对操作顺序进行控制。为了加快运算速度，巴贝奇还设计了非常先进的进位装置，根据他的设计，解析机进行一次50位数的加减法运算仅需要1s，相乘仅需要1min。

图9-14　组装完成的部分差分机部件

图9-15　巴贝奇设计的解析机模型

巴贝奇在解析机的设计中还采用了穿孔卡片输入系统、外部存储器等装置。解析机的设计非常精巧，巴贝奇在解析机的设计中所采用的一些设计思想和设计理念在现代计算机设计中还仍然被采用，巴贝奇天才的设计思想为现代计算机结构设计奠定了基础。

但是巴贝奇的设计在当时的生产条件下是无法实现的。在巴贝奇的时代，无论是进行数据存储、数据运算和运算过程控制，没有任何电子元器件可以采用，能够采用的功能器件只能是齿轮、曲柄、凸轮、离合器等机械零部件，能够采用的原动机只有蒸汽机。

当时的机械加工和检验手段也很差。渐开线齿轮的范成加工原理还没有发明，车床的结构还非常简单，车床的刀架和导轨还没有出现，用来作车刀刀头的材料还只有碳素工具钢，今天被普遍使用的高速工具钢和硬质合金还没有出现，车削过程中需要工人手持车刀完成加工。

现在长度测量中普遍使用的游标卡尺在当时还没有发明，现代机械加工中广泛采用的互换性的概念也还没有提出，在这样的条件下，通过机械加工得到的零部件很难直接进行装配，如此复杂的机械装置的加工、装配、调试的难度之大可以想象。

巴贝奇为了他的计算机设计耗尽了毕生精力，到1871年去世时已经倾家荡产，留给后人的是几万张等待加工的图纸，和一大堆加工好，等待装配的零部件。他毕生都在进行机械计算机的设计，但是没有完成任何一台计算机的装配。

巴贝奇去世以后，他的儿子又经过了多年的努力，也只完成几个部件的装配……

为了纪念为解析机奋斗终生的巴贝奇，在20世纪90年代，专家们根据巴贝奇的设计图纸，按原样制造出了一台解析机。

一项发明要被社会接受，也需要发明的用途与当时社会的需求相吻合，否则也会造成创新的失误，使发明的结果无人问津。

在20世纪30年代，英国人阿立·布卢姆林申请了立体声技术的专利。在此后的多年时间里，世界被经济危机和战争所困扰，生活在这种环境下的人们还没有产生欣赏优美的立体声音乐的兴趣。

从申请专利开始,直到1942年阿立·布卢姆林去世,都没有人采用这项专利。1947年这项专利到期时,他原所在的公司申请将专利的有效期延长了5年,但是仍无人问津。

在专利失效2年以后,市场上开始出现立体声唱片和放音设备。今天,这项技术已经在各种音响设备上普遍采用,为全世界的人们带来欢乐,但是专利申请人及其公司未从中获得丝毫回报。

9.6 思维方式与创新失误的关系

从事创新实践需要采用新的方法解决相应的问题。要能够构思出与别人不同的、新的、有效的解决问题的方法,需要采用有别于他人的、有效的思考问题的方法。

我们思考问题所采用的方法中经常包含一些不利于提高创新思维效率的因素,认识并注意纠正这些错误方法,可以提高进行创新思维的效率,提高创新实践的成功率。

9.6.1 思维定式

表9-1所示为一位美国著名心理学家给出的一组题目,题目内容为用已知容量的容器,量出所求容量的物体。

表 9-1 思维定式测验题目数据表

序号	已知容器的容量			所求容量
	A	B	C	D
1	21	127	3	100
2	14	163	25	99
3	18	43	10	5
4	9	44	6	23
5	20	59	4	31
6	23	49	3	20
7	15	39	3	18
8	28	76	3	25

针对第1道题,可以得到答案:$D=B-A-2C$。继而可以发现用同样的方法,可以很顺利地得到第2~7题的答案,虽然对于第6题还有比这更简单的解答 $D=A-C$,第7题也还有更简单的解答 $D=A+C$。这种顺利的解答方法在第8题解答中遇到了问题,第8题的答案也很简单,$D=A-C$,但是一直顺利的解答却在这里发生了问题。

人们在解决新问题时由于受到思维惯性的影响,更倾向于采用熟悉的旧方法解决所遇到的新问题,这种思维倾向称为思维定式,它是由一定的心理活动所形成的思维准备状态。

思维定式对创新实践的作用具有二重性,既具有积极的作用——思维定式的正效应,同时也具有消极的作用——思维定式的负效应。

思维定式是以过去的经验为基础的,对于处理简单重复性的问题无疑是非常有效的。新问题、新情况是在旧问题、旧情况的基础上产生的,有经验的人可以凭借直觉,跨越理性思维,迅速地对事物做出反应。如果不能有效地利用思维定式的正效应,而是基于对事物的全部信息的详细分析去认识新事物,由于新事物中包含着巨大的信息量,这使得对任何稍复杂一些的新事物的认识都是不可想象的。

除积极作用以外,思维定式对创新实践还有很多消极作用。

思维定式使人倾向于用已经认识的规律解释新的现象,这会使人丧失透过新现象、发现新规律的机会。

1895年11月8日,物理学家伦琴使用阴极射线管进行研究工作时,发现放在阴极射线管附近的荧光物质(氰亚铂酸钡)发出荧光,经过多日的研究后证明,使荧光物质发光的原因是阴极射线管发出的某种射线,这是一种不可见的射线。由于当时对这种射线的属性了解得很少,所以伦琴将这种射线命名为X射线。1896年1月23日,伦琴在自己的研究所中作了一次报告,并用X射线拍摄了维尔茨堡解剖学教授克利克尔的一只手的照片,克利克尔带头向伦琴欢呼,并建议将这种射线命名为伦琴射线。

由于伦琴的这一发现,1901年,在第一届诺贝尔奖颁奖中,伦琴获得首届诺贝尔物理学奖。

伦琴用于发现X射线的阴极射线管是物理学家克鲁克斯发明的。在伦琴发现X射线之前,这种现象也曾多次被克鲁克斯及其他科学家发现,但是他们都试图用已经认识的规律解释这种现象,没有意识到这里蕴藏着未知的规律,因此错过了做出物理学新发现的机会。

1920年,新西兰物理学家卢瑟福在研究核反应的过程中提出了中子假说。他认为在原子核中,质子可能与电子结合,形成不带电的粒子,就是中子。由于中子不带电,不能用电场或磁场对其进行控制,所以中子的存在一直未被实验证实。

1930年,德国物理学家博特发现,用α粒子轰击金属铍,会产生一种穿透力很强的射线,当时他认为这是一种高能量的γ射线。1932年,约里奥·居里夫妇——居里夫人的女儿和女婿在重复上述实验时发现,这种射线的能量远远超过天然放射性物质发射出的γ射线的能量。他们还发现,用这种射线轰击石蜡,可以从石蜡中打出质子。他们发表了实验结果的照片,并解释照片所记录的是γ射线在氢核上的散射。

英国物理学家查德威克(卢瑟福的学生)看到了这一结果,并重复了这一实验,对这束射线的属性进行了研究,发现它不带电,还发现射线的速度只有光速的1/10,所以它不是γ射线,而是由粒子组成的。通过对粒子的质量测量发现,这种未知粒子的质量与氢核的质量相似(更精确的实验测出,中子的质量非常接近于质子的质量,只比质子质量约大千分之一),它就是卢瑟福所预言的中子。查德威克将研究成果写成论文"中子的存在",在皇家学会的学报上发表,因此被公认为是中子的发现者,并因此获得诺贝尔物理学奖。

查德威克通过重复约里奥·居里夫妇的实验发现了中子,而约里奥·居里夫妇虽然已经更早地发现了这一现象,但是由于倾向于用已有的理论对其做出解释,而没有做出正确的解释,与中子失之交臂,错过了发现中子的机会。

思维定式的负效应还会使人们在解决遇到的新问题时不自觉地受到已有的解决问题方法的限制,影响构思解决问题方法的灵活性和广泛性。

例如,人手工缝制缝料是使用针尾带孔的针反复穿透缝料完成的,人们在发明缝纫机的过程中希望找到一种方法,用机器完成这一过程,但是由于受到人手工缝制缝料方法的诱导，不能突破尾部带孔的缝针的限制，使得对缝纫机功能原理的构思遇到困难。以后人们突破了这种限制，构思出使用头部带孔的针，用面线和底线这两条线进行缝制的机械缝制方法，完成了缝纫机的发明。

人们在发明洗衣机的过程中也遇到同样的问题。人手工洗衣服的过程是通过人手在洗衣板上反复揉搓衣服，或反复捶打衣服的方法进行清洗的。人手在洗衣时的运动方式是直线往复运动，用机械方式实现旋转运动比实现直线运动更方便，所以现代的洗衣机设计突破了人手工洗衣服的动作方式，采用更适合机械工作的动作方式。

在创新实践中，要提高创新思维的效率，就要充分发挥思维定式的正效应，尽力抑制思维定式的负效应。

广博而深入的知识积累有助于克服思维定式的负效应。首先要掌握坚实的基础理论知识，其中包括正确的哲学理论知识。对知识的掌握既要深入，又要广博，广泛地接受各门学科研究问题的方法，可以从不同的角度对现象进行分析，有利于更深入地认识事物的本质特征。

要保持不满足于现状、敢于质疑现有知识的心态。现有知识是前人创新实践的结果，是我们今天进行创新实践的起点，只有不断地突破现有知识，才能不断创新，推动科学知识体系不断进步。

人类最早发明的火车车轮与铁轨是通过齿轮（车轮）与齿条（铁轨）的啮合推动机车运动的，由于火车的载重量很大，人们很自然地认为只有通过啮合传动才有可能驱动火车运动，防止车轮与导轨之间打滑，这成为当时火车设计师们的共识。齿轮与齿条的啮合传动严重地限制了火车运动速度的提高，并影响着火车运动的平稳性。司炉工斯蒂文森设想，如果把车轮和导轨上的齿去掉会怎么样？他按照这种设想进行试验，发现火车的车轮与导轨并不会打滑，也不会脱轨，并且很容易地将车速提高了 5 倍，斯蒂文森也因此成为一位伟大的发明家。

思维定式在人们的思维过程中是不自觉地起作用的，它通常会引导人们产生对解决问题方法的最初构想，而人们又往往更偏爱于这种最初的构想。在创新实践中养成良好的思维习惯，不满足于已有的最初构想，不要只产生了一种想法就开始行动，要更多地、更广泛地探索各种可行的技术方案，在多方案的基础上进行分析、比较、评价，并从中找出最适宜的方法。这种建立在对多种方案进行分析、比较、评价基础上的决策方法，有助于克服思维定式的负效应。

9.6.2 发散思维与收敛思维

创新实践过程中既需要通过发散思维广泛地探索各种可能存在的解决问题的方案，又需要通过收敛思维对多种可能的方案进行科学的分析、比较和评价，从而对最适宜的方案做出科学的判断。

在一项创新实践活动的开始阶段，首先需要以创新对象为出发点，突破关于创新对象的现有知识体系的限制，通过激励、联想、启发、求异等方式，多方向、多层次、多角度地列举各种针对创新问题的解决方案，力图不漏掉每一条有效的信息。

由于思维定式的作用，人们往往在创新实践的开始阶段就倾向于采用那些自己熟悉的方法，并且在想到一种可行的原理方案后就急于进行细节设计，并急于去实施，直到通过实践证明这种方案不可行时才想到应该去寻求其他方法。

这种做法忽视了机械设计问题的多解性特征。放弃对更多方案的探索,使人们很可能错过大量的更适宜的方案。

学校教育中的大量的科学训练使学生更习惯于对唯一正确答案的追求,习惯于收敛思维的模式。机械创新设计教育和创造性思维训练的重要任务之一就是要使学生接受并不断习惯于发散式的思维模式,能够在创新实践的不同阶段正确地运用发散思维和收敛思维的方法,顺畅地进行创新设计构思。

进行发散思维的主要障碍是由现有解法所形成的解法框架。学习发散思维方法就是要学会不断地跳出现有的思维模式框架,敢于采用新的思维模式,开辟新的、更宽广的解法空间。

公元 2 世纪,托勒密提出关于宇宙模型的系统理论——地心说,其宇宙模型如图 9-16 所示。地心说认为地球是宇宙的中心,包括太阳在内的所有天体都围绕着地球旋转。但是天文观测表明,行星相对于地球的速度忽快、忽慢、忽进、忽退,为解释行星的运动,托勒密使用了本轮加均轮的模型,即行星在一个较小的圆周(本轮)上运动,本轮的圆心又在较大的均轮上运动(这种模型类似机械设计中的行星轮系)。这种模型对天体的解释符合人们的日常观察习惯,在天文观测精度不高的情况下也能够较好地解释观测结果。在此后的 1400 年中,人类关于天文学的研究工作都是在完善这个宇宙模型。

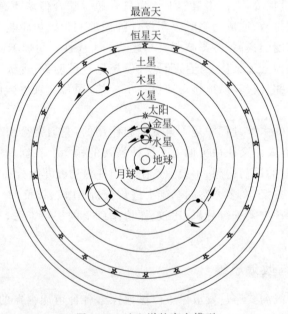

图 9-16 地心说的宇宙模型

随着天文观测精度的提高,人们发现,天文观测的数据与托勒密的宇宙模型所描述的状态不一致,于是对托勒密的宇宙模型不断地进行修改和完善,在原有的宇宙模型的基础上再增加新的本轮——均轮。到 16 世纪时,经改进的托勒密体系已经拥有 79 个本轮和均轮,其复杂程度令人难以置信。

16 世纪,随着远洋运输业的发展,航行中的船只需要通过天文观测的方法确定船舶在海洋中的位置,这就迫切需要建立一种更精确的宇宙模型,这种需求在客观上推动了天文学理论的发展。

哥白尼认真研究了大量的天文观测资料,并亲自从事了30多年的天文观测。他发现托勒密的体系太复杂,而且与观测结果不一致。哥白尼没有采取继续修正旧的宇宙模型的方法。他经过研究发现,如果不是将地球放在宇宙的中心,而是将太阳放在宇宙的中心,则对很多问题的解释就简单多了。他突破了传统的地心说理论体系的束缚,创立了新的宇宙模型理论体系——日心说。

1888年,德国物理学家赫兹成功地进行了电磁波的发射和接收试验,当时就有人提出,是否可以利用电磁波进行远距离无线电通信,赫兹断定这是不可能的。他认为如果要利用电磁波在欧洲范围内进行通信,就需要在天空中设置一块面积与欧洲版图面积相近的电磁波反射镜。

正是基于这种判断,赫兹中断了利用电磁波进行无线通信的试验。

马可尼继续了这方面的研究工作,并于1897年发明了无线通信技术,并因此获得诺贝尔物理学奖。

在一次研讨会上,日本学者村上幸雄向台下的中国听众提问:谁能尽可能多地说出曲别针的用途。大家集思广益,只提出10多种用途。这时,有人向村上幸雄提问,希望他能说出曲别针的更多用途,村上幸雄马上一一列举出曲别针的300多种用途,令在座的听众瞠目结舌。

这时,一位中国学者提出,他可以列举出曲别针的3000种、3万种甚至30万种用途。

他首先将曲别针的属性区分为材质、重量、体积、长度、截面形状、颜色、弹性、硬度、直边形状、曲边形状等。利用曲别针的长度可以制成0、1、2、3、4、5、6、7、8、9、+、-、×、÷等数字和运算符,利用它们可以构成无穷多的算式;利用1、2、3、4、5、6、7可以谱写无穷多的乐曲;利用曲别针的长度可以制成英文(德文、法文……)字符,利用这些字符可以编写无穷多的文章;曲别针的材料是导体,利用它们作导线,可以连接成无穷多的电路;曲别针的材料含铁元素,利用它与其他物质发生化学反应,可以生成数量众多的化合物……

创造性思维不但需要发散思维,同样也需要收敛思维。通过收敛思维,可以在众多可行的解法中选择最适宜的解法。如果不能够正确地进行收敛思维,同样也会影响创造性思维的效果。

英国著名物理学家贝尔纳在伦敦大学任教,他的同事们公认他具有过人的洞察力、极强的想象力、极高的天资,思维极具独特性。依据他的天赋,可以多次获诺贝尔物理学奖,但是他的科学成就从来没有达到他本应达到的高度。

贝尔纳曾从事过结晶学、生命化学的研究,探索过生命物质的结构,研究过水、氨基酸、维生素、蛋白质、病毒等,他在看到关于蛋白质晶体的X射线衍射图后,断定可以用什么方法解决蛋白质的结构问题,并让他的同事和学生继续进行研究工作。

他还曾对流体结构、大陆漂移理论、陨星生命物质等问题进行过艰苦的探索。他的同事评价说:

"几乎每天吃饭时他都要滔滔不绝地讲出一堆足够人干一辈子的研究课题。"

"他是科学原始思想的发动机,他总是提出一些课题,抛出一种思想,自己涉足一番,然后留给别人创造最后的成果。"

"世界上很多重要的科学论文的原始思想都来源于贝尔纳,但在别人的名义下发表了。"

9.6.3 类比推理与创新思维

类比推理是根据两个事物之间的某些属性相同(或相似),从而推断出其他属性也可能相同(或相似)的逻辑推理方法。类比推理的格式如下:

甲事物具有属性 a、b、c、d　　(前提 1)
乙事物具有属性 a、b、c　　　　(前提 2)

乙事物可能具有属性 d　　　　(结论)

类比推理的前提 1 中的甲事物是已知的、熟悉的事物,而前提 2 中的乙事物是未知的、不熟悉的事物,类比推理通过将不熟悉的事物与熟悉的事物相比较,推断出它可能具有的属性,为解决问题提供可供借鉴的思路和线索,具有很好的启发作用,是一种被广泛采用的推理方式。

类比推理方法能够在证据不足的条件下推断出有效的结论,为问题的求解提供思路,是在各种逻辑推理方式中最具创造性的推理方法,在科学研究、技术发明和刑事侦查中得到广泛的应用。

例如,研究表明,以前在太阳上发现的所有已知元素都可以在地球上找到。新的光谱分析结果表明,太阳上存在一种元素——氦,科学家断定地球上也可能存在这种元素,1895 年,英国化学家雷姆在地球上找到了氦元素。

再如,奥地利医生奥恩布鲁格一次接诊一名患者,直到病人去世也未能确诊其病因。后经尸体解剖发现,病人胸腔内充满感染液体。奥恩布鲁格希望能找到一种方法,使得今后再遇到类似的病例时能够及早地诊断。

奥恩布鲁格想到幼年时看到作酒商的父亲在卖酒时经常会敲击酒桶壁,通过木桶发出的敲击声判断桶中剩余酒量的多少。通过类比,使他联想到可以通过敲击病人胸腔的方法判断病人胸腔积液的情况。通过反复的观察、摸索和试验,他终于发明了一种新的疾病诊断方法——叩诊法。

由于类比推理所对比的两个对象之间不存在必然的逻辑关系,所以推出的结论有可能是错误的。

例如,19 世纪 70 年代,一些天文学家在通过望远镜观察火星表面时发现,火星表面具有一些有规则的地貌特征,于是判断为某种智能生物修筑的运河。同时又观察到火星表面的有些地貌特征会随季节变化,于是判断火星表面有植物存在。通过与地球环境进行类比,得出了一个轰动世界的结论:火星上可能有智能生物存在。

根据这样的判断,世界上出现了许多关于火星生物的猜想,也出现了很多以火星生物为题材的文艺作品,火星人一时成为热门话题。

近年来,人类发往火星的探测器通过对火星表面的实地考察,否定了关于火星可能存在智能生物的判断。

根据类比推理推导出的结论有可能既包含正确的判断,同时也包含部分错误的结论。例如,19 世纪初,蒸汽机得到了普遍的应用。随着蒸汽机设计水平的提高,蒸汽机的效率不断提高。但是,蒸汽机的效率与哪些因素有关系,蒸汽机效率的提高会受到哪些条件的限制,这些基本的理论问题还没有得到解决。当时,法国工程师卡诺对热机效率问题进行了深入的研究。

当时关于热的本质问题有两种理论：一种理论认为，热是物质内部分子无规则运动程度的度量，称为热动说；更多人认为，热是一种物质，称为热质说。卡诺当时也信奉热质说观点。他在研究热机效率问题时，根据热质说观点，将热机与水车的工作原理进行了天才的类比，水车依靠水从高处流向低处的过程中释放的势能对外做功，通过类比他得出判断：热机必须依靠热质从高温物体流向低温物体而对外做功；水车做功的能力与高处和低处之间的水位差以及水的流量有关，通过类比他得出判断：热机的做功能力与高温热源和低温热源之间的温度差以及热质流量有关。通过以上类比，卡诺得出以下结论：

(1) 热机必须工作在高温热源和低温热源之间，热量从高温热源流向低温热源的过程中对外做功。

(2) 热机的效率仅取决于高温热源与低温热源之间的温度差，而与工作中所采用的介质种类无关。

以上就是卡诺第一定理的基本内容。

卡诺在通过类比得出以上正确结论的同时，还得出了以下的错误结论。他根据水流流经水车后总水量不变的结果，通过类比得出热机做功前后总热量不变，只是从高温热源流向低温热源的错误结论。

卡诺定理为提高热机效率指出了正确的方向，但是由于持有不正确的热质说观点，使得他的结论中包含瑕疵。在此后的研究中，卡诺开始意识到热质说的错误，意识到将热机与水车相类比的不妥之处，他最终抛弃了热质说，转而主张热动说，得出了能量守恒的结论，并计算了热功当量。遗憾的是卡诺过早地因病去世，没有更充分地展示他的科学才华。

1781 年，人类通过天文观测发现了天王星。在研究天王星轨道时发现，天文观测的结果与根据牛顿定律计算的结果不一致。人们设想这是由于一个未知天体的作用造成的，并根据这种假设计算出这个未知天体的质量和位置。英国人亚当斯(1845)和法国人勒维列(1846)分别独立地完成了这项计算。亚当斯将计算结果交给英国天文台，并没有引起英国天文台的重视；勒维列将计算结果寄给柏林天文台，柏林天文台根据他的计算结果，当天晚上就在指定位置发现了这个新天体，并将其命名为海王星。

海王星的发现不但揭开了天王星轨道的秘密，而且验证了牛顿定律的正确性。

1859 年，勒维列在研究水星轨道在近日点的进动问题时发现，水星椭圆轨道长轴在 100 年内转动了 5601″，其中的 5558″是由已知行星的作用造成的，剩余的 43″无法做出解释。他根据曾经成功地发现海王星的方法，将水星轨道进动现象与天王星轨道异常现象相类比，假设水星轨道进动是由于另外一颗未知天体的作用引起的。他的这一假设使得大批天文学家和天文爱好者投入对这一个想象中的未知天体的寻找工作，得出多种计算结果。有些热心人已经为这个未知天体起好了名字——火神星，但是经过几十年的努力工作，人们仍没有找到这个设想中的天体。

1915 年，爱因斯坦发表了广义相对论，根据广义相对论理论，成功地解释了水星轨道近日点的进动原因，同时说明设想中的火神星并不存在。

通过以上的实例可见，类比推理的结论是或然(可能)结论，与其他推理方法相比，类比推理是可靠性最低的推理方法。

类比推理是一种极具创造性的推理方法，但是具有可靠性低的缺点。为此，有人提出各

种方法试图对类比推理进行改造,这些方法主要可以分为以下两类:

(1) 建议在使用类比推理时尽量增加被类比的两事物的属性数量;

(2) 建议在使用类比推理时提高被类比的属性之间的相关程度。

如果按照第(1)类意见改造类比推理,将会把类比推理改造成为归纳推理;如果按照第(2)类意见改造类比推理,将会把类比推理改造成演绎推理。虽然这两类方法都有利于提高类比推理的严密性,提高结论的可靠性,但是经过这样的改造,消除了结论的或然性,类比推理的缺点被消灭了,类比推理本身也不存在了。

在创新设计实践中,要充分发挥类比推理的创造性特征,为创新设计构思提供可供借鉴的设计思路,同时又要充分注意到类比推理的固有缺陷,注意到类比推理结论的或然性,在类比推理所提供的思路的基础上,努力寻求类比对象之间必然的逻辑联系。在创新设计的不同阶段中,应交替利用类比推理和其他推理方法,交替地进行发散思维和收敛思维,寻求实现设计功能的最适宜方法,提高创新实践活动的成功率。

机械创新设计是推动人类文明进步的事业。从事机械创新设计工作需要掌握一定的机械设计知识,需要了解创新设计的方法,需要有克服困难的勇气,更需要有对追逐成功的兴趣。

提高创新设计的水平需要不断学习新的知识和方法,更需要不断地参与创新设计的实践,从实践中学习,在实践中领悟。希望有更多的人投入这项事业中,为民族的和平崛起和伟大复兴贡献力量。

思 考 题

1. 出现创新失误的原因有哪些?

2. 如何正确对待创新中的失误?

3. 通过调研或观察,试举一个创新失误的实例并分析其主要原因。

4. 为了尽可能避免脱离社会需求的创新失误,作为设计者在创新初期应该做好哪些准备工作?

5. 为避免"过期发明"导致的失误,设计者应该做好哪些工作?

6. 机械设计中,如果对其工作原理认识不足,也会造成设计功能的失误。图 9-17 所示为保证润滑油沿着轴向分布以布满整个工作区在径向滑动轴承内表面开设的油沟,试分析该结构存在的设计失误,并给出两种以上的改进方案。

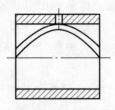

图 9-17 失误的径向滑动轴承油沟设计方案

7. 图 9-18 所示是传统的传送带转换装置,工作中操作工人需要反复转动身体。从人机工程学角度,弯曲和扭转均使操作者承受了较大力矩性质的载荷,长期工作极易引发疲劳和慢性疾病,是一种设计失误。请给出使操作者受力合理的改进输送带设计方案。

图 9-18　传统的输送带转换装置设计方案

10 创新产品设计实例分析

从"创新"的定义及其主要特征可以看出,作为人类最高级的社会实践活动,人们需要不断运用已知的信息和条件,突破常规,发现或发明某种新颖、独特的有价值的新事物、新思想以满足不断增长的精神、生活需求及促进人类的发展。

创新的本质是突破,即突破旧的思维定式,旧的常规戒律。创新活动的核心是"新",它或者是产品的结构、性能和外部特征的变革,或者是造型设计、内容的表现形式和手段的创造,或者是内容的丰富和完善。

在知识经济时代,创新是一个国家经济发展的基石。一个国家旺盛的科技创新能力,将形成日益强大的竞争优势,竞争的优势最直接的体现就是产品的商业竞争力。而在我们的日常生活中就有许多具有"奇思妙想"、突破性的创新产品。

本章将通过对部分创新产品(或装置)的设计思路进行分析,启发读者的创新思维,进一步深化读者对机械创新设计有关理论与方法的理解,从而有效地开展机械创新设计活动。

10.1 弹子锁功能原理分析

随着科技的进步,虽然门禁系统的识别技术越来越先进,安全性也不断提高,但是,弹子锁(见图10-1)在许多地方还是被广泛应用。假如你与好朋友共同租住了1个两室一厅的单元房,该单元房有1个单元门,每个房间还各有1个可以上锁的房间门。现在,你希望你们每个人都只有1把钥匙,这把钥匙可以打开单元门的锁,同时可以打开自己房间的锁,但是不能打开对方(另一住户)的房门锁。你能够做到吗?下面通过分析弹子锁实现"锁门"功能的工作原理,你就可以找到答案。

图6-2给出了弹子锁的装配结构示意图,它显示了钥匙插入弹子锁锁芯准备开锁的状态。图10-2显示的是"锁紧"的状态。由图可知,弹子锁主要由4部分组成:锁身、锁芯、弹子(两排或多排)及压紧弹簧。当两排长短不一的弹子在压紧弹簧作用下错落有致地充满锁芯的弹孔中时,由于锁身和锁芯圆周方向的分界面被弹子隔开并锁死,不能发生相对转动,因此就形成"锁紧"状态。

反观图6-2开锁状态,我们会发现,钥匙之所以能够带动锁芯围绕锁身转动,从而弹出锁舌,实现开锁功能,是因为钥匙表面的"锯齿"抬高下端的弹子后,恰好使两排弹子的分界面与锁身和锁芯之间的分界面对齐。用数学公式表达,即

图 10-1　弹子锁

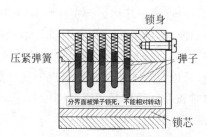

图 10-2　弹子锁的装配结构示意图

$$L_{钥匙齿高i} + L_{下层梢i} = L, \quad i = 1,2,3,4,5$$

式中，i 为弹子孔数量；$L_{钥匙齿高i}$ 为对应第 i 个弹子的钥匙表面齿高；$L_{下层梢i}$ 为与钥匙相邻的下排弹子长度；L 为钥匙底部到分界面之间的距离。

根据上面的分析，如果门锁均采用上述两排弹子的结构，将单元门锁和个人房间用锁采用不相同的弹子孔数装入弹子，前文提到的内容两个人共住 1 个单元，仅使用 1 把钥匙就可以打开单元门且只能打开自己房间门是否就可以解决了？

弹子锁采用弹子长短与钥匙齿形高低之间简单的几何形状配合，实现了开闭锁的功能。属于典型的简单动作功能求解方法。在当今科学技术迅猛发展，新的原理不断涌现的情况下，由于简单功能求解方法可以通过简单结构实现看似复杂的功能，其需要的制造技术往往比较简单，但可以创造出许多面大量广的产品，仍然是一种需要关注和研究的创新设计方法。

10.2　咖啡机功能原理分析

咖啡作为世界三大饮料之一，备受年轻人的喜爱，各类咖啡 DIY(do it yourself)产品也是琳琅满目，其中一种电加热冲咖啡机使用非常普遍。使用时一般先往咖啡机的水箱里注入适量的饮用水至刻度线，然后放上合适的滤纸，让咖啡更好地萃取，再放入适量的咖啡粉，盖上盖子，启动电源，开始冲煮咖啡。经过几分钟后，你可以观察到滚烫的咖啡开始慢慢滴漏下来，直至水箱里的水完全滴出。此时，咖啡机电源自动断电，完成一次咖啡冲煮过程。

通过观察咖啡机冲煮咖啡的过程，你可以发现这种咖啡机工作时具有以下两个特点：

（1）放在水箱中的水被加热时是间断进行的（或称局部加热），由于每次加热的水量较小，所以可以避免等待时间过长。

（2）冷水不断向加热水箱输送以及加热后沸腾的水流出冲煮咖啡时均没有采用泵吸的机械方法。因为如果采用机械泵进行泵送，需要叶片和电动机相连接，之间需要采用密封装置，如果密封装置损坏，水就会进入电动机，咖啡壶就会损坏。此外，机械泵由于是采用电动机驱动的旋转机械，为提高工作性能和使用寿命，常需要对支撑零件（如轴承）进行润滑，为防止润滑剂进入饮品中，还需要进行密封并保证其可靠性。

将咖啡机上述两个特点用"功能"来描述可以表述为：

（1）可以实现冷水的"分开加热"或冷热水的"隔离"；

（2）冷、热水的"单向输送"；

(3) 冷水被全部加热后实现"自动断电"。

如前所述,如果采用传统的机械结构或装置实现上述功能,不仅需要复杂的系统,而且对关键零部件"密封"的性能与寿命等提出更高要求,势必造成成本提高或可靠性下降。那么,是否可以采用非机械装置实现上述功能呢?结论是肯定的。

咖啡机功能原理示意图如图 10-3 所示,通过利用"物理效应"及材料特性即可以实现上述主要功能。

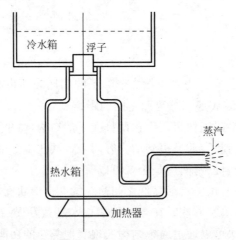

图 10-3　咖啡机功能原理示意图

首先,采用冷水箱(放置冷水)+热水箱的形式,将冷、热水隔离。

其次,为实现冷、热水的单向输送,结构上将冷水箱放置在装置的上方,可以通过重力的物理效应实现冷水向下方热水箱的单向流动;进入热水箱的少量水加热到沸腾后,由于热水箱内压力高于外界大气压,所以利用压差的物理效应实现了沸水的单向输出;为防止冷、热水箱之间水流混合,在冷、热水箱之间的输送渠道中采用一个密度低于水密度的高分子材料制成"单向阀"——浮子(见图 10-3),该单向阀能够在冷水重力作用下打开,使冷水进入热水箱,随着热水温度的提高,热水箱内压力增加,在压力作用下浮子上浮,实现冷、热水之间的密封。

最后,当冷水被全部加热后,依靠传感器进行识别,实现电源的自动断电,结束一次冲煮咖啡操作。

通过咖啡机功能原理分析可知,在一般看似完全靠"机械功能"来实现的某些功能,根据其使用条件要求,特别是在一些特殊领域(如食品、医疗等)中使用时,可以在功能原理设计阶段采用综合技术功能设计方法,力求在自然界中已发现的各种物理、化学、生物等效应中找寻答案,不仅可以保证特殊应用领域的功能实现,还可以大大降低产品的制造成本,从而获得市场竞争力。

10.3　全自动铅笔功能原理分析

自动铅笔由于笔芯细、使用便捷以及无木材使用进而环保等特点在全世界得到了广泛的使用。而在普及和使用的过程中,人们发现由于其铅芯较细,书写磨损较快且容易折断,因此需要经常按压压头出芯。针对该问题,全自动细铅芯活动铅笔(也称自动补偿式铅笔,后文称全自动铅笔)的研制和生产被提上日程,其最大特点是在书写过程中,随着铅芯的磨损,可以实现自动续铅。20世纪70年代末,第一支全自动活动铅笔辉柏嘉TK-matic推出,我国铅笔二厂也于20世纪80年代中期推出了我国第一支国产全自动铅笔——三星A701。此后经过多年的研究与发展,目前已有多家制笔公司可以生产不同型号的全自动铅笔。图10-4所示为Pentel公司生产的Orenz Nero型号全自动铅笔整体及拆解实物图。

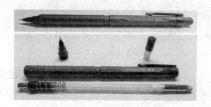

图10-4　Pentel公司生产的Orenz Nero型号全自动铅笔

图10-5给出了目前市面上某种全自动铅笔的自动续铅部件实物结构,主要包括笔尖套、圆锥螺旋弹簧、铅夹组件、大弹簧以及锁紧套等结构。其中铅夹组件部分经过多年的研制和发展,出现了多种不同原理及结构的产品。下面就其中一种自动出铅芯构造及原理予以介绍。

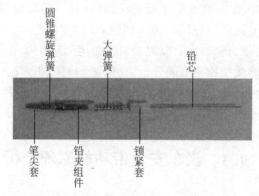

图10-5　自动续铅部件实物结构图

自动续铅部件模型示意图如图10-6所示,圆锥螺旋弹簧为靠近笔尖套位置直径较小的锥形弹簧,同时在该弹簧内部靠近笔尖套部位连接有一与其直径配合的剖分锥面;圆锥螺旋弹簧直径最大处(末端)连接有装在护套内部的剖分铅夹,护套内部始端嵌有内锥套,内锥套与铅夹移动副之间通过位于铅夹上的滚珠减小摩擦;在护套末端安装一堵头,用于限制铅夹的活动范围。

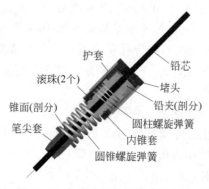

图10-6　自动续铅部件模型示意图

自动续铅原理为：

（1）当全自动铅笔处于正常书写状态时，圆锥螺旋弹簧自由舒展处于自然状态，剖分锥面位于圆锥螺旋弹簧直径最小处，此时弹簧对于剖分锥面有预紧力，限制剖分锥面的张开及铅芯移动。此时剖分锥面对铅芯有一定的摩擦限制，同时该结构由于笔尖套与铅芯之间的摩擦力要大于复位状态下铅夹与铅芯之间的摩擦力，这几点因素耦合保证正常书写过程中铅芯不会受力上移。

（2）当铅芯被磨损用尽，笔尖套接触纸面时，纸面给予笔尖套一定的反向压力，其末端挤压圆锥螺旋弹簧，使其失去对位于笔尖套末端剖分锥面的预紧力，进而剖分锥面张开且上移，此时其对铅芯的摩擦力为零，并且相对于铅芯产生一个向上的位移。与此同时，圆锥螺旋弹簧推压铅夹上移，铅夹与内锥套处于夹紧状态，铅芯被夹紧，铅夹对铅芯的摩擦力远大于其他部件对铅芯的摩擦力，进而防止铅芯发生相对上移以致抵消剖分锥面张开产生的与铅芯向上的相对位移。铅夹在受圆锥螺旋弹簧挤压上移到达一定程度时，其末端被位于护套末端的堵头阻挡，继续上移圆柱螺旋弹簧也被压紧。

（3）当笔尖套抬起时，在圆锥螺旋弹簧的反弹作用下，笔尖套向下移动，此时剖分锥面随之夹紧铅芯向下移动；同时圆柱螺旋弹簧回弹，反向推动此时处于夹紧状态的铅夹回到复位状态，进而实现铅芯的自动伸出。此时全自动铅笔回归正常书写状态。

通过全自动铅笔自动续铅原理功能分析，我们看到利用相互配合的两个零件之间摩擦力大小的不同，实现"单向移动"过程中的"限位"，从而以简单结构解决了自动续铅过程中的开、关双向动作，是一个非常巧妙的结构设计方案，值得借鉴。

10.4 汽车安全带功能原理分析

随着科技的发展和人民生活水平的不断提高，汽车的使用逐渐大众化，而安全带（见图10-7）作为保障车内乘车人员人身安全的必需装置，成为人们眼中最为熟悉不过的物品之一。

汽车安全带的主要功能可以概括为两个方面：第一，在汽车发生碰撞时，可以通过安全带的绑紧作用将乘客固定在车内以免由于加速度的影响将乘客甩出，造成伤害。第二，在汽车发生倾覆时，同样把乘客安全固定在座位上，防止甩出。但是，我们在使用汽车安全带时，会发现安全带的长度会随乘客的身材而进行适应性调整，即带长度是可以伸缩的。那么，汽车安全带是如何在发生碰撞具有了额外加速度或倾覆后位置发生变化时，带长不变，将乘客固定在座位上的呢？实现这一功能的主要结构就在图10-7所示的卷收器中。

图10-8所示是将安全带卷收器进行拆解后的两个主要结构：外棘轮与惯性块结构、内棘轮与位置传感器（惯性钢球）结构。下面分别介绍当汽车发生碰撞或倾覆这两种危险情况时安全带的工作原理。

当汽车发生碰撞时，乘客会受到一个额外的加速度。根据牛顿第二定律 $F=ma$ 可知，在加速度产生时，质量块产生一个惯性作用力 F，作用力推起弹簧片；弹簧片在弹性定律作用下，通过弹簧产生变形将作用力作用在止动棘爪上，使其伸出，滑入外侧的内棘齿槽，最终将棘轮卡住，防止安全带伸长，起到保护作用，如图10-9所示。

当汽车发生倾覆时，安全带工作状态的结构示意图如图10-10所示。此结构的核心是

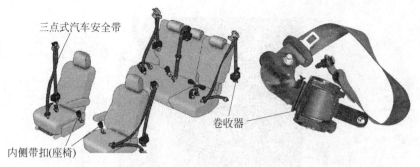

图 10-7　汽车安全带

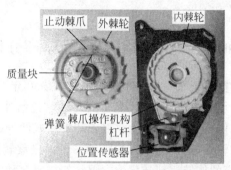

图 10-8　汽车安全带卷收器结构分解示意图

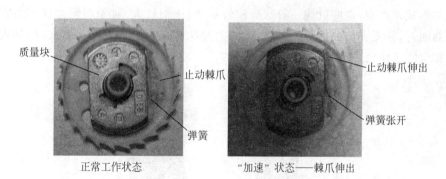

图 10-9　"加速"状态工作下的安全带结构示意图

一个"位置传感器",由一个惯性钢球和与其对应的圆弧面构成,用来感知汽车是否处于倾斜状态并作出一定的动作响应。当汽车处于倾斜状态时,钢球随之沿圆弧面发生向右(顺时针方向)滚动,由于位置变化引起与圆弧面右端相接触的黄色杠杆向上摆动,继而发生力的传递,将作用力 F 传递于杠杆上,再利用杠杆的位移放大原理,杠杆内侧一端进而沿棘轮槽边缘向内滑动,将外部棘轮卡住与锁紧,防止逆时针旋转。从而保证了乘客的人身安全。

汽车安全带通过巧妙地"机械式"设计加速度传感器和位置传感器,以及采用棘轮操纵机构与弹簧、杠杆等简单机械结构相配合,实现了在汽车碰撞或倾覆等危险情况下安全带精准固定的功能,属于典型的简单机械结构。随着科学技术的迅猛发展,新型机械结构不断涌现,但运用这种基础的、典型的和简单的机械结构来实现复杂的功能,仍然是需要关注和研究的创新设计点。

图 10-10 "倾斜"状态工作下的安全带结构示意图

10.5 电动剃须刀功能原理分析

电动剃须刀是用于剃剪胡须和鬓发的小型电器,自 1930 年面世以来,已经逐步在众多家庭中得到普及。电动剃须刀一般由外壳、电动机、网罩(包括外刀片)、内刀片和内刀片刀架组成。按照内刀片的动作特点,一般分为往复式和旋转式两种(见图 10-11)。

无论是往复式还是旋转式,电动剃须刀的驱动一般都是旋转电动机。对于往复式电动剃须刀,需要将电动机输出的旋转运动转化为内刀片的往复运动。在传统的机构设计中,要将旋转运动转化为往复运动可以采用曲柄滑块机构、凸轮机构、齿轮-齿条机构、螺旋机构等多种机构形式。然而,这些机构一般结构较为复杂、体积较大,对于剃须刀这种适宜手握的小型电器而言,并无突出的优势。因此,市场上并没有采用上述方案。那么,往复式电动剃须刀是如何实现旋转向往复移动的转换的呢?

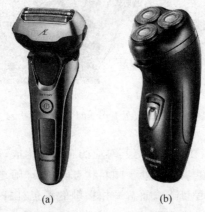

图 10-11 两种典型电动剃须刀
(a) 往复式;(b) 旋转式

为了得到更简单、紧凑和造价低廉的解决方案,人们在往复式电动剃须刀中设计了图 10-12 所示的机械结构来实现旋转运动向往复式运动的转换。该结构的主要功能元件为一特殊设计的内刀片刀架,该刀架一般以工程塑料为材料,结构中刀架外侧采用了薄片状的结构。如图 10-12 所示,薄片结构在水平方向下的结构刚度小,容易变形;而在垂直纸面方向较厚,较难变形。在电动机输出轴上安装偏心轮,当电动机运转时,偏心轮旋转产生的偏心力作用在刀架上,使刀架发生变形,内刀片随之运动。由于刀架在水平方向的结构刚度小,因此在偏心力的作用下产生较大的水平振动——往复位移;而在垂直纸面的方向,其结构刚度较大,偏心力产生的振动被大幅削弱,基本可以忽略。最终,通过刀架的变形,非常便捷地实现了旋转运动向往复移动的转换。这种采用弹性元件的变形替代传统的机械传动的方式,使机械结构变得十分简单和紧凑。

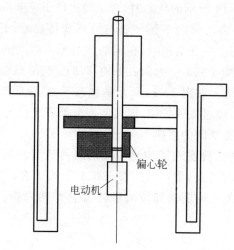

图 10-12　往复式剃须刀内刀片刀架结构示意图

需要指出的是,这种结构输出的往复运动的精度并不高,输出的作用力也不大。但是,对于剃须这种工况而言,这种结构的传力性能和运动精度已经能满足其需求,因此是一种适用于电动剃须刀的优秀的设计。

有效利用柔性构件的变形能力来实现运动的转换已经得到广泛的关注,目前已发展出众多或性能优异,或结构简单、成本低廉的新型机械装置。这类机构一般统称为柔顺机构,是当前机械设计领域研究的新热点之一。

10.6　圆珠笔双动功能原理分析

圆珠笔是人们最常使用的文具之一。传统的圆珠笔需要使用笔帽来保护笔头,一方面避免笔头意外磕碰损伤,另一方面也防止笔头在携带过程中意外划到其他物件。然而,在实际使用过程中,人们也常常遇到笔帽脱落、丢失等问题,带来诸多不便。为此,人们发明了可以将笔头收进笔腔的新型圆珠笔(见图 10-13)。这种圆珠笔一般通过一个双动按钮来控制笔芯的进退,通过按压按钮,根据按压的次数,笔头依次在出笔和收笔两种状态间切换,并确保在两种状态下笔芯都处于相对锁紧的状态。这种双动按钮的功能是如何实现的呢?

图 10-13 中双动按钮的结构如图 10-14 所示,主要由带有压条的按钮、与笔杆一体的分度爪、既可上下移动又可转动的滑爪组成。此外,还有起导向作用的笔杆和压紧滑爪的压缩弹簧。如图 10-14 所示,压条、分度爪和滑爪的端部均设置了斜面,而分度爪上依次分布着沿笔杆轴向方向的深浅相间的槽道。

图 10-13　带有双动按钮的圆珠笔

当双动按钮处于图 10-14 所示的状态时,滑爪的齿位于分度爪的浅槽内,笔芯处于伸出状态;这时按下按钮,压条随按钮向下运动到与滑爪齿接触时,开始推动滑爪一同向下运动,当滑爪齿斜面被部分退出分度爪槽时,在压条和滑爪齿端间的斜面作用下,滑爪在继续下降的同时,产生转动(在图 10-14 中为向右方的移动);当滑爪齿尖越过分度爪齿尖时,滑爪顺势滑进右侧相邻的槽道。在图 10-14 所示的状态下,当滑爪滑入相邻的深槽时,笔芯缩回到笔腔内部。如此类推,通过按压按钮,即可实现滑爪依次在浅、深槽之间轮转,从而实现笔芯在伸出和缩回两种状态之间的切换。

该设计利用深、浅槽的结构实现了伸出与缩回两种状态的限位,避免了复杂的固定结构;又巧妙地利用了斜面的特点,滑爪可以在按钮上下运动的驱动下便捷地实现在分度爪深、浅槽之间切换,免除了复杂的驱动和传动系统,整体结构简洁、紧凑,而且成本低廉。

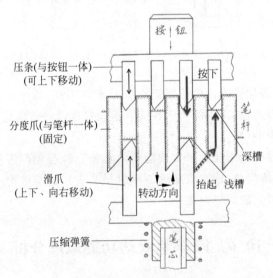

图 10-14　双动按钮结构示意图

思 考 题

1. 在 10.1 节中弹子锁功能原理分析中的开锁问题是否可以采用多排(大于 2)弹子实现上述功能? 如果可以,会有多少种组合方案?

2. 在 10.2 节咖啡机功能原理分析案例中,为实现冷水全部被加热后"自动断电"功能,可以通过测量哪些物理量来实现? 分别需要采用哪种类型的传感器?

3. 在 10.3 节全自动铅笔案例中,它巧妙利用各种结构和零件实现铅芯相对移动和锁紧之间的配合,进而完成全自动出芯的设计目标。你们还见过什么其他结构的全自动出芯铅笔吗？试分析其实现功能的原理方案。

4. 10.5 节介绍的往复式电动剃须刀案例中采用了柔顺机构来替代传统的传动系统,使结构大大简化。柔顺机构已经受到越来越多的关注,试从工业生产和日常生活中找出两种采用了柔顺机构的机械装置,分析其工作原理。

5. 在 10.6 节中介绍的圆珠笔的双动按钮原理可以便捷地控制笔芯的伸缩。试结合工业生产和日常生活中的例子,构思 3 项可以采用该技术的机械设备,分析对比采用双动原理带来的好处。

参 考 文 献

[1] 陈东,蒋星五.思维技巧趣谈[M].北京:气象出版社,1991.
[2] UTTERBACK J M.把握创新[M].高建,李明,译.北京:清华大学出版社,1999.
[3] 俞学明,刘文明,钟祖荣.创造教育[M].北京:教育科学出版社,1999.
[4] 庄寿强,戎志毅.普通创造学[M].徐州:中国矿业大学出版社,1997.
[5] 黄麟雏.高科技时代与思维方式[M].天津:天津科学技术出版社,2000.
[6] 张春林,李志香,赵自强.机械创新设计[M].3版.北京:机械工业出版社,2016.
[7] 段继扬.智力教育与创造力培养[M].郑州:河南教育出版社,1992.
[8] 赵松年,李恩光,黄耀志.现代机械创新产品分析与设计[M].北京:机械工业出版社,2000.
[9] 邱丽芳,唐进元,高志.机械创新设计[M].3版.北京:高等教育出版社,2020.
[10] 黄华梁,彭文生.创新思维与创造性技法[M].北京:高等教育出版社,2007.
[11] 曲继方,安子军,曲志刚.机构创新原理[M].北京:科学出版社,2001.
[12] 黄靖远,高志,陈祝林.机械设计学[M].3版.北京:机械工业出版社,2006.
[13] 大卫 G.乌尔曼.机械设计过程:原书第4版[M].刘莹,郝智秀,林松,译.北京:机械工业出版社,2017.
[14] 郭亨杰.思维的拓展[M].南京:江苏科学技术出版社,2000.
[15] 黄友直,肖云龙.创造工程学[M].长沙:湖南师范大学出版社,1995.
[16] 庄传垚,张振山.创造工程学基础[M].北京:解放军出版社,1998.
[17] 吴宗泽.机械结构设计[M].北京:机械工业出版社,1988.
[18] 吴宗泽.机械结构设计准则与实例[M].北京:机械工业出版社,2006.
[19] 吴宗泽,高志.机械设计[M].2版.北京:高等教育出版社,2009.
[20] 檀润华.创新设计:TRIZ发明问题解决理论[M].北京:机械工业出版社,2002.
[21] 邓家褆,韩晓健,曾硕,等.产品概念设计:理论、方法与技术[M].北京:机械工业出版社,2002.
[22] 杨大智.智能材料与智能系统[M].天津:天津大学出版社,2000.
[23] 申永胜.机械原理教程[M].2版.北京:清华大学出版社,2005.
[24] 吴宗泽.机械设计禁忌1000例[M].3版.北京:机械工业出版社,2011.
[25] 吕庸厚,沈爱红.组合机构设计与应用创新[M].北京:机械工业出版社,2008.
[26] 黄继昌,徐巧鱼,张海贵.实用机构图册[M].北京:机械工业出版社,2008.
[27] 邹慧君,高峰.现代机构学进展:第1卷[M].北京:高等教育出版社,2007.
[28] 杨黎明,杨志勤.机构选型与运动设计[M].北京:国防工业出版社,2007.
[29] 梁锡昌.机械创造方法与专利设计实例[M].北京:国防工业出版社,2005.
[30] 华大年,华志宏.连杆机构设计与应用[M].北京:机械工业出版社,2008.
[31] 张有忱,张莉彦.机械创新设计[M].2版.北京:清华大学出版社,2018.
[32] 成思源,周金平,杨杰.技术创新方法:TRIZ理论及应用[M].2版.北京:清华大学出版社,2021.
[33] 潘承怡,姜金刚,张简一,等.TRIZ理论与创新设计方法[M].北京:清华大学出版社,2015.
[34] 颜鸿森.颜氏创造性机构设计(一)设计方法[J].机械设计,1995(10):39-41,59.
[35] 颜鸿森.颜氏创造性机构设计(二)机构的一般化[J].机械设计,1995(11):44-47.
[36] 颜鸿森.颜氏创造性机构设计(三)运动链的数综合[J].机械设计,1995(12):30-33.
[37] 颜鸿森.颜氏创造性机构设计(四)机构的特定化[J].机械设计,1996(4):37-40.
[38] 颜鸿森.颜氏创造性机构设计(五)应用实例[J].机械设计,1996(5):37-41.
[39] 鲁克成,罗庆生.创造学教程[M].北京:中国建材工业出版社,1997.
[40] 周昌忠.创造心理学[M].北京:中国青年出版社,1983.
[41] 谢燮正.创造力开发基础[M].沈阳:辽宁科技出版社,1994.

[42] 魏发辰.工程师实用创造学[M].北京：中国社会出版社,1992.
[43] 梁广程.灵感与创造[M].北京：解放军文艺出版社,1998.
[44] 戴维·玻姆.论创造力[M].洪定国,译.上海：上海科学技术出版社,2001.
[45] 郭传杰,方新,何岩.创新改变世界：18位著名科学家的创新故事[M].北京：科学出版社,2006.
[46] 王玉秋,毕砚书,屈殿文.发明创造技法（一）[M].沈阳：东北工学院出版社,1988.
[47] 王明珍,王铁航,霍桂立.创造案例荟萃[M].北京：职工教育出版社,1989.
[48] 中野胜征.创造发明技巧[M].陶祥元,译.上海：上海科学技术文献出版社,1988.
[49] 郭桂英,刘剑虹,双传学,等.创造技法与艺术[M].呼和浩特：内蒙古人民出版社,2001.
[50] 罗庆生,韩宝玲.大学生创造学：技法训练篇[M].北京：中国建材工业出版社,2001.
[51] 陶国富,王祥兴.大学生创新心理[M].上海：立信会计出版社,2006.
[52] 李文海.让人文社会科学成为知识经济发展的巨大推动力：在"2000年著名大学校长国际论坛上的讲话"[J].中国人民大学学报,2000(4)：1-4.
[53] 于云飞.变异思维谈创新[N].中国花卉报,2006-02-09.
[54] 陈达专.青年创造心理与智力开发[M].长沙：湖南人民出版社,1988.
[55] 戚昌滋,侯传绪.创造性方法学[M].北京：中国建筑工业出版社,1987.
[56] 王滨.创造行为与创造技法[M].沈阳：东北工学院出版社,1992.
[57] 罗玲玲.创造力理论和科技创造力[M].沈阳：东北大学出版社,1998.
[58] 王慧中,顾国强,黄惟珩.实用创造力开发教程[M].上海：同济大学出版社,1998.
[59] 龚建桥.发明失误分析[M].武汉：湖北科学技术出版社,1992.
[60] 刘晋春,白基成,郭永丰.特种加工[M].5版.北京：机械工业出版社,2008.
[61] 张耿,郭元章,李娜,等.基于冻结浆料的分层实体制造法加工陶瓷坯体[J].硅酸盐通报,2018,37(3)：1066-1071,1082.
[62] 卢秉恒,李涤尘.增材制造（3D打印）技术发展[J].机械制造与自动化,2013,42(4)：1-4.

附录　冲突问题解决矩阵

性能		性能变差（或性能恶化）								原理
		1	2	3	4	5	6	7	8	
1	运动物体的质量		—	15,8 29,34	—	29,17 38,34	—	29,2 40,28	—	分割
2	静止物体的质量	—		—	10,1 29,35	—	35,30 13,2	—	5,35 14,2	分离
3	运动物体的长度	8,15 29,34	—		—	15,17 4	—	7,17 4,35	—	局部质量
4	静止物体的长度	—	35,28 40,29	—		—	17,7 10,40	—	35,8 2,14	不对称
5	运动物体的面积	2,17 29,4	—	14,15 18,4	—		—	7,14 17,4	—	合并
6	静止物体的面积	—	30,2 14,18	—	26,7 9,39	—		—	—	多用性
7	运动物体的体积	2,26 29,40	—	1,7 4,35	—	1,7 4,17	—		—	套装
8	静止物体的体积	—	35,10 19,14	19,14	35,8 2,14	—	—	—		质量补偿
9	速度	2,28 13,38	—	13,14 8	—	29,30 34	—	7,29 34	—	预加反作用
10	力	8,1 37,18	18,13 1,28	17,19 9,36	28,10	19,10 15	1,18 36,37	15,9 12,37	2,36 18,37	预操作
11	应力或压力	10,36 37,40	13,29 10,18	35,10 36	35,1 14,16	10,15 36,28	10,15 36,37	6,35 10	35,24	预补偿
12	形状	8,10 29,40	15,10 26,3	29,34 5,4	13,14 10,7	5,34 4,10	—	14,4 15,22	7,2 35	等势性
13	结构的稳定性	21,35 2,39	26,39 1,40	13,15 1,28	37	2,11 13	39	28,10 19,39	34,28 35,40	反向
14	强度	1,8 40,15	40,26 27,1	1,15 8,35	15,14 28,26	3,34 40,29	9,40 28	10,15 14,7	9,14 17,15	曲面化
15	运动物体作用时间	19,5 34,31	—	2,19 9	—	3,17 19	—	10,2 19,30	—	动态化
16	静止物体作用时间	—	6,27 19,16	—	1,40 35	—	—	—	35,34 38	未达到或超过
17	温度	36,22 6,38	22,35 32	15,19 9	15,19 9	3,35 39,18	35,38	34,39 40,18	35,6 4	维数变化
18	光照度	19,1 32	2,35 32	19,32 16	—	19,32 26	—	2,13 10	—	振动
19	运动物体的能量	12,18 28,31	—	12,28	—	15,19 25	—	35,13 18	—	周期性作用
20	功率	—	19,9 6,27	—	—	—	—	—	—	有效作用的连续性

续表

	性能	性能变差（或性能恶化）								原理
		1	2	3	4	5	6	7	8	
21	能量损失	8,36 38,31	19,26 17,27	1,10 35,37	—	19,38	17,32 13,38	35,6 38	30,6 25	紧急行动
22	物质损失	15,6 19,28	19,6 18,9	7,2 6,13	6,38 7	15,26 17,30	17,7 30,18	7,18 23	7	变有害为有益
23	信息损失	35,6 23,40	35,6 22,32	14,29 10,39	10,28 24	35,2 10,31	10,18 39,31	1,29 30,36	3,39 18,31	反馈
24	时间损失	10,24 35	10,35 5	1,26	26	30,26	30,16	—	2,22	中介物
25	物质或事物的数量	10,20 37,35	10,20 26,5	15,2 29	30,24 14,5	26,4 5,16	10,35 17,4	2,5 34,10	35,16 32,18	自服务
26	可靠性	35,6 18,31	27,26 18,35	29,14 35,18	—	15,14 29	2,18 40,4	15,20 29	—	复制
27	测试精度	3,8 10,40	3,10 8,28	15,9 14,4	15,29 28,11	17,10 14,16	32,35 40,4	3,10 14,24	2,35 24	低成本、不耐用的物体代替昂贵、耐用的物体
28	制造精度	32,35 26,28	28,35 25,26	28,26 5,16	32,28 3,16	26,28 32,3	26,28 32,3	32,13 6	—	机械系统的替代
29	物体外部有害因素作用的敏感性	28,32 13,18	28,35 27,9	10,28 29,37	2,32 10	28,33 29,32	2,29 18,36	32,28 2	25,10 35	气动与液压结构
30	物体产生的有害因素	22,21 27,39	2,22 13,24	17,1 39,4	1,18	22,1 33,28	27,2 39,35	22,23 37,35	34,39 19,27	柔性壳体或薄膜
31	可制造性	19,22 15,39	35,22 1,39	17,15 16,22	—	17,2 18,39	22,1 40	17,2 40	30,18 35,4	使用多孔材料
32	可操作性	28,29 15,16	1,27 36,13	1,29 13,17	15,17 27	13,1 26,12	16,40	13,29 1,40	35	改变颜色
33	可维修性	25,2 13,15	6,13 1,25	1,17 13,12	—	1,17 13,16	18,16 15,39	1,16 35,15	4,18 39,31	同质性
34	适应性或多用性	2,27 35,11	2,27 35,11	1,28 10,25	3,18 31	15,13 32	16,25	25,2 35,11	1	抛弃与修复
35	装置的复杂性	1,6 15,8	19,15 29,16	35,1 29,2	1,35 16	35,30 29,7	15,16	15,35 29	—	参数变化
36	监控与测试的困难程度	26,30 34,36	2,26 35,39	1,19 26,24	26	14,1 13,16	6,36	34,26 6	1,16	状态变化
37	自动化程度	27,26 28,13	6,13 28,1	16,17 26,24	26	2,13 18,17	2,39 30,16	29,1 4,16	2,18 26,31	热膨胀
38	生产率	28,26 18,35	28,26 35,10	14,13 17,28	23	17,14 13	—	35,13 16	—	加速强氧化
39	功率	35,26 24,37	28,27 15,3	18,4 28,38	30,7 14,26	10,26 34,31	10,35 17,7	2,6 34,10	35,37 10,2	惰性环境
										复合材料

续表

	性能	性能变差（或性能恶化）								原理
		9	10	11	12	13	14	15	16	
性能变差（或性能改善）	1 运动物体的质量	2,8 15,38	8,10 18,37	10,36 37,40	10,14 35,40	1,35 19,39	28,27 18,40	5,34 31,35	—	分割
	2 静止物体的质量	—	8,10 19,35	13,29 10,18	13,10 29,14	26,39 1,40	28,2 10,27		2,27 19,6	分离
	3 运动物体的长度	13,4 8	17,10 4	1,8 35	1,8 10,29	1,8 15,34	8,35 29,34	19	—	局部质量
	4 静止物体的长度	—	28,10	1,14 35	13,14 15,7	39,37 35	15,14 28,26		1,40 35	不对称
	5 运动物体的面积	29,30 4,34	19,30 35,2	10,15 36,28	5,34 29,4	11,2 13,39	3,15 40,14	6,3	—	合并
	6 静止物体的面积	—	1,18 35,36	10,15 36,37	—	2,38	40	—	2,10 19,30	多用性
	7 运动物体的体积	29,4 38,34	15,35 36,37	6,35 36,37	1,15 29,4	28,10 1,39	9,14 15,7	6,35 4	—	套装
	8 静止物体的体积	—	2,18 37	24,35	7,2 35	34,28 35,40	9,14 17,15		35,34 38	质量补偿
	9 速度		13,28 15,19	6,18 38,40	35,15 18,34	28,33 1,18	8,3 26,14	3,19 35,5		预加反作用
	10 力	13,28 15,12		18,21 11	10,35 40,34	35,10 21	35,10 14,27	19,2	—	预操作
	11 应力或压力	6,35 36	36,35 21		35,4 15,10	35,33 2,40	9,18 3,40	19,3 27	—	预补偿
	12 形状	35,15 34,18	35,10 37,40	34,15 10,14		33,1 18,4	30,14 10,40	14,26 9,25	—	等势性
	13 结构的稳定性	33,15 28,18	10,35 21,16	2,35 40	22,1 18,4		17,9 15	13,27 10,35	39,3 35,23	反向
	14 强度	8,13 26,14	10,18 3,14	10,3 18,40	10,30 35,40	13,17 35		27,3 26	—	曲面化
	15 运动物体作用时间	3,35 5	19,2 16	19,3 27	14,26 28,25	13,3 35	27,3 10		—	动态化
	16 静止物体作用时间	—				39,3 35,23				未达到或超过
	17 温度	2,28 36,30	35,10 3,21	35,39 19,2	14,22 19,32	1,35 32	10,30 22,40	19,13 39	19,18 36,40	维数变化
	18 光照度	10,13 19	26,19 6		32,30	32,3 27	35,19	2,19 6		振动
	19 运动物体的能量	8,35	16,26 21,2	23,14 25	12,2 29	19,13 17,24	5,19 9,35	28,35 6,18	—	周期性作用
	20 功率	—	36,37	—	—	27,4 29,18	35	—	—	有效作用的连续性

续表

	性　能	性能变差（或性能恶化）								原　理
		9	10	11	12	13	14	15	16	
21	能量损失	15,35 2	26,2 36,35	22,10 35	29,14 2,40	35,32 15,31	26,10 28	19,35 10,38	16	紧急行动
22	物质损失	16,35 38	36,38	—	—	14,2 39,6	26	—	—	变有害为有益
23	信息损失	10,13 28,38	14,15 18,40	3,36 37,10	29,35 3,5	2,14 30,40	35,28 31,40	28,27 3,18	27,16 18,38	反馈
24	时间损失	26,32	—	—	—	—	—	10	10	中介物
25	物质或事物的数量	—	10,37 36,5	37,36 4	4,10 34,17	35,3 22,5	29,3 28,18	20,10 28,18	28,20 10,16	自服务
26	可靠性	35,29 34,28	35,14 3	10,36 14,3	35,14	15,2 17,40	14,35 34,10	3,35 10,40	3,35 31	复制
27	测试精度	21,35 11,28	8,28 10,3	10,24 35,19	35,1 16,11	—	11,28	2,35 3,25	34,27 6,40	低成本、不耐用的物体代替昂贵、耐用的物体
28	制造精度	28,13 32,24	32,2	6,28 32	6,28 32	32,35 13	28,6 32	28,6 32	10,26 24	机械系统的替代
29	物体外部有害因素作用的敏感性	10,28 32	28,19 34,36	3,35	32,30 40	30,18	3,27	3,27 40	—	气动与液压结构
30	物体产生的有害因素	21,22 35,28	13,35 39,18	22,2 37	22,1 3,35	35,24 30,18	18,35 37,1	22,15 33,28	17,1 40,33	柔性壳体或薄膜
31	可制造性	35,28 3,23	35,28 1,40	2,33 27,18	35,1	35,40 27,39	15,35 22,2	15,22 33,31	21,39 16,22	使用多孔材料
32	可操作性	35,13 8,1	35,12	35,19 1,37	1,28 13,27	11,13 1	1,3 10,32	27,1 4	35,16	改变颜色
33	可维修性	18,13 34	28,13 35	2,32 12	15,34 29,28	32,35 30	32,40 3,28	29,3 8,25	1,16 25	同质性
34	适应性或多用性	34,9	1,11 10	13	1,13 2,4	2,35	11,1 2,9	11,29 28,27	1	抛弃与修复
35	装置的复杂性	35,10 14	15,17 20	35,16	15,37 1,8	35,30 14	35,3 32,6	13,1 35	2,16	参数变化
36	监控与测试的困难程度	34,10 28	26,16	19,1 35	29,13 28,15	2,22 17,19	2,13 28	10,4 28,15	—	状态变化
37	自动化程度	3,4 16,35	36,28 40,19	35,36 37,32	27,13 1,39	11,22 39,30	27,3 15,28	19,29 39,25	25,34 6,35	热膨胀
38	生产率	28,10	2,35	13,35	15,32 11,13	18,1	25,13	6,9	—	加速强氧化
39	功率	—	28,15 10,36	10,37 14	14,10 34,40	35,3 22,39	29,28 10,18	35,10 2,18	20,10 16,38	惰性环境
										复合材料

续表

性能		性能变差（或性能恶化）								原理
		17	18	19	20	21	22	23	24	
1	运动物体的质量	6,29 4,38	19,1 32	35,12 34,31	—	12,36 18,31	6,2 34,19	5,35 3,31	10,24 35	分割
2	静止物体的质量	28,19 32,22	19,32 35	—	18,19 28,1	15,19 18,22	18,19 28,15	5,8 13,30	10,15 35	分离
3	运动物体的长度	10,15 19	32	8,35 24	—	1,35	7,2 35,39	4,29 23,10	1,24	局部质量
4	静止物体的长度	3,35 38,18	3,25	—	—	12,8	6,28	10,28 24,35	24,26	不对称
5	运动物体的面积	2,15 16	15,32 19,13	19,32	—	19,10 32,18	15,17 30,26	10,35 2,39	30,26	合并
6	静止物体的面积	35,39 38	—	—	—	17,32	17,7 30	10,14 18,39	30,16	多用性
7	运动物体的体积	34,39 10,18	2,13 10	35	—	35,6 13,18	7,15 13,16	36,39 34,10	2,22	套装
8	静止物体的体积	35,6 4	—	—	—	30,6	—	10,39 35,34	—	质量补偿
9	速度	28,30 36,2	10,13 19	8,15 35,38	—	19,35 38,2	14,20 19,35	10,13 28,38	13,26	预加反作用
10	力	35,10 21	—	19,17 10	1,16 36,37	19,35 18,37	14,15	8,35 40,5	—	预操作
11	应力或压力	35,39 19,2	—	14,24 10,37	—	10,35 14	2,36 25	10,36 3,37	—	预补偿
12	形状	22,14 19,32	13,15 32	2,6 34,14	—	4,6 2	14	35,29 3,5	—	等势性
13	结构的稳定性	35,1 32	32,3 27,15	13,19	27,4 29,18	32,35 27,31	14,2 39,6	2,14 30,40	—	反向
14	强度	30,10 40	35,19	19,35 10	35	10,26 35,28	35	35,28 31,40	—	曲面化
15	运动物体作用时间	19,35 39	2,19 4,35	28,6 35,18	—	19,10 35,38	—	28,27 3,18	10	动态化
16	静止物体作用时间	19,18 36,40	—	—	—	16	—	27,16 18,38	10	未达到或超过
17	温度		32,30 21,16	19,15 3,17	—	2,14 17,25	21,17 35,38	21,36 29,31	—	维数变化
18	光照度	32,35 19		32,1 19	32,35 1,15	32	13,16 1,6	13,1	1,6	振动
19	运动物体的能量	19,24 3,14	2,15 19		—	6,19 37,18	12,22 15,24	35,24 18,5	—	周期性作用
20	功率	—	19,2 35,32	—		—	—	28,27 18,31	—	有效作用的连续性

附录 冲突问题解决矩阵

续表

	性　能	性能变差（或性能恶化）							原　理
		17	18	19	20	21	22	23	24	
21	能量损失	2,14 17,25	16,6 19	16,6 19,37	—		10,35 38	28,27 18,38	10,19	紧急行动
22	物质损失	19,38 7	1,13 32,15	—	—	3,38		35,27 2,37	19,10	变有害为有益
23	信息损失	21,36 39,31	1,6 13	35,18 24,5	28,27 12,31	28,27 18,38	35,27 2,31		—	反馈
24	时间损失	—	19	—	—	10,19	19,10	—		中介物
25	物质或事物的数量	35,29 21,18	1,19 26,17	35,38 19,18	1	35,20 10,6	10,5 18,32	35,18 10,39	24,26 28,32	自服务
26	可靠性	3,17 39	—	34,29 16,18	3,35 31	35	7,18 25	6,3 10,24	24,28 35	复制
27	测试精度	3,35 10	11,32 13	21,11 27,19	36,23	21,11 26,31	10,11 35	10,35 29,39	10,28	低成本、不耐用的物体代替昂贵、耐用的物体
28	制造精度	6,19 28,24	6,1 32	3,6 32	—	3,6 32	26,32 27	10,16 31,28	—	机械系统的替代
29	物体外部有害因素作用的敏感性	19,26	3,32	32,2	—	32,2	13,32 2	35,31 10,24	—	气动与液压结构
30	物体产生的有害因素	22,33 35,2	1,19 32,13	1,24 6,27	10,2 22,37	19,22 31,2	21,22 35,2	33,22 19,40	22,10 2	柔性壳体或薄膜
31	可制造性	22,35 2,24	19,24 39,32	2,35 6	19,22 18	2,35 18	21,35 2,22	10,1 34	10,21 29	使用多孔材料
32	可操作性	27,26 18	28,24 27,1	28,26 27,1	1,4	27,1 12,24	19,35	15,34 33	32,24 18,16	改变颜色
33	可维修性	26,27 13	13,17 1,24	1,13 24	—	35,34 2,10	2,19 13	28,32 2,24	4,10 27,22	同质性
34	适应性或多用性	4,10	15,1 13	15,1 28,16	—	15,10 32,2	15,1 32,19	2,35 34,27	—	抛弃与修复
35	装置的复杂性	27,2 3,35	6,22 26,1	19,35 29,13	—	19,1 29	18,15 1	15,10 2,13	—	参数变化
36	监控与测试的困难程度	2,17 13	24,17 13	27,2 29,28	—	20,19 30,34	10,35 13,2	35,10 28,29	—	状态变化
37	自动化程度	3,27 35,16	2,24 26	35,38	19,35 16	19,1 16,10	35,3 15,19	1,18 10,24	35,33 27,22	热膨胀
38	生产率	26,2 19	8,32 19	2,32 13	—	28,2 27	23,28	35,10 18,5	35,33	加速强氧化
39	功率	35,21 28,10	26,17 19,1	35,10 38,19	1	35,20 10	28,10 29,35	28,10 35,23	13,15 23	惰性环境
										复合材料

性能变坏（或性能改善）

续表

	性　　能	性能变差（或性能恶化）								原　　理
			25	26	27	28	29	30	31	32	
性能变好（或性能改善）	1	运动物体的质量	10,35 20,28	3,26 18,31	3,11 1,27	28,27 35,26	28,35 26,18	22,21 18,27	22,35 31,39	27,28 1,36	分割
	2	静止物体的质量	10,20 35,26	19,6 18,26	10,28 8,3	18,26 28	10,1 35,17	2,19 22,37	35,22 1,39	28,1 9	分离
	3	运动物体的长度	15,2 29	29,35	10,14 29,40	28,32 4	10,28 29,37	1,15 17,24	17,15	1,29 17	局部质量
	4	静止物体的长度	30,29 14	—	15,29 28	32,28 3	2,32 10	1,18	—	15,17 27	不对称
	5	运动物体的面积	26,4	29,30 6,13	29,9	26,28 32,3	2,32	22,33 28,1	17,2 18,39	13,1 26,24	合并
	6	静止物体的面积	10,35 4,18	2,18 40,4	32,35 40,4	26,28 32,3	2,29 18,36	27,2 39,35	22,1 40	40,16	多用性
	7	运动物体的体积	2,6 34,10	29,30 7	14,1 40,11	26,28	25,28 2,16	22,21 27,35	17,2 40,1	29,1 40	套装
	8	静止物体的体积	35,16 32,18	35,3	2,35 16	—	35,10 25	34,39 19,27	30,18 35,4	35	质量补偿
	9	速度	—	10,19 29,38	11,35 27,28	28,32 1,24	10,28 32,25	1,28 35,23	2,24 35,21	35,13 8,1	预加反作用
	10	力	10,37 36	14,29 18,36	3,35 13,21	35,10 23,24	28,29 37,36	1,35 40,18	13,3 36,24	15,37 18,1	预操作
	11	应力或压力	37,36 4	10,14 36	10,13 19,35	6,28 25	3,35	22,2 37	2,33 27,18	1,35 16	预补偿
	12	形状	14,10 34,17	36,22	10,40 16	28,32 1	32,30 40	22,1 2,35	35,1	1,32 17,28	等势性
	13	结构的稳定性	35,27	15,32 35	—	13	18	35,24 30,18	35,40 27,39	35,19	反向
	14	强度	29,3 28,10	29,10 27	11,3	3,27 16	3,27	18,35 37,1	15,35 22,2	11,3 10,32	曲面化
	15	运动物体作用时间	20,10 28,18	3,35 10,40	11,2 13	3	3,27 16,40	22,15 33,28	21,39 16,22	27,1 4	动态化
	16	静止物体作用时间	28,20 10,16	3,35 31	34,27 6,40	10,26 24		17,1 40,33	22	35,10	未达到或超过
	17	温度	35,28 21,18	3,17 30,39	19,35 3,10	32,19 24	24	22,33 35,2	22,35 2,24	26,27	维数变化
	18	光照度	19,1 26,17	1,19	—	11,15 32	3,32	15,19	35,19 32,39	19,35 28,26	振动
	19	运动物体的能量	35,38 19,18	34,23 16,18	19,21 11,27	3,1 32	—	1,35 6,27	2,35 6	28,26 30	周期性作用
	20	功率	—	3,35 31	10,36 23	—	—	10,2 22,37	19,22 18	1,4	有效作用的连续性

附录 冲突问题解决矩阵

续表

	性　　能	性能变差（或性能恶化）								原　理
			25	26	27	28	29	30	31	32	
性能变好（或性能改善）	21	能量损失	35,20 10,6	4,34 19	19,24 26,31	32,15 2		32,2	19,22 31,2	2,35 18	26,10 34	紧急行动
	22	物质损失	10,18 32,7	7,18 25	11,10 35	32	—	21,22 35,2	21,35 2,22	—	变有害为有益
	23	信息损失	15,18 35,10	6,3 10,24	10,29 39,35	16,34 31,28	35,10 24,31	33,22 30,40	10,1 34,29	15,34 33	反馈
	24	时间损失	24,26 28,32	24,28 35	10,28 23	—		22,10 1	10,21 22	32	中介物
	25	物质或事物的数量		35,38 18,16	10,30 4	24,34 28,32	24,26 28,18	35,18 34	35,22 18,39	35,28 34,4	自服务
	26	可靠性	35,38 18,16		18,3 28,40	13,2 28	33,30	35,33 29,31	3,35 40,39	29,1 35,27	复制
	27	测试精度	10,30 4	21,28 40,3		32,3 11,23	11,32 1	27,35 2,40	35,2 40,26	—	低成本、不耐用的物体代替昂贵、耐用的物体
	28	制造精度	24,34 28,32	2,6 32	5,11 1,23		—	28,24 22,26	3,33 39,10	6,35 25,18	机械系统的替代
	29	物体外部有害因素作用的敏感性	32,26 28,18	32,30	11,32 1	—		26,28 10,36	4,17 34,26	—	气动与液压结构
	30	物体产生的有害因素	35,18 34	35,33 29,31	27,24 2,40	28,33 23,26	26,28 10,18		—	24,35 2	柔性壳体或薄膜
	31	可制造性	1,22	3,24 39,1	24,2 40,39	3,33 26	4,17 34,26	—		—	使用多孔材料
	32	可操作性	35,28 34,4	35,23 1,24	—	1,35 12,18		24,2			改变颜色
	33	可维修性	4,28 10,34	12,35	17,27 8,40	25,13 2,34	1,32 35,23	2,25 28,39	—	2,5 12	同质性
	34	适应性或多用性	32,1 10,25	2,28 10,25	11,10 1,16	10,2 13	25,10	35,10 2,16		1,35 11,10	抛弃与修复
	35	装置的复杂性	35,28	3,35 15	35,13 8,24	35,5 1,10	—	35,11 32,31	—	1,13 31	参数变化
	36	监控与测试的困难程度	6,29	13,3 27,10	13,35 1	2,26 10,34	26,24 32	22,19 29,40	19,1	27,26 1,13	状态变化
	37	自动化程度	18,28 32,9	3,27 29,18	27,40 28,8	26,24 32,28	—	22,19 29,28	2,21	5,28 11,19	热膨胀
	38	生产率	24,28 35,30	35,13	11,27 32	28,26 10,34	28,26 18,23	2,33	2	1,26 13	加速强氧化
	39	功率	—	35,38	1,35 10,38	1,10 34,28	18,10 32,1	22,35 13,24	35,22 18,39	35,28 2,24	惰性环境
											复合材料

续表

性　能		性能变差(或性能恶化)						原　理
		33	34	35	36	37	38	39	
性能变好（或性能改善）	1 运动物体的质量	35,3 2,24	2,27 28,11	29,5 15,8	26,30 36,34	28,29 26,32	26,35 18,19	35,3 24,37	分割
	2 静止物体的质量	6,13 1,32	2,27 28,11	19,15 29	1,10 26,39	25,28 17,15	2,26 35	1,28 15,35	分离
	3 运动物体的长度	15,29 35,4,7	1,28 10	14,15 1,16	1,19 26,24	35,1 26,24	17,24 26,16	14,4 28,29	局部质量
	4 静止物体的长度	2,25	3	1,35	1,26	26	—	30,14 7,26	不对称
	5 运动物体的面积	15,17 13,16	15,13 10,1	15,30	14,1 13	2,36 26,18	14,30 28,23	10,26 34,2	合并
	6 静止物体的面积	16,4	16	15,16	1,18 36	2,35 30,18	23	10,15 17,7	多用性
	7 运动物体的体积	15,13 30,12	10	15,29	26,1	29,26 4	35,34 16,24	10,6 2,34	套装
	8 静止物体的体积	—	1	—	1,31	2,17 26	—	35,37 10,2	质量补偿
	9 速度	32,28 13,12	34,2 28,27	15,10 26	10,28 4,34	3,34 27,16	10,18	—	预加反作用
	10 力	1,28 3,25	15,1 11	15,17 18,20	26,35 10,18	36,37 10,19	2,35	3,28 35,37	预操作
	11 应力或压力	11	2	35	19,1 35	2,36 37	35,24	10,14 35,37	预补偿
	12 形状	32,15 26	2,13 1	1,15 29	16,29 1,28	15,13 39	15,1 32	17,26 34,10	等势性
	13 结构的稳定性	32,35 30	2,35 10,16	35,30 34,2	2,35 22,26	35,22 39,23	1,8 34	23,35 40,3	反向
	14 强度	32,40 28,2	27,11 3	15,3 32	2,13 25,28	27,3 15,40	15	29,35 10,14	曲面化
	15 运动物体作用时间	12,27	29,10 27	1,35 13	10,4 29,15	19,29 39,35	6,10	35,17 14,19	动态化
	16 静止物体作用时间	1	1	2	—	25,34 6,35	1	20,10 16,38	未达到或超过
	17 温度	26,27	4,10 16	2,18 27	2,17 16	3,27 35,31	26,2 19,16	15,28 35	维数变化
	18 光照度	28,26 19	15,17 13,16	15,1 19	6,32 13	32,15	2,26 10	2,25 16	振动
	19 运动物体的能量	19,35	1,15 17,28	15,17 13,16	2,29 27,28	35,38	32,2	12,28 35	周期性作用
	20 功率	—	—	—	19,35 16,25	—	1,6		有效作用的连续性

附录 冲突问题解决矩阵

续表

	性能	性能变差（或性能恶化）						原理
		33	34	35	36	37	38	39	
21	能量损失	26,35 10	35,2 10,34	19,17 34	20,19 30,34	19,35 16	28,2 17	28,35 34	紧急行动
22	物质损失	35,32 1	2,19	—	7,23	35,3 15,23	2	28,10 29,35	变有害为有益
23	信息损失	32,28 2,24	2,35 34,27	15,10 2	35,10 28,24	35,18 10,13	35,10 18	28,35 10,23	反馈
24	时间损失	27,22	—	—	—	35,33	35	13,23 15	中介物
25	物质或事物的数量	4,28 10,34	32,1 10	36,28	6,29	18,28 32,10	24,28 35,30		自服务
26	可靠性	35,29 25,10	2,32 10,25	15,3 29	3,13 27,10	3,27 29,18	8,35	13,29 3,27	复制
27	测试精度	27,17 40	1,11	13,35 8,24	13,35 1	27,40 28	11,13 27	1,35 29,38	低成本、不耐用的物体代替昂贵、耐用的物体
28	制造精度	1,13 17,34	1,32 13,11	13,35 2	27,35 10,34	26,24 32,28	28,2 10,34	10,34 28,32	机械系统的替代
29	物体外部有害因素作用的敏感性	1,32 35,23	25,10	—	26,2 18	—	26,28 18,23	10,18 32,39	气动与液压结构
30	物体产生的有害因素	2,25 28,39	35,10 2	35,11 22,31	22,19 29,40	22,19 29,40	33,3 34	22,35 13,24	柔性壳体或薄膜
31	可制造性	—	—	—	19,1 31	2,21 27,1	2	22,35 18,39	使用多孔材料
32	可操作性	2,5 13,16	35,1,25 11,9	2,13 15	27,26 1	6,28 11,1	8,28 1	35,1 10,28	改变颜色
33	可维修性	■	12,26 1,32	15,34 1,16	32,26 12,17	—	1,34 12,3	15,1 28	同质性
34	适应性或多用性	1,12 26,15	■	7,1 4,16	35,1,25 13,11	—	34,35 7,13	1,32 10	抛弃与修复
35	装置的复杂性	15,34 1,16,7	1,16 7,4	■	15,29 37,28	1	27,34 35	35,28 6,37	参数变化
36	监控与测试的困难程度	27,9 26,24	1,13	29,15 28,37	■	15,10 37,28	15,1 24	12,17 28	状态变化
37	自动化程度	2,5	12,26	1,15	15,10 37,28	■	34,21	35,18	热膨胀
38	生产率	1,12 34,3	1,35 13	27,4 1,35	15,24 10	34,27 25	■	5,12 35,26	加速强氧化
39	功率	1,28 7,19	1,32 10,25	1,35 28,37	12,17 28,24	35,18 27,2	5,12 35,26	■	惰性环境
									复合材料